应用型本科信息大类专业"十三五"规划教材

数据结构
（C语言版）

主　编　孙丽云　马　睿

副主编　邵兰洁　李　珊　刘　艳

U0313922

华中科技大学出版社
http://www.hustp.com
中国·武汉

内 容 简 介

本书中每章以实际例子引出知识点，并且每章中还增加了实际案例，通过综合应用本章知识点来解决实际问题。

本书主要介绍了线性表、栈和队列、串、树、图等数据结构及相关操作，同时还介绍了查找、排序等算法。在介绍基本知识的基础上与实际应用相结合，加深读者对知识的理解。为了便于读者理解所学知识，本书在绪论部分增加了 C 语言中结构体、指针、链表等相关知识。书中全部算法用 C 语言实现，可编译执行。每章最后附有相关习题，课后习题的答案及解析可在与本书配套的《数据结构实验指导与习题解析》中查阅。

本书可作为高等院校计算机类、电子信息类、自动化类、电气类、光电类及其他相关专业学生的教材和教学参考书，也可作为工程技术人员的参考资料和感兴趣的读者的自学读物。

为了方便教学，本书还配有电子课件等教学资源包，任课教师和学生可以登录"我们爱读书"网（www.ibook4us.com）免费注册并浏览，或者发邮件至 hustpeiit@163.com 免费索取。

图书在版编目(CIP)数据

数据结构:C 语言版/孙丽云,马睿主编.—武汉：华中科技大学出版社,2017.2
应用型本科信息大类专业"十三五"规划教材
ISBN 978-7-5680-2606-2

Ⅰ.① 数… Ⅱ.①孙… ②马… Ⅲ.①数据结构-高等学校-教材 ②C 语言-程序设计-高等学校-教材
Ⅳ.①TP311.12 ②TP312.8

中国版本图书馆 CIP 数据核字(2017)第 034166 号

数据结构(C 语言版)
Shuju Jiegou(C Yuyan Ban)　　　　　　　　　　　　　孙丽云　马　睿　主编

策划编辑：康　序
责任编辑：康　序
封面设计：原色设计
责任监印：朱　玢
出版发行：华中科技大学出版社(中国·武汉)　　　电话：(027)81321913
　　　　　武汉市东湖新技术开发区华工科技园　　　邮编：430223
录　　排：武汉正风天下文化发展有限公司
印　　刷：仙桃市新华印务有限责任公司
开　　本：787mm×1092mm　1/16
印　　张：16.25
字　　数：445 千字
版　　次：2017 年 2 月第 1 版第 1 次印刷
定　　价：35.00 元

"数据结构"课程是高等学校计算机及相关专业的一门重要的专业基础课程,熟练掌握这门课程中介绍的内容是学习计算机其他相关课程的必备条件。

"数据结构"课程主要研究计算机处理对象的逻辑结构、在计算机中的表示形式及各种基本操作的实现算法。其主要解决系统开发过程中设计阶段的问题,包括对实际问题建模,分析数据的逻辑结构及基本运算,将数据在计算机中存储并实现基本运算等。

本书是河北省高等学校人文社会科学研究项目"基于多学科的应用型'数据结构'课程体系建设综合研究"项目成果,旨在培养学生的应用能力。本书是在深入研究国内外数据结构优秀教材和大量文献的基础上,结合各位编者多年的教学经验和科研成果编写而成。本书注重理论与实践相结合,每章导读中利用生活实例引出相关的知识点,在每种数据结构介绍完之后都会举一个应用案例,读者在学习知识点的基础上能够与实际相结合,达到学有所用的目的。

本书中所有算法都采用 C 语言函数的形式描述,同时对这些函数的关键语句都进行了详细注释,并已在 Visual C++6.0 运行环境下调试运行通过,便于读者理解算法,并方便读者对基本运算进行验证,从而在此基础上学会应用。

本书共分 8 章,系统介绍了线性表、栈和队列、串、树、图等基本数据结构及应用,并介绍了查找和排序的各种算法及应用。本书课后习题部分提供了各种类型的练习题,供读者练习,加深对各章知识的理解,并在配套教材《数据结构实验指导与习题解析》中提供了习题答案及解析。

本书由燕京理工学院孙丽云和马睿担任主编,由燕京理工学院邵兰洁和李珊、武汉工程科技学院刘艳担任副主编。其中,马睿编写了第 1 章、第 6 章和第 7 章的内容;孙丽云编写了第 2 章、第 3 章的内容,并完成了统稿、审稿工作;李珊编写了第 4 章的内容;邵兰洁编写了第 5 章的内容;孙丽云和刘艳编写了第 8 章的内容。课题组成员刘淑艳、刘佩贤、王慧、牛玉玲等老师提供了大量编写素材。

本书在编写过程中得到了燕京理工学院信息科学与技术学院各位领导的指

导和帮助，同时得到了华中科技大学出版社的大力支持，在此一并表示感谢。

为了方便教学，本书还配有电子课件等教学资源包，任课教师和学生可以登录"我们爱读书"网（www.ibook4us.com）免费注册并浏览，或者发邮件至 hust-peiit@163.com 免费索取。

由于作者水平有限，书中难免有错误及疏漏之处，恳请同行专家及读者指正，以便进一步提高本书质量。作者电子邮箱：57025032@qq.com。

编　者

2016 年 12 月

目录

第 1 章 绪 论

质软滑腻的石墨和坚硬无比的金刚石都是由碳原子组成的,由于它们的结构不一样,所以物理性质的差异很大,最终导致二者的用途截然不同;宋朝毕昇发明的活字印刷术,利用活字结构改变了雕版印刷的固定结构,推动了整个人类文明的进步。所以,不同的结构具有不同的性质,导致物体具有不同的用途和功效。然而,相同的结构,如果处理的方法不同,又会产生什么样的差别呢?

例如,要移走一座山,愚公当年靠的是"子子孙孙无穷匮也"的几十年至上百年的努力,而现代人采用炸药和推土机,几个月就可以完成。再比如,求 1～100 之和,一般小学生采用呆板的累加方法,可能需要计算半天时间;若采用高斯算法来计算,只需半分钟。因此,方法决定了效率。

综上所述,用计算机解决现实问题,需要编写程序,而编写程序时需要考虑两个问题:一是采用什么结构存放数据(即数据结构);二是采用什么方法和步骤来处理数据(即算法),以便尽快得到正确结果。选择不同的结构和算法,其效率是完全不同的。

图灵奖获得者、计算机科学家沃思(N. Wirth)专门出版了《数据结构＋算法＝程序》一书指出,程序是由数据结构和算法组成的,程序设计的本质是对要处理的问题选择好的数据结构,同时在此结构上施加一种好的算法。

1.1 数据结构起源

数据结构是随着电子计算机的产生和发展而发展起来的一门计算机学科。近年来,电子计算机技术的飞速发展,这不仅体现在计算机本身运算速度的不断提高、信息存储量的日益扩大上,而且体现在应用范围的不断扩展上。

早期的电子计算机主要用于科学计算,所处理的对象是纯数值性的信息。这类问题解决的算法较复杂,但数据量较少并且结构简单。因此早期计算机科学是以研究程序及所描述的算法为中心的。随着计算机广泛地应用于情报检索、事务管理、系统工程等领域,计算机加工处理的对象也从简单的纯数值性信息发展到数、字符、字符串、表、文件、图像、声音等各种复杂的、具有一定结构的数据。人们称前者为数值问题,称后者为非数值问题。

非数值问题要求用复杂的数据结构来描述系统的状态,它们的运算是实现对数据结构的访问或修改。要设计出效率高、可靠性强的非数值程序,要求程序设计人员不但要掌握一般的程序设计技巧,还必须研究计算机程序加工的对象,即研究各种数据的特性以及数据之间的关系,这就促进了数据结构这一学科的发展。然而,数据必须在计算机中进行处理,因此不仅要考虑数据本身的数学性质,还必须考虑数据在计算机内的存储方式和相应的运算,从而扩大了数据结构研究的范围。随着数据库系统、情报检索系统的不断发展,在数据结构技术中又增加了文件结构,特别是增加了大型文件的组织和 B 树、B＋树的知识,使得数据结构逐步成为一门比较完整的学科。

在 1968 年,美国一些高等学校的计算机系开始将"数据结构"作为一门计算机专业的基础课程。数据结构的课程体系最早是由美国计算机专家唐·欧·克努特教授提出的,在他所著的《计算机程序设计技巧》(第一卷《基本算法》于 1968 年出版)一书中,较为系统地描述了客观世界中各类数据的计算机外部结构(逻辑结构)、计算机内部对应的存储方式(存储结构)及其形式化定义和对应的操作之间的关系,其描述方式已经与实际问题的解决方案非常贴近了。随后,第二卷《半数值算法》于 1969 年出版,第三卷《排序和查找》于 1973 年出版,这些著作中介绍的算法及其应用,奠定了数据结构的理论基础。当时,数据结构这门课程已经被美国其他高校所接纳,成为计算机专业的一门重要的基础课程。

数据结构与数学、计算机硬件和软件有十分密切的关系。数据结构是介于数学、计算机硬件和计算机软件之间的一门计算机专业的核心课程,是高级程序设计语言、编译原理、操作系统、数据库、人工智能等课程的基础。同时,数据结构技术也广泛应用于信息科学、系统工程、应用数学以及各种工程技术领域。

1.2　基本概念和常用术语

1.2.1　常用术语

数据(data)是对信息的一种符号表示,是人们利用文字符号、数字符号以及其他规定的符号对现实世界的事物及其活动进行的抽象描述。因此,一个文档、记录、数组、句子、单词、算式等都可称为数据。在计算机科学中,人们把所有能输入到计算机中并被计算机程序处理的一切信息都称为数据,包括文字、表格、图像等。

例如,一个学生管理程序所要处理的数据可能是一张表格,如表 1-1 所示。

表 1-1　学生信息查询表

序号	学号	姓名	性别	专业	出生日期
1	160202056	白杰	男	软件工程	1993 年 1 月
2	160201011	刘萍莎	女	计算机科学与技术	1994 年 3 月
3	160201055	刘文	女	计算机科学与技术	1995 年 8 月
4	160202033	李莎丽	女	软件工程	1995 年 10 月

数据元素(data element)是数据的基本单位,在计算机程序中通常作为一个整体进行考虑和处理。在不同的条件下,数据元素又可称为元素、结点、顶点、记录等。例如,在表 1-1 所示的学生信息查询表中,为了便于处理,把其中的每一行(代表一名学生)作为一个基本单位来考虑,故该数据由 6 个数据元素构成。一个数据元素又可由若干个数据项组成,数据项(data item)是数据的不可分割的最小单位。对于表 1-1 所示的学生信息查询表,每个数据元素由序号、学号、姓名、性别、专业和出生日期等数据项组成。

数据对象(data object)是性质相同的数据元素的集合,是数据的一个子集。在某个具体问题中,数据元素是具有相同的性质的(元素值不一定相等),是数据对象集合中的数据成员。例如,表 1-1 所示的学生信息查询表就是一个数据对象。整数集合和复数集合都是数据对象。

1.2.2　数据结构

数据结构(data structure)是指互相之间存在着一种或多种关系的数据元素的集合。数据的描述对象是现实世界的事物及其活动,而任何事物及其活动都不是孤立存在的,在一定意义上都是相互联系、相互影响的,所以数据之间必然存在着联系。数据之间的相互联系,被称为数据的逻辑结构。在计算机中存储数据时,不仅要存储数据本身,而且要存储它们之间的联系(即逻辑结构)。一种数据结构在存储器中的存储方式称为数据的物理结构或存储结构。由于存储方式有顺序、链接、索引和散列等多种形式,所以一种数据结构可以根据应用的需要表示成任一种或几种存储结构。每种数据结构都有一个运算的集合,如最常见的运算有检索、插入和排序等,这些运算在数据的逻辑结构上定义时,只规定"做什么";在数据的存储结构上考虑运算的具体实现时,规定"如何做"。

综上所述,按某种逻辑关系组织起来的一批数据,按一定的存储方式把它存储在计算机的存储器中,并在这些数据上定义一个运算的集合,就称为一个数据结构。

因此,对于数据结构,主要研究数据的逻辑结构、数据的存储结构和数据的运算三个方面。

1. 逻辑结构

数据的逻辑结构包含两个要素:一个是数据元素的集合,另一个是关系的集合。在形式上,数据的逻辑结构通常可以采用一个二元组来表示。例如:

```
Data_Structure=(D,R)
```

Data_Structure 是一种数据结构,它由数据元素的集合 D 和 D 中二元关系的集合 R 所组成。其中:

$$D=\{d_i|1\leqslant i\leqslant n, n\geqslant 0\}$$
$$R=\{r_j|1\leqslant j\leqslant m, m\geqslant 0\}$$

其中,d_i 表示集合 D 中的第 i 个数据元素;n 为 D 中数据元素的数量;特别地,若 $n=0$,则 D 是一个空集,因而 Data_Structure 也就无结构而言;r_j 表示集合 R 中的第 j 个二元关系(下面简称关系);m 为 R 关系的数量,特别地,若 $m=0$,则 R 是一个空集,表明集合里的元素之间不存在任何关系,彼此是独立的。在本书中所讨论的数据结构中,一般只讨论 $m=1$ 的情况,即 R 中只包含一个关系($R=\{r\}$)的情况。对于 R 中包含多个关系的情况,可以用类似的方法进行讨论。

在一个数据结构中,每个数据元素可称为一个结点,数据结构中所包含的数据元素之间的关系就是结点之间的关系。

D 中的关系 r 是序偶的集合。对于 r 中的任一序偶$<x,y>$($x,y\in D$),称 x 为序偶的第一结点,称 y 为序偶的第二结点,又称 x 为 y 的直接前驱(简称前驱),称 y 为 x 的直接后继(简称后继)。x 和 y 互为相邻结点。

如果 x 没有前驱,则称 x 为开始结点。如果 y 没有后继,则称 y 为终端结点。如果 x 既不是开始结点,也不是终端结点,则称 x 为中间结点。

根据数据元素间关系的不同特性,数据的逻辑结构通常分为以下四类。

(1) 集合。在集合中,数据元素间的关系是"属于同一个集合"。集合是元素关系极为松散的一种结构。

(2) 线性结构。该结构的数据元素之间存在着一对一的关系。除了开始结点和终端结点外,任何一个结点都有一个唯一的前驱和一个唯一的后继。

(3) 树形结构。该结构的数据元素之间存在着一对多的关系。除了树根结点,任何一个结点最多有一个前驱,可以有多个后继。树形结构是一种典型的非线性结构。

(4) 图形结构。该结构的数据元素之间存在着多对多的关系。这种结构的特征是任何一个元素可以有多个前驱,也可以有多个后继,是一种多对多的前驱后继关系。图形结构也称为网状结构。

图 1-1 所示为上述四类逻辑结构的示意图。

一种数据结构还能够利用图形形象地表示出来,图形中的每个结点对应着一个数据元

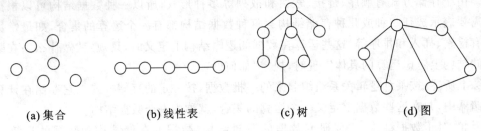

| (a) 集合 | (b) 线性表 | (c) 树 | (d) 图 |

图 1-1　基本的逻辑结构

素,两结点之间带箭头的连线(称为有向边或弧)对应着关系中的一个序偶,其中序偶的第一元素为有向边的起始结点,第二元素为有向边的终止结点,即箭头所指向的结点。

例 1-1　一种数据结构 L=(D,R),其中

D={1,2,3,4,5,6}
R={r}
r={<1,2>,<2,3>,<3,4>,<4,5>,<5,6>}

试画出对应的逻辑结构图,说明它是何种数据结构,并给出哪些是开始结点,哪些是终端结点?

解　L 对应的逻辑结构图如图 1-2 所示。

①→②→③→④→⑤→⑥

图 1-2　数据的线性结构示意图

在图 1-2 中,1 是开始结点,它没有前驱,其余每个结点有且仅有一个直接前驱;6 是终端结点,它没有后继,其余每个结点有且仅有一个直接后继;2、3、4、5 是中间结点,因此图 1-2 所示的是线性结构。这种数据结构的特点是数据元素之间是 1 对 1(1:1)联系,即线性关系。

表 1-1 所示的学生信息查询表表示的是线性结构,表中有 6 个数据元素,且每个数据元素排列位置有先后次序,所以在表中会按序号形成一种次序关系,即整个二维表就是学生数据的一个线性序列。诸如此类的还有电话自动查号系统、考试查分系统和仓库库存管理系统等。在这类文档管理的数学模型中,一般用表格表示数据和数据之间的关系,整张表格形成一个线性序列。

例 1-2　一种数据结构 T=(D,R),其中:

D={1,2,3,4,5,6,7,8}
R={r}
r={<1,2>,<2,3>,<1,4>,<4,5>,<4,6>,<5,7>,<1,8>}

试画出对应的逻辑结构图,说明它是何种数据结构,并给出哪些是开始结点,哪些是终端结点?

解　T 对应的逻辑结构图如图 1-3 所示。

在图 1-3 中,1 是开始结点,它没有前驱,其余每个结点有且仅有一个直接前驱;3、7、6、8 是终端结点,它们没有后继,其余每个结点可以有多个直接后继;2、4、5 是中间结点,因此图 1-3 所示的是树形结构。这种数据结构的特点是数据元素之间是 1 对 N(1:N)联系($N \geqslant 0$),即层次关系。

这是不同于线性结构的另一种类型的数据结构。在计算机系统中,描述磁盘目录和文件结构时,采用如图 1-4 所示的方式。图中,某磁盘 E 盘包含一个根目录(root)和若干个一级子目录,如电子图书、电子教案、自编教材等一级子目录,每个一级子目录中又包含若干个二级子目录,如在电子图书一级子目录下有C++程序设计、数据结构、计算机网络等二级子目录。这种关系很像自然界中的树,所以称为目录树。

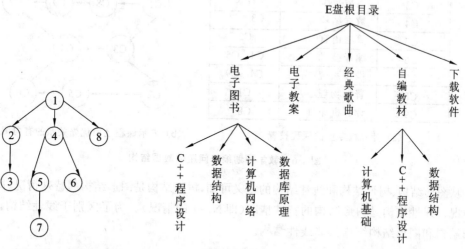

图 1-3 数据的树形结构示意图　　　　图 1-4 磁盘目录和文件的树形结构示意图

在这种结构中,目录和目录以及目录和文件之间不再是前面所列举的那种一一对应关系,而呈现出一对多的非线性关系。即根目录下有多个子目录(也称为孩子),每个子目录(孩子)又有属于自己的子目录(孩子),而任一子目录或文件都只有一个唯一的上级(也称为双亲),称这种数学模型为树形数据结构。

例 1-3　　一种数据结构 G=(D,R),其中

D={1,2,3,4,5,6}

R={r}

r={<1,2>,<3,4>,<4,5>,<5,6>,<1,6>,<3,2>,<4,1>,<1,5>}

试画出对应的逻辑结构图,并说明它是何种数据结构?

解　　G 对应的逻辑结构图如图 1-5 所示。

在图 1-5 可以看出,每个结点均可以有多个前驱和后继,结点之间的联系是 M 对 $N(M:N)$ 联系($M\geqslant 0$,$N\geqslant 0$),即网状关系。也就是说,每个结点可以有任意多个直接前驱和任意多个直接后继。因此,图 1-5 所示的结构是图形结构。

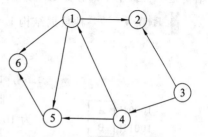

图 1-5 数据的图形结构示意图

在图 1-6(a)所示的教学计划中,包括许多课程,在这些课程之间,有些必须按规定的先后次序排课,有些则没有次序要求。例如,一门课程可能以一些先修课程为基础,而它本身又可能成为另一些课程的先修课程,即这些课程之间存在先修与后续的关系。任意一门课程可以和其他多门课程之间存在这种先修与后续的关系,各门课程之间的这种次序关系可用一个顶点和表示后序课关系的有向边组成的图来表示。如图 1-6(b)所示即为这些课程和它们之间关系的表示,图中的顶点表示课程,有向边表示课程之间先修和后续的关系。

在这种结构中，表示课程的数据之间呈现多对多的非线性关系，称这类数学模型为图形结构。

课程编号	课程名称	选修课程
C1	高等数学	无
C2	程序设计基础	无
C3	离散数学	C1，C2
C4	数据结构	C3，C5
C5	算法语言	C2
C6	编译技术	C4，C5
C7	操作系统	C4，C9
C8	普通物理	C1
C9	计算机原理	C8

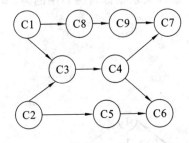

（a）计算机专业的课程设置　　　　　（b）表示课程之间优先关系的有向图

图 1-6　教学计划编排问题的数据结构

从图形结构、树形结构和线性结构的定义可知，树形结构是图形结构的特殊情况（即 M=1 的情况），线性结构是树形结构的特殊情况（即 N=1 的情况）。为了区别于线性结构，我们把树形结构和图形结构统称为非线性结构。

2．存储结构

数据的逻辑结构是从逻辑关系上来观察数据，它与数据的存储无关，是独立于计算机的。数据的存储结构是逻辑结构在计算机存储器里的实现，它是依赖于计算机的。

计算机的存储器（主存）是由有限多个存储单元组成，每个存储单元有唯一的地址，各存储单元的地址是连续编码的，也就是说每个存储单元都有唯一的后继单元。一片相邻的存储单元的整体称为存储区域。

存储映像方法主要有四种，下面具体进行介绍。

1）顺序存储方法

顺序存储方法是把逻辑上相邻的元素存储在物理位置相邻的存储单元中，结点间的逻辑关系由存储单元的邻接关系来体现，由此得到的存储表示称为顺序存储结构。顺序存储结构是一种最基本的存储表示方法，通常借助于程序设计语言中的数组来实现。

例 1-4　一种数据结构 L=(D,R)，其中：

D={A,B,C,D,E}
R={r}
r={<A,B>,<B,C>,<C,D>,<D,E>}

假设每个结点占一个存储单元，第一个结点存放在地址为 1000H 的单元中，则顺序存储的实现如图 1-7 所示。

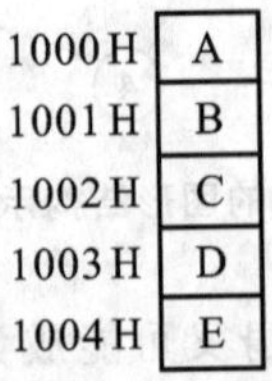

2）链式存储方法

链式存储方法对逻辑上相邻的元素不要求其物理位置相邻，元素间的逻辑关系通过附设的指针字段来表示，即将结点所占用的存储单元分为两部分：一部分存放数据元素本身的值，称数据域；另一部分存放此结点的后继结点所对应的存储单元的地址，称为指针域。由此得到的存储表示方式称为链式存储结构。

1000H	A
1001H	B
1002H	C
1003H	D
1004H	E

图 1-7　顺序存储的线性结构

例 1-4 中所示的逻辑结构可用链式存储的方法表示，如图 1-8 所示。

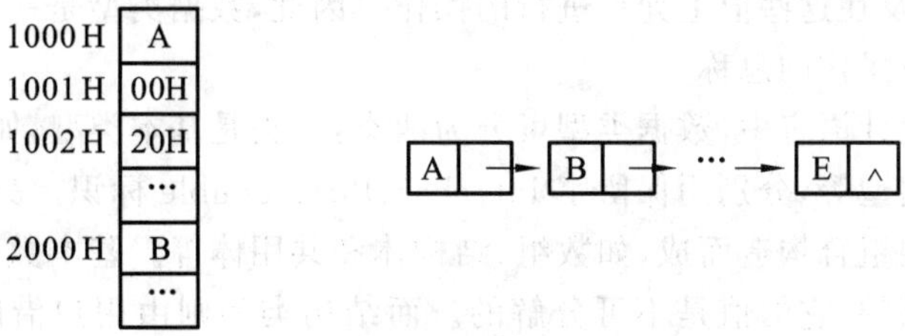

```
1000H  A
1001H  00H
1002H  20H
       ...
2000H  B
       ...
```

A → B → ··· → E ∧

（a）链式存储结构　　（b）链式存储结构的形象描述

图 1-8　链式存储的线性结构

3）索引存储方法

索引存储方法是在存储结点信息的同时，还建立附加的索引表。索引表中的每一项包含关键字和地址，关键字是能够唯一标识一个数据元素的数据项，地址指示出数据元素所在的存储位置。索引存储主要是针对数据内容的存储，而不强调关系的存储，索引存储方法主要面向查找操作。

4）散列存储方法

散列存储方法是以数据元素的关键字的值为自变量，通过某个函数（散列函数）计算出该元素的存储位置。散列存储也是针对数据内容的存储方式。

以上四种存储方法中，顺序存储方法和链式存储方法是最基本、最常用的方法，索引存储方法和散列存储方法在具体实现时需要用到前两种方法。存储结构是数据结构的三要素之一，若逻辑结构相同但存储结构不同，则为不同的数据结构，有时这种区别是相当大的。在实际应用中，一种逻辑结构选用何种存储结构来表示，要视具体情况而定，主要考虑运算的实现及算法的时空要求。

3. 运算集合

运算是对数据的处理。运算与逻辑结构紧密相连，每种逻辑结构都有一个运算的集合。运算的种类很多，根据操作的结果，可将运算分为以下两种类型。

（1）引用型运算。这类运算不改变数据结构中原有的数据元素的状态，只根据需要读取某些信息。

（2）加工型运算。这类运算的结果会改变数据结构中原有数据的状态，如数据元素的内容、数量等。

> **注意**：数据的运算是定义在数据的逻辑结构上的，但运算的具体实现是在数据的存储结构上进行的。数据的运算是数据结构不可分割的一个方面，在数据的逻辑结构和存储结构给定之后，如果定义的运算集及运算的性质不同，也会导致完全不同的数据结构，如随后的章节中将要介绍的线性表、栈和队列等。

1.2.3　抽象数据类型

1. 数据类型

数据类型（data type）是相互之间存在一种或多种特定关系的数据元素的集合。例如，整型、字符型、浮点型、双精度型等数据类型。它最早出现在高级程序设计语言中，用于刻画程序中操作对象的特性。在用高级语言编写的程序中，每个变量、常量或表达式都有一个它所属的确定的数据类型。类型显式地或隐含地规定了在程序执行期间变量或表达式所有可能的取值范围，以及在这些值上允许进行的操作。因此，数据类型是一个值的集合和定义在这个值集上的一组操作的总称。

在高级程序设计语言中，数据类型可分为两类：一类是基本类型，如 C 语言中整型、字符型、浮点型、双精度型等，分别用保留字 int、char、float、double 标识。另一类则是结构类型，它由一些基本类型组合构造而成，如数组、结构体和共用体等。基本数据类型通常是由程序设计语言直接提供的，它的值是不可分解的。而结构类型则由用户借助程序设计语言提供的描述机制自己定义的，它的值是由若干成分按某种结构组成的，因此是可分解的，并且它的成分可以是非结构的，也可以是结构的。例如，数组的值由若干分量组成，每个分量可以是整型数据，也可以是数组等。

2. 抽象数据类型

抽象数据类型（abstract data type，简称 ADT）是指一个数学模型以及定义在该模型上的一组操作。可以看成是数据的逻辑结构及其在逻辑结构上定义的操作。抽象数据类型的定义取决于它的一组逻辑特性，而与其在计算机内部如何表示和实现无关。即不论其内部结构如何变化，只要它的数学特性不变，都不影响其外部的使用。

一个具体问题的抽象数据类型的定义包括数据对象（即数据元素的集合）、数据关系和基本运算三方面的内容。抽象数据类型可用(D,R,P)三元组表示。其中，D 是数据对象，R 是 D 上的关系集，P 是 D 中数据运算的基本运算集。其基本格式如下。

```
ADT 抽象数据类型名
{
  数据对象:数据对象的定义
  数据关系:数据关系的定义
  基本操作:基本操作的定义
}ADT 抽象数据类型名
```

其中，数据对象和数据关系的定义用伪码描述，基本操作的定义格式如下。

```
基本操作名(参数表)
初始条件:初始条件描述
操作结果:操作结果描述
```

基本操作有两种参数，赋值参数只为操作提供输入值；引用参数以 & 开头，除可提供输入值外，还返回操作结果。"初始条件"用于描述操作执行前数据结构和参数满足的条件，若不满足，则操作失败，并返回相应出错信息；若初始条件为空，则省略。"操作结果"用于说明操作正常完成之后，数据结构的变化状况和应返回的结果。

例 1-5 抽象数据类型复数的定义。

```
ADT Complex{
  数据对象:
    D={e1,e2|e1,e2 均为实数}
  数据关系:
    R={<e1,e2>|e1 是复数的实数部分,e2 是复数的虚数部分}
  基本操作:
  AssignComplex(&Z,v1,v2)
  操作结果:构造复数 Z,其实部和虚部分别被赋予参数 v1 和 v2 的值。
  DestoryComplex(&Z)
  操作结果:复数 Z 被销毁。
  GetReal(Z,&realPart)
```

初始条件:复数已存在。

操作结果:用 realPart 返回复数 Z 的实部值。

GetImage(Z,&imagePart)

初始条件:复数已存在。

操作结果:用 imagePart 返回复数 Z 的虚部值。

Add(z1,z2,&sum)

初始条件:z1,z2 是复数。

操作结果:用 sum 返回两个复数 z1,z2 的和。

}ADT Complex

抽象数据类型包含一般数据类型的概念,但含义比一般数据类型更广、更抽象。一般数据类型由具体语言系统内部定义,直接提供给编程者来定义用户数据,因此称它们为预定义数据类型。抽象数据类型通常由编程者定义,包括定义它所使用的数据(数据结构)和在这些数据上的一组操作。在定义抽象数据类型中的数据部分和操作部分时,要求只定义数据的逻辑结构和操作说明,不考虑存储结构和操作的具体实现,这样抽象层次更高,更能为其他用户提供良好的使用接口。抽象数据类型的特征是使用与实现相分离,实行封装和信息隐蔽。也就是说,在抽象数据类型设计时,把类型的定义与其实现分离开来。

1.3 算法和算法分析

1.3.1 算法的定义

算法(algorithm)是对特定问题求解步骤的一种描述,是指令的有限序列。其中每一条指令表示一个或多个操作。

一个算法应该具有下列特性。

(1)有穷性:一个算法必须在执行有穷步之后结束,即必须在有限时间内完成。

(2)确定性:算法的每一步必须有确切的定义,无二义性。算法的执行对应着相同的输入仅有唯一的一条路径,即相同的输入必然有相同的输出。

(3)可行性:算法中的每个运算都应是可行的,即均可通过已经实现的基本运算执行有限次得以实现。

(4)输入:一个算法具有零个或多个输入,这些输入取自特定的数据对象集合。

(5)输出:一个算法具有一个或多个输出,这些输出与输入之间存在某种特定的关系。

> **注意**:算法的含义与程序十分相似,但又有区别。一个程序不一定满足有穷性。例如,操作系统,只要整个系统不遭破坏,它将永远不会停止,即使没有作业需要处理,它仍处于动态等待中。因此,操作系统不是一个算法。另一方面,程序中的指令必须是机器可执行的,而算法中的指令则无此限制。算法代表了对问题的求解方法,而程序则是算法在计算机上的特定的实现。一个算法若用程序设计语言来描述,则它就是一个程序。

算法与数据结构是相辅相成的。解决某一特定类型问题的算法可以选定不同的数据结构,而且选择恰当与否直接影响算法的效率。反之,一种数据结构的优劣由各种算法的执行来体现。

算法可以使用各种不同的方法来描述。

最简单的方法是使用自然语言。用自然语言来描述算法的优点是简单且便于人们对算法的阅读，其缺点是不够严谨。

可以使用程序流程图、N-S图等算法描述工具。其特点是描述过程简洁、明了。

用以上两种方法描述的算法不能够直接在计算机上执行，若要将它转换成可执行的程序还需要编程。

也可以直接使用某种程序设计语言（C或C++语言）来描述算法，本书采用C语言作为算法的描述工具，这样既便于读者阅读算法，又便于读者将算法转换成的程序上机运行。

1.3.2　算法设计的目标

对于解决同一问题，往往能够编写出许多不同的算法。例如，对于排序问题，在第9章中将介绍多种算法。进行算法的评价的目的，既在于从解决同一问题的不同算法中选择出比较合适的一种，也在于知道如何对现有算法进行改进，从而有可能设计出更好的算法。要设计一个好的算法通常要考虑以下的要求。

（1）正确性（correctness）：是设计和评价一个算法的首要条件，如果一个算法不正确，则不能完成或不能较好地完成所要求的任务，其他方面的功能也就无从谈起。一个正确的算法是指在合理的数据输入下，能够在有限的运行时间内得到正确的执行结果。

（2）可读性（readability）：是指一个算法供人们阅读的方便程度。一个可读性好的算法应当思路清晰、层次分明、简单明了、易读易懂，应该符合结构化和模块化程序设计的思想，应该对其中的每个功能模块、重要数据类型或语句加以注释，应该建立有相应的文档，对整个算法的功能、结构、使用及有关事项进行说明。算法不仅仅是让机器来执行的，而且要便于人的阅读和交流。

（3）健壮性（robustness）：是指一个算法对不合法（又称不正确、非法、错误等）数据输入的反映和处理能力。一个好的算法应该能够识别出错误数据并进行适当处理。对错误数据的处理一般包括打印出错信息、调用错误处理程序、返回标识错误的特定信息、中止程序运行等。

（4）高效性和存储量需求：一般来说，求解同一问题若有多种算法，则执行时间短的算法效率更高，占用存储空间少的算法较好。但是，算法的时间开销和空间开销往往是相互制约的，对高时间效率和低存储量的要求只能根据实际问题折中处理。

这些指标一般很难做到十全十美，因为它们常常相互矛盾，在实际的算法评价中应根据需要有所侧重。

1.3.3　算法性能的分析与度量

在程序设计中，对算法进行分析是非常重要的。解决一个具体的应用实例，常常有若干个算法可以选用，因此程序设计者要判断哪一个算法在现实的计算机环境中对于解决问题是最优的。在计算机科学中，一般从算法的计算时间与所需存储空间来评价一个算法的优劣。

1. 时间复杂度

算法执行时间需通过依据算法编制的程序在计算机上运行时所耗的时间来度量。通常有以下两种衡量算法效率的方法。

（1）事后统计法。通过计算机内部的计时功能，求得算法的执行时间，从而衡量算法的效率。但这种方法有两个缺陷：一是必须先运行依据算法编制的程序；二是所得时间依赖于计算机的软、硬件等环境因素，有时容易掩盖算法本身的优劣。

（2）事前分析估算法，依据算法编制的程序在计算机上执行时，其运行时间取决于下列因素。

- 算法选用的策略。
- 问题的规模。
- 编写程序的语言。
- 编译程序产生的机器代码的质量。
- 计算机执行指令的速度。

显然，同一个算法用不同的语言实现，或者用不同的编译程序进行编译，或者在不同的计算机上运行时，效率均不相同。因此，使用绝对时间单位衡量算法的效率是不合适的。撇开与计算机软、硬件环境有关的因素，可认为一个特定算法的"运行工作量"的大小，只依赖于问题的规模（通常用整数量 n 表示），或者说，它是问题规模的函数。

一般情况下，算法中的基本操作重复执行的次数是问题规模 n 的某个函数 $f(n)$，算法的时间量度记作 $T(n) = O(f(n))$。它表示随问题规模 n 的增大，算法执行时间的增长率和 $f(n)$ 的增长率相同，称为算法的渐近时间复杂度（asymptotic time complexity），简称时间复杂度。

如何估算算法的时间复杂度？通常从算法中选取一种对于所研究的问题来说是基本操作的原操作（指固有数据类型的操作），以该基本操作在算法中重复执行的次数（也称语句的频度）作为算法运行时间的衡量准则。

例 1-6　下面的程序段实现 $1 \sim n$ 的累加求和。

```c
int sum(int n){
int i,s=0;
  for(i=1;i<=n;i++)
    s+=i;
  return s;
}
```

解　解法 1　计算机执行这个算法时，第 1 条定义并赋值语句和第 3 条返回语句都各执行一次简单操作，第 2 条循环语句中赋值语句"i=1"只会被执行一次简单操作，循环判断语句"i<=n"会执行 n+1 次简单操作，循环控制变量 i 的递增语句"i++"会执行 n 次简单操作；循环体"s+=i;"会执行 n 次简单操作；因而算法的时间复杂度 $T(n)$ 为：

$$T(n) = 1+1+1+(n+1)+n+n = 3n+4 = O(n)$$

解法 2　仅考虑算法中循环体语句（即基本语句）的执行次数，再来求算法的时间复杂度。该算法中的基本语句是单层循环，分析它的频度，即：

$$T(n) = n = O(n)$$

从两种解法得出算法的时间复杂度均为 $O(n)$，而后者的计算过程简单得多，所以，后面总是采用解法 2 来分析算法的时间复杂度。

例 1-7　下面的程序段用来求两个 n 阶方阵 A 和 B 的乘积 C。

```c
void MatrixMult(int A[][],int B[][],int C[][],int n){
    int i,j,k;
    for(i=0;i<n;i++)
      for(j=0;j<n;j++) {
          C[i][j]=0;
          for(k=0;k<n;k++)
```

```
            C[i][j]+=A[i][k]*B[k][j];
        }
    }
```

例 1-8　所示算法包含有三层循环,这个算法的基本语句是"C[i][j]＋＝A[i][k] *B[k][j];",其频度为:

$$T(n) = n^3 = O(n^3)$$

因此算法的时间复杂度为 $O(n^3)$。

有些情况下,算法中基本操作重复执行的次数还随问题的输入数据集的不同而不同。如例 1-8 所示的冒泡排序算法。

例 1-9　冒泡排序。

```
void Bubble_Sort (int a[ ],int n)
{
    int i,j,x,flag;
    for (i=0; i<n-1; i++)
    {
        flag=1;
        for(j=0; j<n-1-i; j++)
            if(a[j]>a[j+1])
            {
                flag=0;
                x=a[j];
                a[j]=a[j+1];
                a[j+1]=x;
            }
        if(flag)
            return;
    }
}
```

说明:"交换序列中相邻两个整数"为基本操作。当初始序列为自小到大有序,基本操作的执行次数为 0;当初始序列为自大到小有序时,基本操作的执行次数为 $n(n-1)/2$。对这类算法的分析,一般采用的办法是讨论算法在最坏情况下的时间复杂度,即分析最坏情况以估算算法执行时间的一个上界,这样做的理由如下。

(1) 一个算法的最坏情况下的运行时间是在任何输入下运行时间的一个上界。知道了这一点,就能确保算法的运行时间不会比这一时间更长。也就是说,不需要对运行时间做某种复杂的猜测,并期望它不会变得更坏了。

(2) 对于某些算法,最坏情况出现得相当频繁。例如,当在数据库中检索一条信息时,当要找的信息不在数据库中时,检索算法的最坏情况就会经常出现。在有些检索应用中,要检索的信息常常是数据库中没有的。

(3) 大致上来看,"平均情况"通常与最坏情况一样。

对于上述冒泡排序的最坏情况是初始序列为自大到小有序的情况,则冒泡排序在最坏情况下的时间复杂度为 $T(n)=O(n^2)$。

常用的时间复杂度的阶有 7 个,其复杂度从小到大依次为:常数阶 $O(1)$,对数阶 $O(\log_2 n)$,线性阶 $O(n)$,二维阶 $O(n\log_2 n)$,平方阶 $O(n^2)$,立方阶 $O(n^3)$,指数阶 $O(2^n)$。

由图 1-9 可知,随着问题规模 n 的增大,不同阶的时间复杂度增长快慢不一,因此,应尽可能选用多项式阶算法,而避免使用指数阶的算法。

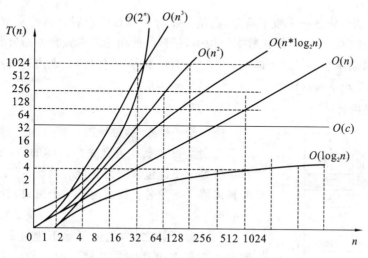

图 1-9 常见的 $T(n)$ 随 n 变化的增长率

2. 空间复杂度

一个算法的空间复杂度(space complexity)是指算法在运行过程中所需要的辅助存储空间大小的量度。一个算法在计算机存储器上所占的存储空间,包括存储算法本身所占用的存储空间、算法的输入/输出数据所占用的存储空间和算法在运行过程中临时占用的辅助存储空间这三个方面。算法的输入/输出数据所占用的存储空间是由要解决的问题所决定的,是通过参数表由调用函数传递而来,它不随算法的不同而改变。存储算法本身所占用的存储空间与算法书写的长短成正比,要压缩这方面的存储空间,就必须编写出较短的算法。算法在运行过程中辅助的存储空间随算法的不同而异,有的算法只需占用少量的辅助工作单元,而且不随问题规模的大小而改变,我们称这种算法是"就地"进行的,是节省存储的算法,如这一节介绍过的几个算法都是如此;有的算法需要占用的辅助工作单元数与解决问题的规模 n 有关,它随着 n 的增大而增大,记为:

$$S(n)=O(f(n))$$

分析一个算法所占用的存储空间要从各方面综合考虑。例如,对于递归算法来说,一般比较简短,算法本身所占用的存储空间较少,但运行时需要一个附加堆栈,从而占用较多的辅助工作单元;若写成非递归算法,一般可能算法比较长,算法本身占用的存储空间较多,但运行时可能需要较少的辅助存储单元。

对于一个算法,其时间复杂度和空间复杂度往往是相互影响的,当追求一个较好的时间复杂度时,可能会使空间复杂度的性能变差,即可能导致占用较多的存储空间;反之,当追求一个较好的空间复杂度时,可能会使时间复杂度的性能变差,即可能导致占用较长的运行时间。另外,算法的所有性能之间都存在着或多或少的相互影响。因此,当设计一个算法(特别是大型算法）时，要综合考虑算法的各项性能、算法的使用频率、算法处理的数据量的大小、算法描述语言的特性及算法运行的机器系统环境等各方面因素，才能够设计出比较好的算法。

1.4 C语言基础

1.4.1 指针

指针是 C 语言中的一个重要概念，也是最不容易掌握的内容。指针常常用于在函数的参数传递和动态内存分配中。在数据结构中，指针的使用也非常频繁。指针常常与地址、变量、数组和函数联系在一起。下面主要针对人们经常容易混淆的概念进行讲解，通过学习将使读者能够真正地掌握指针。

1. 什么是指针

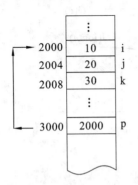

图 1-10 指针变量在内存中的表示

指针是一种变量，也称指针变量，它的值是内存地址。一般的变量通常直接包含一个具体的值，如整数、浮点数和字符等。指针包含的是变量的地址，而变量又拥有自己的具体值。变量名直接引用了一个值，指针是间接地引用了一个值。

在理解指针之前，先来了解下地址的概念。图 1-10 展示了变量在内存中的存储情况。假设 i、j、k、p 分别是 4 个变量，其中，i、j、k 是整型变量，p 是指针变量。整型变量在内存中占用 4 个字节，变量 i 的存放地址是 2000、2001、2002 和 2003 四个内存单元，变量 j 存放在 2004～2007 内存单元中，变量 p 存放在 3000～3003 四个内存单元中。整型变量 i、j、k 的内容分别是 10、20、30，而指针变量 p 的内容是一个地址，为 2000 开始的内存地址，即存放的是变量 i 的地址，换句话说，就是 p 指向变量 b 的存储位置，可以用一个箭头表示从地址是 3000 的位置指向变量地址为 2000 的位置。

一个存放变量地址的类型称为该变量的“指针”。如果有一个变量用来存放另一个变量的地址则称这个变量为指针变量。在图 1-11 中，p 用来存放变量 i 的地址，p 就是一个指针变量。

在 C 语言中，所有变量在使用前都需要声明。例如，声明一个指针变量的语句如下：

```
int i,*p;
```

i 是整型变量，表示要存放一个整数类型的值；p 是一个整型指针变量，表示要存放一个变量的地址，而这个变量是整数类型。p 称为一个指向整型的指针。

在声明指针变量时，"*"只是表示一个指针类型标识符。指针变量的赋值可以在声明的时候进行，也可以在声明后赋值。例如，给一个指针变量赋值：

```
int i=10;
int *p=&i;
```

或在声明后赋值：

```
int i=10,*p;
p=&i;
```

这两种赋值方法都是把变量 i 的地址赋值给指针变量 p。p=&i 称为指向变量 i，其中

& 是取地址运算符，表示返回变量 i 的地址。指针变量 p 与变量 i 的关系如图 1-11 所示。

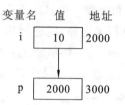

直接引用和间接引用可以用日常生活中的两个抽屉来形象说明。例如，有两个抽屉 A 和 B，抽屉 A 有一把钥匙，抽屉 B 也有一把钥匙。为了方便，可以把两把钥匙都带在身上，需要取抽屉 A 中的东西时直接用钥匙 A 打开抽屉，也可以为了安全，把钥匙 A 放到

图 1-11　指针变量 p 与指针变量 i 的关系

抽屉 B 中，把抽屉 B 的钥匙带在身上，需要取抽屉 A 中的东西时，先打开抽屉 B，再取出抽屉 A 的钥匙，然后打开抽屉 A，取出需要的东西。前一种方法就相当于通过变量直接引用，后一种方法相当于通过指针间接引用。其中，抽屉 B 的钥匙相当于指针变量，抽屉 A 的钥匙相当于一般的变量。

2. 指针变量的间接引用

指针变量和变量一样，都可以对数据进行操作，指针变量的操作主要是通过取地址运算符 & 和指针运算符 * 来实现的。例如，&a 指的是变量 a 的地址，*p 表示变量 p 所指向的内存单元存放的内容。下面我们通过例子来说明 & 和 * 运算符及指针变量的使用。

例 1-9　利用变量和指针变量存取数据。

分析　主要利用 & 和 * 运算符进行存取变量中的数据操作，取地址运算符 & 和指针运算符 * 是互逆的操作，应灵活掌握两个运算符的使用技巧。具体程序代码如下。

```c
#include<stdio.h>
intmain ()
{
  int i=10,*p;
  p=&i;
  /*打印变量 i 的地址和 p 的内容*/
  printf("i 的地址是:%p\n p 中的内容是:%p\n ",&i,p);
  /*打印变量 i 的值和 p 指向变量的内容*/
  printf("i 的值是:%d\n *p 的值是:%d\n ",i,*p);
  /*运算符 & 和 * 是互逆的*/
  printf("&*p=%p,*&p=%p\n 因此有 &*p=*&p\n ",&*p,*&p);
  return 0;
}
```

程序运行结果如图 1-12 所示。

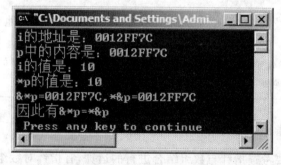

图 1-12　例 1-9 运行结果

15

& 和 * 作为单目运算符,结合性是从右到左,优先级别相同。因此对于表达式 & * p 来说,先进行 * 运算,后进行 & 运算。因为 p 是指向变量 i 的,所以,p 的值为 i,& * p 就是对 i 取地址,即 &i,i 的地址。* &p 是先进行取地址运算即 &p,即 p 的地址,然后进行 * 运算,那么 * &p 就是 p 本身,即 i 的地址。因此,& * p 和 * &p 是等价的。

> **注意**:指针变量只能用来存放地址,不能将一个整型值赋给一个指针变量。而且指针变量的类型应和所指向的变量的类型一致,如整型指针只能指向整型变量,不能指向浮点型变量。

3. 指向数组元素的指针

指针可以指向变量,也可以指向数组及数组中的元素。

例如,定义一个整型数组和一个指针变量,其语句如下。

```
int a[5]={1,2,3,4,5};
int *p;
```

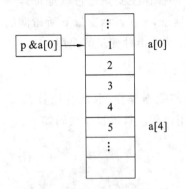

图 1-13　数组指针与数组在内存中的关系

这里的 a 是一个数组,它包含了 5 个整型数据。变量名 a 就是数组 a 的首地址,它与 &a[0] 等价。如果令 p= &a[0] 或者 p＝a,则 p 也指向了数组 a 的首地址。如图 1-13 所示。

```
int *p;
p=&a[0];
```

也可以在定义指针变量时直接赋值,如下语句是等价的。

```
int *p=&a[0];
```

与整型、浮点型数据一样,指针也可以进行算术运算,但含义却不同。当一个指针加(或减)1 并不是指针值增加(或减少)1,而是使指针指向的位置向后(或向前)移动了一个位置,即加上(或减去)该整数与指针指向对象的大小的乘积。例如,对于 p＋=3,如果一个整数占用 4 个字节,则相加后 p＝2000＋4 * 3＝2012(这里假设指针的初值是 2000)。同样指针也可以进行自增(++)运算和自减(--)运算。

也可以用一个指针变量减去另一个指针变量。例如,指向数组元素的指针 p 的地址是 2000,另一个指向数组元素的指针 q 的地址是 2008,则 t＝q－p 的运算结果就是把从 q 到 p 间的元素个数赋给 t,元素个数为 (2008－2000)/4＝2(假设整数占用 4 个字节)。

我们也可以通过指针来引用数组元素。例如,有以下语句:

```
* (p+2);
```

如果 p 是指向 a[0],即数组 a 的首地址,则 p+2 就是数组 a[2] 的地址,* (p+2) 就是 3。

> **注意**:指向数组的指针可以进行自增或自减运算,但是数组名则不能进行自增或自减运算,是因为数组名是一个常量指针,它是一个常量,常量值是不能改变的。

例 1-10　用指针引用数组元素并打印输出。

分析　主要考查指针与数组结合进行的运算,有指针对数组的引用及指针的加、减运算。指针及数组对元素操作的实现如下。

```
#include<stdio.h>
int main()
{
    int a[5]={1,2,3,4,5},*p,i;
    p=a;
    for(i=0;i<5;i++)
      printf("a[%d]:%d    ",i,a[i]);
    printf("\n");
    for(i=0;i<5;i++)
      printf("*(a+%d):%d    ",i,*(a+i));
      printf("\n");
    for(i=0;i<5;i++)
      printf("p[%d]:%d    ",i,p[i]);
    printf("\n");
    for(i=0;i<5;i++)
      printf("*(p+%d):%d    ",i,*(p+i));
    printf("\n");
    return 0;
}
```

程序中共有 4 个 for 循环,其中第一个 for 循环是利用数组的下标访问数组的元素;第二个 for 循环是使用数组名访问数组的元素,在 C 语言中,地址也可以像一般的变量一样进行加、减运算,但是指针的加 1 和减 1 表示的是一个元素单元;第三个 for 循环是利用指针访问数组中的元素;第四个 for 循环则是先将指针偏移,然后访问该指针所指向的内容。上述四种访问数组元素的方法表明,在 C 语言中指针的运用非常灵活。

程序运行结果如图 1-14 所示。

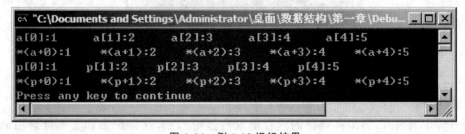

图 1-14 例 1-10 运行结果

1.4.2 参数传递

在程序设计过程中,经常会遇到参数传递的情况。在 C 语言中,函数的参数传递的方式通常有两种,一种是传值的方式,另一种是传地址的方式。本节主要介绍传值调用和传地址调用。

1. 传值调用

在函数调用时,一般情况下,调用函数和被调用函数之间会进行参数传递。调用函数后面括号里面的参数是实际参数,被调用函数中的参数是形式参数。以值传递方式进行函数调用时,系统将为形参分配一个临时的存储单元,并将实参的值复制到临时单元中。所以实参和形参实际上不在同一存储单元,因此被调函数中形参的任何变化并不会影响到实参。所以值传递调用具有"数据单向传递,只进不出"的特点。

例 1-11 函数的传值调用实例。请分析下面程序中数据交换子函数 swap() 被调用前后，主函数内的两个整型变量 a、b 的值的变化。

```
#include<stdio.h>
void  swap(int p1,int p2)
{
    int  t;
    t=p1;
    p1=p2;
    p2=t;
}
int main (  )
{
  int   a=3,b=5;
  printf("Before Swap: a=%d,  b=%d\n",a,b);
  swap(a,b);
  printf("After Swap:  a=%d,  b=%d\n",a,b);
  return 0;
}
```

程序运行结果如图 1-15 所示。通过运行结果发现，调用 swap() 函数前、后两次输出的 a 都是 3，b 都是 5。其原因是实参 a 和 b 是普通变量，这时调用 swap() 函数，尽管形参 p1 和 p2 交换了它们的值，p1 由传入的 3 变成了 5，p2 则由传入的 5 变成了 3，但由于在函数调用过程中发生的是值传递，因此这种变化并不会反馈给实参。因此主函数的 a 和 b 在调用 swap() 之前和之后并未发生任何变化。

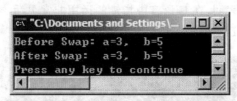

图 1-15   例 1-11 运行结果

2. 传址调用

函数传址调用时，实参将自己的内存地址传递给形参，这样形参和实参就合用同一地址，因此在函数执行中，对形参的操作实际上就是对实参的操作。所以传址调用具有"数据双向传递，进出自由"的特点，被调函数内形参的任何变化都会反馈给主调函数的实参。

当实参是变量的地址，形参是指针时，形参将接受传来的变量的地址值，发生了地址的传递。

例 1-12 函数的传址调用实例。请分析数据交换子函数 swap() 被调用前后，主函数内的两个整型变量 a、b 的值的变化。

```
#include<stdio.h>
void  swap(int *p1,int *p2)
{
    int  t;
    t=*p1;
```

```
        *p1=*p2;
        *p2=t;
    }
    int main (  )
    {
        int   a=3,b=5;
        printf("Before Swap: a=%d,  b=%d\n",a,b);
        swap(&a,&b);
        printf("After Swap:  a=%d,  b=%d\n",a,b);
        return 0;
    }
```

程序运行结果如图 1-16 所示。

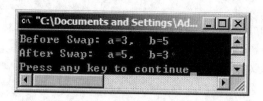

图 1-16　例 1-12 运行结果

在被调函数 swap()中,将形参 p1、p2 说明成指针型变量,该函数的作用是交换两个变量的值。程序运行时,调用 swap()函数的过程中,将实参 &a、&b 的值分别传递给形参指针 p1、p2,使得形参 p1、p2 分别指向主函数中的变量 a、b,如图 1-17 所示。接着执行 swap()函数体,将 *p1(a 的值)与 *p2(b 的值)交换,同时完成了 a、b 值的交换,函数调用结束后,形参 p1、p2 即被释放,而在 main()函数中输出的 a 和 b 的值为交换后的值(a=5,b=3)。

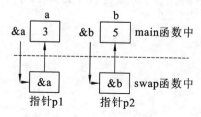

图 1-17　指针作为函数的参数

数组名是数组的首地址。因此在数组名用于函数参数时所进行的数据传递是地址的传送。

例 1-13　编写函数,要求将数组中的几个元素的值分别减去 20。

分析　数组名作为参数传递给被调用函数,实际上是把数组的起始地址传递给形式参数。因为数组在内存中存储的连续性,可以利用数组下标和指针访问数组中的每一个元素,这样在被调用函数中就可以对整个数组进行操作,无须将每一个数据元素作为参数传递给被调用函数。将数组名作为参数传递,调用函数和被调用函数都是对占用同一块内存单元的数组进行操作。其具体程序如下。

```
#include<stdio.h>
#define N 10
void  subarray1(int b[],int n)
```

```
{ /*数组名作为参数,将数组中元素的值减去20*/
    int  i;
    for(i=0;i<n;i++)
      b[i]=b[i]-20;
}
void  subarray2(int *p,int n)
{ /*指针作为参数,将数组中元素的值减去20*/
    int  i;
    for(i=0;i<n;i++)
      *(p+i)=*(p+i)-20;
}
int main( )
{
   int  a[N]={100,200,300,400,500,600,700,800,900,1000};
   int i;
   printf("原来数组中的元素为:\n");
   for(i=0;i<N;i++)
     printf("%5d",a[i]);
     printf("\n");
     printf("数组中元素的值第一次减去 20 之后为:\n");
     subarray1(a,N);
   for(i=0;i<N;i++)
     printf("%5d",a[i]);
     printf("\n");
     printf("数组中元素的值第二次减去 20 之后为:\n");
     subarray2(a,N);
   for(i=0;i<N;i++)
     printf("%5d",a[i]);
     printf("\n");
   return 0;
}
```

程序运行结果如图 1-18 所示。

图 1-18 例 1-13 运行结果

该函数以两种方式实现了函数调用,即数组名作为形式参数和指针作为形式参数。在许多情况下,数组和指针效果是一样的。

1.4.3 结构体

在实际问题中，一组数据往往具有不同的数据类型。为了解决这个问题，C 语言提供了一种可根据客观事物的不同属性，由用户自己构造的新数据类型——结构体（structure）。数据结构中的线性表、队列、树、图等结构都需要用到结构体。

1. 结构体的定义

一个学生基本情况表包括学号、姓名、性别、年龄、成绩和联系电话等信息，每个数据信息的类型并不相同，使用基本数据类型不能将这些信息有效组织起来。每一个学生都包含学号、姓名、性别、年龄、成绩和联系电话等数据项，这些数据项放在一起构成的信息称为一个记录。例如，一个学生基本情况表如表 1-2 所示。

表 1-2 学生基本情况表

学号	姓名	性别	年龄	成绩	联系电话
120085	Peter	男	22	88	31676055
120068	Tom	男	19	90	31690055
120079	Helen	女	21	83	31682098

要用 C 语言描述表中的某一条记录，需要定义一种特殊的类型，这种类型就是结构体类型。其定义如下。

```
struct   student              /*结构体类型*/
{
    int no;                   /*学号*/
    char name[20];            /*姓名*/
    char sex;                 /*性别*/
    int age;                  /*年龄*/
    double score;             /*成绩*/
    long int phone;           /*联系电话*/
};
```

其中，struct student 是新的数据类型——结构体类型，no、name、sex、age、score 和 phone 为结构体类型的成员，表示记录中的数据项。这样，结构体类型 struct student 就可以完整地表示一个学生信息了。

定义一个结构体变量的代码如下。

```
struct student stu1;
```

stu1 就是类型为结构体 struct student 类型的变量。可以给结构体变量 stu1 的成员分别赋值，例如：

```
stu1.no=120085;
stu1.name="Peter";
stu1.sex='m';
stu1.age=22;
stu1.score=88;
stu1.phone=31676055;
```

则 stu1 的结构如图 1-19 所示。

21

120085	Peter	m	22	88	31676055

图 1-19　stu1 的结构

结构体变量的定义也可以在定义结构体类型的同时进行。例如：

```
struct    student              /*结构体类型*/
{
    int no;                    /*学号*/
    char name[20];             /*姓名*/
    char sex;                  /*性别*/
    int age;                   /*年龄*/
    double score;              /*成绩*/
    long int phone;            /*联系电话*/
}stu1;
```

同样，也可以定义结构体数组类型。结构体变量的定义与初始化可以分开进行，也可以在定义结构体数组的时候初始化。例如：

```
struct    student              /*结构体类型*/
{
    int no;                    /*学号*/
    char name[20];             /*姓名*/
    char sex;/                 *性别*/
    int age;                   /*年龄*/
    double score;              /*成绩*/
    long int phone;            /*联系电话*/
}stu[2]={{ 120085,"Peter",'m',22,88,31676055},{120068,"Tom",'m',19,90,
31690055}};
```

2. 指向结构体的指针

指针可以指向整型、浮点型、字符等基本类型变量，同样也可以指向结构体变量。指向结构体变量的指针的值是结构体变量的起始地址。指针可以指向结构体，也可以指向结构体数组。指向结构体的指针和指针变量和指向数组的指针的用法类似。

例 1-14　利用指向结构体数组的指针输出学生基本信息。

分析　　指向结构体的指针与指向数组的指针一样，结构体中的成员变量地址是连续的，将指计指向结构体数组，就可直接访问结构体中的所有成员。其具体程序如下。

```
#include<stdio.h>
struct    student              /*结构体类型*/
{
    int no;                    /*学号*/
    char name[20];             /*姓名*/
    char sex;                  /*性别*/
    int age;                   /*年龄*/
    double score;              /*成绩*/
    long int phone;            /*联系电话*/
}stu[3]={{120085,"Peter",'m',22,88,31676055},{120068,"Tom",'m',19,90,31690055},
        {120079,"Helen",'f',21,83,31682098}};
```

```
int main()
{
    struct student *p;
    printf(" 学号    姓名    性别   年龄   成绩   联系电话\n");
    for(p=stu;p<stu+3;p++)
        printf("%- 10d%- 10s%- 5c%- 6d%- 5.1f%12d\n",
                p->no,p->name,p->sex,p->age,p->score,p->phone);
    return 0;
}
```

程序运行结果如图 1-20 所示。

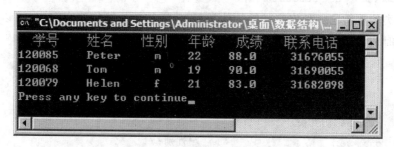

图 1-20　例 1-14 运行结果

首先定义了一个指向结构体的指针变量 p，在循环体中，指针指向结构体数组 p＝stu，即指针指向了结构体数组的起始地址。通过 p－＞no、p－＞name 等访问各个成员。p＋1 表示数组中第 2 个元素 stu[1] 的起始地址。p＋2 表示数组中的第三个元素的起始地址。

3. 用 typedef 定义数据类型

typedef 是 C 语言中的关键字，它的主要作用是为类型重新命名，一般形式如下。

```
typedef  类型名1  类型名2;
```

其中，类型名 1 是已经存在的类型，如 int、float、char、long 等，也可以是结构体类型，如 struct student。类型名 2 是程序员重新定义的名字，命名规则与变量名的命名规则类似，必须是一个合法的标识符。

1）使用 typedef 为基本数据类型重新命名

例如，有如下语句：

```
typedef int INTEGER;
typrdef double REAL;
```

经过以上重新定义变量，INTEGER 就代表了 int，REAL 就代表了 double。这样，语句：

```
int  i,j,k;
```

与下面语句等价：

```
INTEGER i,j,k;
```

2）使用 typedef 为用户自定义数据类型重新命名

用户自己定义的数据类型主要包括结构体、共用体、枚举类型，最为常用的是为结构体类型重新命名，共用体和枚举类型的命名方法与结构体的重新命名方法类似。例如：

```
struct    student                    /*结构体类型*/
{
    int no;                          /*学号*/
    char name[20];                   /*姓名*/
    char sex;                        /*性别*/
    int age;                         /*年龄*/
    double score;                    /*成绩*/
    long int phone;                  /*联系电话*/
};
typedef struct student STU;
```

上面的类型重新定义是先定义结构体类型，然后重新为结构体命名，也可以在定义结构体类型的同时为结构体命名，代码如下。

```
typedef   struct    student          /*结构体类型*/
{
    int no;                          /*学号*/
    char name[20];                   /*姓名*/
    char sex;                        /*性别*/
    int age;                         /*年龄*/
    double score;                    /*成绩*/
    long int phone;                  /*联系电话*/
}STU;
```

以上两段代码是等价的。接下来，就可以使用 STU 定义变量了，代码如下。

```
STU stu1;
```

上面的变量定义与如下变量定义等价。

```
struct student stu1;
```

1.4.4　链表

动态内存分配与释放经常用在数据结构中的链表、树和图结构中。动态内存分配在需要时进行，不需要时即释放，不需要提前分配，只是根据实际需要来分配，因此，可以有效避免内存空间的浪费，这一点将在今后学习数据结构知识的过程中体会到。

1. 内存的动态分配与释放

内存的动态分配需要使用函数 malloc、函数 free 和运算符 sizeof 来实现。函数 malloc 的原型是：

```
void* malloc(unsigned int size);
```

函数 malloc 的作用是在内存中分配一个长度为 size 的连续存储空间。函数的返回值是一个指向分配空间的起始位置的指针。如果分配空间失败，则返回 NULL。如果要为类型为 struct node 的结构体分配一块内存空间，可以使用以下语句来实现。

```
p= (struct node*)malloc(sizeof(struct node));
```

其中，sizeof(struct node)是计算结构体类型需要占用的字节数，struct node * 是把函数的返回值类型 void * 转换为指向结构体指针类型。如果分配成功，则将该内存区域的起始地址返回给指针 p。

函数 free 的原型是：

```
void free(void *p);
```

函数 free 的作用是释放 p 指向的内存空间。如果要释放刚才申请的空间，可以使用以下语句来实现。

```
free (P);
```

注意：函数 malloc 和 free 一般成对使用，在使用完内存空间时，要记得使用 free 函数将内存空间释放。使用函数 malloc 时，最好要测试是否分配成功。已经释放掉的内存不可以重新使用。

2. 什么是链表

链表是一种常用的数据结构。链表通过自引用结构体类型的指针成员指向结构体本身建立起来。"自引用结构体"包含一个指针成员，该指针指向与结构体一样的类型。例如：

```
struct node
{
    int data;
    struct node *next;
};
```

这就是一种自引用结构体类型。自引用结构体类型为 struct node，该结构体类型有两个成员：一个是整型成员 data，一个是指针成员 next。成员 next 是指向结构体为 struct node 类型的指针。以这种形式定义的结构体通过 next 指针把两个结构体变量连在一起，如图 1-21 所示。

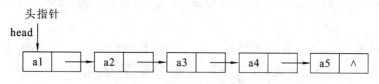

图 1-21   不带头结点的单链表

我们把这种自引用结构体单元称为结点。结点之间通过箭头连接起来，构成一个表，称为链表。链表中指向第一结点的指针称为头指针，通过头指针，，可以访问链表的每一个结点。链表的最后一个结点的指针部分用空（˄）表示。为了方便，在链表的第一个结点之前增加一个结点，称为头结点，如图 1-22 所示。

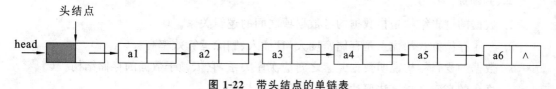

图 1-22   带头结点的单链表

链表的操作有创建、插入、删除等，这部分内容在第 2 章中详细介绍，这里不再赘述。

本 章 小 结

数据结构是为适应非数值处理的需要而产生的一门学科，其研究对象是非数值处理程序设计中计算机操作的对象及其相互关系与运算。

　　数据结构研究的是数据的表示和数据之间的关系。其主要研究数据的逻辑结构、存储结构和运算集合三个方面。从逻辑上讲,数据有集合、线性结构、树形结构和图形结构四种结构。从存储结构上讲,数据有顺序存储结构、链式存储结构、索引存储结构和散列存储结构四种。理论上,任一种数据逻辑结构都可以用任一种存储结构来实现。

　　算法是解决特定问题的有限指令序列。算法与程序既有区别又有联系。算法的评价指标主要有正确性、可读性、健壮性和高效性四个方面。算法的效率分析包括时间复杂度和空间复杂度的分析。算法的时间复杂度和空间复杂度通常用数量级的形式表示出来。数量级的形式可分为常量级 $O(1)$、对数级 $O(\log_2 n)$、线性级 $O(n)$、平方级 $O(n^2)$、立方级 $O(n^3)$、指数级 $O(2^n)$ 等。

习　题　1

一、单项选择题

1. 从逻辑上可以把数据结构分为(　　)两大类。

A.动态结构、静态结构　　　　　　　　　B.顺序结构、链式结构

C.线性结构、非线性结构　　　　　　　　D.初等结构、构造型结构

2. 在下面的程序段中,对 x 的赋值语句的频度为(　　)。

```
for(k=1;k<=n;k++)
        for(j=1;j<=n;j++)
            x=x+1;
```

A. $O(2n)$　　　　　　B. $O(n)$　　　　　　C. $O(n^2)$　　　　　　D. $O(\log_2 n)$

3. 每个结点有且仅有一个直接前趋和多个(或无)直接后继(第一个结点除外)的数据结构称为(　　)。

A.树形结构　　　　　B.图形结构　　　　　C.线性结构　　　　　D.集合

4. 数据的(　　)包括查找、插入、删除、更新、排序等操作类型。

A.存储结构　　　　　B.逻辑结构　　　　　C.基本操作　　　　　D.算法描述

5. 在发生非法操作时,算法能够进行适当处理的特性称为(　　)。

A.正确性　　　　　　B.健壮性　　　　　　C.可读性　　　　　　D.可移植性

6. 在数据结构中,与所使用的计算机无关的数据称为(　　)结构。

A. 存储　　　　　　　B. 物理　　　　　　　C. 逻辑　　　　　　　D. 物理和存储

二、判断题

1. 数据的逻辑结构是指数据的各数据项之间的逻辑关系。(　　)

2. 顺序存储方式的优点是存储密度大,且插入、删除运算效率高。(　　)

3. 数据的逻辑结构说明数据元素之间的次序关系,它依赖于数据的存储结构。(　　)

4. 算法的高效性指算法要达到所需要的时间性能。(　　)

5. 算法必须有输出,但可以没有输入。(　　)

6. 数据元素是数据的最小单位(　　)。

三、简答题

1. 简述下列概念:数据、数据元素、数据类型、数据结构、逻辑结构、存储结构。

2. 常见的逻辑结构有哪几种,各自的特点是什么? 常用的存储结构有哪几种,各自的特点是什么?

3. 简述算法和程序的区别。

四、算法分析题

1. 分析下列程序段中带标号"♯"语句的执行频度(n 为正整数)。

（1）
```
j=1; k=0;
while(j<=n-1) {
    j++;
    k+=j;/*#*/
    }
```

（2）
```
i=0; s=0; n=100;
do{
    i++;
    s+=10*i;/*#*/
    } while(! (i<n && s<n));
```

（3）
```
k=0;
for(i=0; i<n; i++)
    for(j=i; j<n;j++)
        k++;/*#*/
```

（4）
```
a=1; b=0;
while(a+b<=n) {
    if(a<b)
        a++;     /*#*/
        else
        b++;
    }
```

（5）
```
x=91;
y=100;
while (y> 0) {
    if (x> 100)  {x-=10; y--;}/*#*/
        else    x++;
    }
```

2. 写出下列各程序段关于 n 的时间复杂度。

（1）
```
a=1;
m=1;
    while(a<n) {
    m+=a;
    a*=3;
    }
```

（2）设 n 是偶数。

```
for(i=1,s=0; i<=n; i++)
    for(j=2*i; j<=n; j++)
      s++;
```

（3）

```
for (i=1;i<=n-1;i++){
    k=i;
    for(j=i+1;j<=n;j++)
      if(R[j]> R[j+1])
        k=j;
        t=R[k];
        R[k]=R[i];
        R[i]=t;
}
```

第②章 线 性 表

线性表是最简单、最基本,也是最常用的数据结构。

幼儿园小朋友人数众多,有的幼儿园为便于管理,会给每个班级排一个固定顺序的队伍,如班级里有 30 个小朋友,会按照顺序给小朋友排学号 1,2,3……30,不管是平时放学排队还是外出参加活动,小朋友都按照学号排队,让每个小朋友记住自己前后的小朋友,若发现前后小朋友不在马上报告老师,而老师只要记住第 1 个小朋友就可以了。班级中,只有 1号前面没有小朋友,只有 30 号后面没有小朋友,其他每个学号都是前面只有一个小朋友,后面只有一个小朋友,这就是一个典型的线性表。

本章我们就要来学习线性表。

2.1 线性表的逻辑结构

2.1.1 线性表的定义

线性表 L 是 $n(n \geq 0)$ 个具有相同属性的数据元素 $a_1, a_2, a_3, \cdots, a_n$ 组成的有限序列。其中,序列中元素的个数 n 称为线性表的长度。

当 $n = 0$ 时称为空表,即不含有任何元素。

常常将非空的线性表 $L(n > 0)$ 记为:$L = (a_1, a_2, \cdots, a_{i-1}, a_i, a_{i+1}, \cdots, a_n)$。

其中,a_{i-1} 为 a_i 的直接前驱,a_{i+1} 为 a_i 的直接后继。a_1 为表头元素,a_n 为表尾元素。线性表有以下特点。

(1) 在非空的线性表中,存在唯一的一个被称为"第一个"的数据元素,又称为表头元素;存在唯一的一个被称为"最后一个"的元素,又称为表尾元素。

(2) 线性表中数据的位置先后是有序的。除表头元素外,线性表中的每一个元素有且仅有一个前驱;除表尾元素外,线性表中的每一个元素有且仅有一个后继。表头元素只有一个后继而没有前驱,表尾元素只有一个前驱而没有后继。

(3) 线性表中的数据的类型是相同的。表的长度 n 的取值是有限数,最小为 0。

在日常生活中,线性表的例子很多。例如,26 个英文字母组成的字母表(A,B,C,…,Y,Z)就是一个典型的线性表,该表长度是 26,每个字母是表中的一个元素。表 2-1 所示的学生信息表也构成了一个线性表。

表 2-1 学生信息表

学号	姓名	班级	年龄	宿舍
160210001	崔雨	计科 1601	18	星苑 305
160210002	丁洁	计科 1601	19	星苑 305
160210003	樊辰	计科 1601	18	松苑 207
160210004	冯波	计科 1601	19	松苑 207
160210005	郭力	计科 1601	20	松苑 207
160210006	胡志	计科 1601	20	松苑 207

该线性表表长为6，表中每个学生的信息为一个"数据元素"，包括学号、姓名、班级、年龄和宿舍等"数据项"信息。

2.1.2 线性表的基本运算

数据结构的基本运算是定义在逻辑结构层次上的，而这些运算的具体实现是需要建立在存储结构上的，因此下面定义的线性表的基本运算作为逻辑结构的一部分，其具体实现却要在线性表的存储结构确定之后才能够完成。

线性表的基本操作有以下几项。

（1）线性表 L 的初始化，其语句如下。

    InitList(L)

构造一个空的线性表 L，即表的初始化。

（2）创建线性表 L，其语句如下。

    CreatList(L)

（3）求线性表 L 的长度，其语句如下。

    GetLength(L)

求表中结点的个数，即求表的长度。

（4）按序号取线性表 L 中的元素，其语句如下。

    GetNode(L,i)

取线性表 L 中的第 i 个元素，这里 $1 \leqslant i \leqslant Length(L)$。

（5）在线性表 L 中查找元素 e，其语句如下。

    LocateList(L,e)

在 L 中查找值为 e 的结点，并返回该结点在 L 中的位置。若 L 中有多个结点的值和 e 相同，则返回首次找到的结点位置；若 L 中没有结点的值为 e，则返回一个特殊值（如−1），表示查找失败。

（6）在线性表 L 中插入新元素，其语句如下。

    InsertList(L,i,e)

在线性表 L 的第 i 个位置上插入一个值为 x 的新结点，使得原编号为 i,i+1,…,n 的结点变为编号为 i+1,i+2,…,n+1 的结点。这里 $1 \leqslant i \leqslant n+1$，而 n 是原表 L 的长度。插入后，表 L 的长度加 1。

（7）在线性表 L 中删除元素，其语句如下。

    DeleteList(L,i)

删除线性表 L 的第 i 个结点，使得原编号为 i+1,i+2,…,n 的结点变成编号为 i,i+1,…，n−1 的结点。这里 $1 \leqslant i \leqslant n$（n 是原表 L 的长度），删除后表 L 的长度减 1，为 n−1。

（8）将线性表中元素输出，其语句如下。

    PrintList(L)

将线性表 L 中的元素打印输出，若对线性表进行了一些操作，如插入、删除等，需要将其打印输出查看操作结果。

2.2 线性表的顺序存储及运算实现

线性表有两种基本的存储结构：顺序存储结构和链式存储结构。

2.2.1 线性表的顺序存储结构

线性表的顺序存储是最简单、最直接的一种存储方式,即把线性表的结点按逻辑顺序依次存放在一组地址连续的存储单元里。这样的存储方式使线性表逻辑上相邻的元素存储在物理地址相邻的存储单元里,即以计算机内"物理位置相邻"来反映数据元素之间逻辑上的相邻关系,采用这种存储方式的线性表又称为顺序表。

顺序表有以下特征。

(1) 线性表的所有元素所占的空间是连续的。

(2) 线性表中各个数据元素在存储空间中是按照逻辑顺序依次存放的。

由于线性表中的所有数据元素都是同一数据类型,所以每个元素在存储器中占用的空间(字节数)相同。只要知道了第 1 个数据元素 a_1 的存储地址和它所占有的存储单元个数,即可求得第 i 个数据元素 a_i 的地址。假定第一个元素 a_1 的地址为 $LOC(a_1)$,每个数据元素占 k 个字节,则第 i 个数据元素 a_i 的地址是:

$$LOC(a_i) = LOC(a_1) + (i-1) \times k \quad (1 \leqslant i \leqslant n)$$

例如:第 2 个数据元素 a_3 的地址是 $LOC(a_2) = LOC(a_1) + k$

第 3 个数据元素 a_3 的地址是 $LOC(a_3) = LOC(a_1) + 2k$

……

第 i 个数据元素 a_i 的地址是 $LOC(a_i) = LOC(a_1) + (i-1) \times k$

顺序表的顺序存储结构如图 2-1 所示。

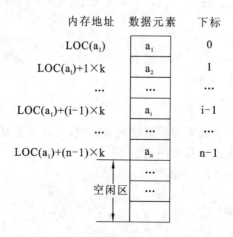

图 2-1 顺序表的顺序存储示意图

由于线性表中的数据元素都是按照逻辑关系进行存储的,所以只要确定了顺序表的起始位置,线性表中的任一数据元素都可以随机存取,因此线性表的顺序存储结构是一种"随机存取"的存储结构。

顺序表在具体实现时,一般用高级语言中的数组来对应连续的存储空间。设最多可存储 MaxSize 个元素,在 C 语言中可用数组 data[MaxSize]来存储数据元素,为保存线性表的长度需定义一个整型变量 length。线性表的第 $1, 2, \cdots, n$ 个元素分别存放在此数组下标为 $0, 1, \cdots, length-1$ 数组元素中,如图 2-1 所示。

在 C 语言中,可用下述类型定义来描述线性表。

```
#define  MaxSize  100              /*顺序表的容量*/
typedef  int  DataType;            /*在应用中,将实际数据类型定义成 DataType */
typedef  struct{
  DataType  data[MaxSize];         /*定义存储表元素的数组*/
  int  length;                     /*顺序表的实际长度*/
}SeqList;                          /*顺序表数据类型说明*/
SeqList *L;                        /*定义一个顺序表类型的指针变量 L*/
```

在使用一维数组存放线性表时,通常定义的数组的空间要比实际表稍长大一些,以便对线性表进行各种运算,特别是对线性表的插入运算。一般情况下,应该尽可能考虑到使用的线性表可能达到的最大长度,如果定义的存储空间过小,则在线性表动态增长时可能会出现存储空间不够而无法插入新的元素的情况;如果存储空间过大,而实际又没有用到那么大的存储空间,则会造成存储空间的浪费。在实际应用中,可以根据线性表动态变化过程中的一般规模来决定开辟存储空间量,设置足够的数组长度,以备扩展。

2.2.2　顺序表上基本运算的实现

1. 顺序表 L 的初始化

顺序表的初始化即构造一个空表,顺序表是否为空取决于其数据元素个数是否为 0,因此,只要将表 L 的长度设置为 0 即可构造出一个空表。

算法 2-1　顺序表的初始化。

```
void InitList(SeqList *L)          /*顺序表的初始化即将表的长度置为 0*/
{
    L->length=0;
}
```

该算法的时间复杂度为 $O(1)$。

2. 创建一个顺序表 L

算法 2-2　创建一个元素为整型数的顺序表,元素不包括 0,遇到 0 时表示输入结束。顺序表长度由用户输入的数据来决定。

```
void CreatList(SeqList *L)
{
    int k=0;/*计数*/
    DataType x;
    scanf("%d",&x);
    while(x!=0)/*依次从键盘输入顺序表元素,遇到 0 结束。*/
    {
        L->data[k]=x;
        k++;
        scanf("%d",&x);
    }
    L->length=k;
}
```

该算法的时间复杂度为 $O(n)$,其中 n 为该顺序表中元素个数的规模。

思考:若顺序表长度为固定值,如何创建顺序表?

3. 求顺序表 L 的长度

求顺序表的长度是求表 L 中数据元素的数量,直接返回 L->length 即可。

算法 2-3 求顺序表的长度。

```
int GetLength(SeqList *L)/*返回表的长度 L->length*/
{
    return L->length;
}
```

该算法的时间复杂度为 $O(1)$。

4. 按序号取顺序表 L 中的元素

算法 2-4 取顺序表中的第 i 个元素。

取表中第 i 个结点只需返回 L->data[i-1]即可,这里 $1 \leqslant i \leqslant Length(L)$。

```
DataType GetNode(SeqList *L,int i)/*取顺序表 L 中的第 i 个元素*/
{
    if (i<1||i>L->length)
    {
        printf("不存在该位置的元素!");
        exit(1);
    }
    return L->data[i-1];
}
```

该算法的时间复杂度为 $O(1)$。

5. 在顺序表 L 中查找元素 e

在顺序表中查找元素 e 的位置 i(从第 1 个元素开始计数,即位置 i 即表示第 i 个元素)。

算法 2-5 在顺序表中查找值为 e 的结点。

```
int  LocateList(SeqList *L,DataType e) /*在顺序表 L 中查找元素 e 是第几个元素*/
{
    int i;
    i=0;
    while(i<L->length&&L->data[i]!=e)
        i++;
    if (i<L->length)
        return  i+1;/*i 从 0 计数,表示数组下标,要返回元素的序号,需要加 1*/
    else
        return -1;
}
```

该算法的时间复杂度与要查找的元素有关。

（1）若查找的是顺序表中的第 1 个元素则比较一次即完成查找,时间复杂度为 $O(1)$。

（2）若查找的元素不在顺序表中,则需要将顺序表中所有元素遍历一遍,时间复杂度为 $O(n)$,其中 n 为顺序表长度。

当一个算法的时间复杂度随输入数据不同而不同时,以最坏情况来计算算法的时间复杂度,所以该算法的时间复杂度为 $O(n)$。

6. 在顺序表 L 中插入新元素

线性表的插入运算是指在表的第 i($1 \leqslant i \leqslant n+1$)个位置上,插入一个新结点 e,使原本长度为 n 的线性表:

$(a_1, \cdots, a_{i-1}, a_i, \cdots a_n)$

变成长度为 n+1 的线性表:

$(a_1, \cdots, a_{i-1}, e, a_i, \cdots a_n)$

在插入元素过程中,顺序表中的结点的物理顺序是与结点的逻辑顺序保持一致的,因此找到正确的插入位置后,必须首先将表中位置为 n,n－1,…,i 上的结点,依次后移到位置 n+1,n,…,i+1 上,空出第 i 个位置,然后在该位置上插入新结点 x。仅当插入位置 i＝n+1 时,才无须移动结点,直接将 x 插入表的末尾。插入结点后,表长变为 n+1,顺序表插入前后的状态如图 2-2 所示。

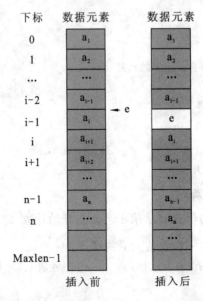

图 2-2　在顺序表第 i 个位置中插入元素 e

注意：

① 由于向量空间大小在声明时确定,当 L—>length≥MaxSize 时,表空间已满,不可再进行插入操作。

② 当插入位置 i 的值为 i>n+1 或 i<1 时为非法位置,不可进行正常插入操作顺序表插入操作过程。

③ 注意数据的移动方向:从最后一个元素开始依次向后移动一个位置。

④ 插入元素之后顺序表的长度增加 1。

算法 2-6 在线性表中插入元素的具体算法描述如下。

```
void InsertList(SeqList *L,int i,Datatype x)
{
    if(i<1||i>L->length+1)
    {
        printf("插入位置只能介于 1 至 n+1!");
        exit(1);
    }
    if(L->length==MaxSize)
    {
        printf("顺序表已满!");
        exit(1);
    }
    for(j= L->length-1;j>=i-1;j--)
        L->data[j+1]=L->data[j];      /*从最后一个元素开始,依次将数据元素后移*/
    L->data[i-1]=x;                    /*插入 x */
    L->length++;                      /*表长度加 1 */
}
```

插入算法的时间复杂度分析如下。

该算法的时间主要花费在移动数据元素上,表的长度 $L->length$(设值为 n)是问题的规模。移动结点的次数由表长 n 和插入位置 i 决定。算法的时间主要花费在 for 循环中的结点后移语句上。该语句的执行次数是 $n-i+1$。

● 当 $i=n+1$ 时,移动结点次数为 0,即算法在最好时间复杂度是 $O(1)$;

● 当 $i=1$ 时,移动结点次数为 n,即算法在最坏情况下时间复杂度是 $O(n)$。

所以在顺序表上进行插入的算法时间复杂度为 $O(n)$。

7. 在顺序表 L 中删除元素

线性表的删除运算是指将表的第 $i(1 \leqslant i \leqslant n)$ 个结点删去,使长度为 n 的线性表:

$(a_1, \cdots, a_{i-1}, a_i, a_{i+1}, \cdots, a_n)$

变成长度为 $n-1$ 的线性表:

$(a_1, \cdots, a_{i-1}, a_{i+1}, \cdots, a_n)$

在顺序表上实现删除运算必须移动结点,才能反映出结点间的逻辑关系的变化。若 $i=n$,则只要将顺序表长度减 1,无须移动结点;若 $1 \leqslant i \leqslant n-1$,则必须将表中位置 $i+1, i+2, \cdots, n$ 的结点,依次前移到位置 $i, i+1, \cdots, n-1$ 上,以填补删除操作造成的空缺。其删除过程如图 2-3 所示。

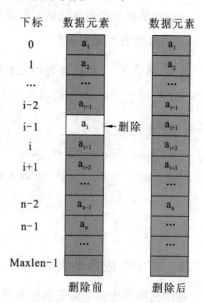

图 2-3 顺序表中删除一个元素

注意：

① 删除之前需先检查表是否为空。

② 删除位置：$1 \leqslant i \leqslant n$，且若删除的元素还有用，则在删除之前应先取出。

③ 注意数据的移动方向，从第 i 个元素开始依次往前移。

④ 删除之后线性表的长度减 1。

算法 2-7 在顺序表中删除结点的算法如下。

```c
void DeleteList(SeqList * L,int i)
{
    if(i<1||i>L->length)
    {
        printf ("position error");
        exit(1);
    }
    for(j= i;j<= L->length-1;j++)
        L->data[j-1]= L->data[j]; /*从第 i 个元素开始依次向前移动元素*/
        L->length--;/*表长度减 1 */
}
```

删除算法的时间复杂度分析如下。

与插入运算相同，删除操作的主要操作也耗费在移动数据元素上了，删除第 i 个元素时，后面的元素都要向前移动位置。结点的移动次数由表长 n 和位置 i 决定。

● i＝n 时，结点的移动次数为 0，只需将表长度减 1，算法时间复杂度为 $O(1)$。

● i＝1 时，结点的移动次数为 n−1，算法时间复杂度是 $O(n)$。

以最坏情况来表示算法的时间复杂度，所以顺序表中删除运算的时间复杂度是 $O(n)$。

8. 将线性表中元素输出

算法 2-8 将线性表中元素输出的算法如下。

```c
void PrintList(SeqList *L)
{
    int i;
    printf("顺序表中元素为:\n");
    for(i=0;i<L->length;i++)
    printf("%d ",L->data[i]);
    printf("\n");
}
```

2.2.3 顺序表应用举例

可以利用顺序表中的基本运算进行综合应用来实现复杂的运算。

例 2-1 利用顺序表的基本运算，编写求顺序表 A 和顺序表 B 中共同元素的算法。即求两个集合的交集。

其算法如下。

```
void CommElem(SeqList *A,SeqList *B,SeqList *C)
{
    int i,k,j=1;
    DataType x;
    InitList(C);
    for(i=1;i<=GetLength(A);i++)
    {
        x=GetNode(A,i);/*依次获取线性表 A 中的元素,存放在 x 中*/
        k=LocateList(B,x);/*在线性表 B 中查找 x*/
        if(k>0)
        {
            InsertList(C,j,x);
            j++;
        }/*若在线性表 B 中找到了,将其插入到 C 中*/
    }
}
```

在主函数中调用该自定义函数,运行结果如图 2-4 所示。

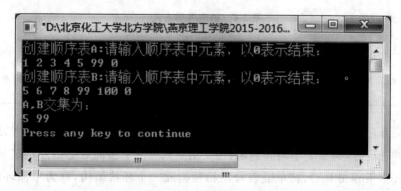

图 2-4 例 2-1 的运行结果

 ## 2.3 线性表的链式存储及运算实现

线性表的顺序存储结构的特点是用物理位置体现结点之间的逻辑关系,用连续的存储单元顺序存储线性表中各元素,采用这种存储方式优点是可以随机存取表中的任一结点,缺点是在插入和删除操作过程中需要移动数据元素,效率较低;此外,由于数组空间的静态分配,表的长度必须事先确定,如果分配的空间过小,插入操作会使表满溢出,分配空间过大又会造成存储空间的浪费。

线性表的链式存储可以克服顺序表中的这些缺点,链式存储的线性表简称为链表(linked list)。

链表即用一组任意的存储单元来依次存放线性表,这组存储单元既可以是连续的,也可以是不连续的,链表中结点的逻辑次序和物理次序不一定相同;为了正确表示结点间的逻辑关系,在存储每个结点的同时,还必须存储指示其后继结点的地址信息。

由于线性表中各元素间存在着线性关系,每个元素都有一个直接前驱和一个直接后继,

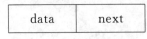

所以通常一个结点包含如图 2-5 所示的两个域。

data	next

图 2-5　结点中包含的域

- data 域——存放结点值的数据域。
- next 域——存放结点的直接后继的地址，需用指针类型表示。

链表通过每个结点的链域将线性表的 n 个结点按其逻辑顺序链接在一起。由于第一个结点没有直接前驱，所以必须设置一个头指针 head 存储第一个结点的地址；最后一个结点没有直接后继，其指针域为空。例如，一个空链表如图 2-6(a)所示，线性表(a_1,a_2,a_3,a_4, a_5,a_6)的单链表表示如图 2-6(b)所示。

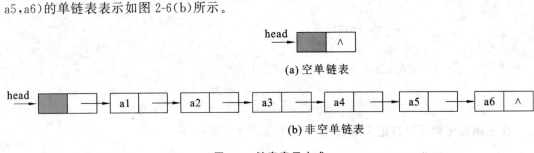

(a) 空单链表

(b) 非空单链表

图 2-6　链表表示方式

注意：头结点数据域的阴影表示该部分不存储信息。在有的应用中可用于存放表长等附加信息。

为了提高顺序操作的速度，使得对数据进行插入或删除等操作更加灵活，对链表中的指针采用了不同的配置，构成了不同的链表：每个结点只有一个指向后继结点的链域的链表称为单链表(single linked list)；将单链表首尾相接构成一个环状结构，称为单循环链表；在单链表的每个节点前再增加一个域用于指向前驱，这样构成的链表是双向链表。

2.3.1　单链表

C 语言采用结构体数据类型描述单链表的结点如下。

```
typedef int DataType;
typedef struct node{     /*结点类型定义*/
    DataType data;      /*结点的数据域*/
    struct node *next;/*结点的指针域*/
    }ListNode,*LinkList;
ListNode *p;
LinkList head;
```

注意：定义结点结构时，有几点需要注意：LinkList 和 ListNode * 是不同名字的同一个指针类型，LinkList 类型的指针变量 head 表示它是单链表的头指针，ListNode * 类型的指针变量 p 表示它是指向某一结点的指针。

结点的数据结构定义后,在建立单链表的过程中涉及一些插入、删除操作,为了方便操作和更好的节约资源,往往还需要频繁使用分配结点存储空间和释放结点变量空间的操作,在 C 语言中通常采用以下函数进行操作。

(1) 生成结点变量的标准函数。

```
p=(ListNode *)malloc(sizeof(ListNode));
```

函数 malloc 分配一个类型为 ListNode 的结点变量的空间,并将其首地址放入指针变量 p 中。

(2) 释放结点变量空间的标准函数。

```
free(p);
```

函数 free,用于释放 p 所指的结点空间。

建立一个结点后,对该结点的域的访问可以利用结点变量的名字 p 来访问结点分量,例如 p->data 和 p->next 分别访问的是结点 p 所指向的 data 域的值和 next 域的值。

2.3.2　单链表上基本运算的实现

1. 单链表 L 的初始化

算法 2-9　创建一个带头结点的空的单链表,头结点的后继指针为空。

```
LinkList InitList()
{
    LinkList L;
    L= (ListNode*)malloc(sizeof(ListNode));
    if(L==NULL)
    {
        printf("分配空间失败!");
        exit(1);
    }
    L->next= NULL;/*L中头结点的空间需在主函数中申请*/
    return L;
}
```

2. 创建一个单链表 L

动态地建立单链表的常用方法有两种:头插法建表和尾插法建表。

1) 头插法建立单链表 L

头插法建立单链表的示意图如图 2-7 所示,利用这种方法生成的链表的结点次序与输入顺序相反。

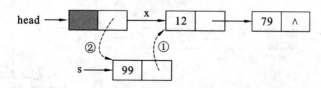

图 2-7　头插法建立单链表

算法 2-10 头插法建立单链表 L 的算法如下。

```
LinkList CreatListF()
{/*头插法建立单链表*/
    DataType x;
    LinkList L;
    ListNode *s;
    L=(ListNode *)malloc(sizeof(ListNode));/*头结点*/
    if(L==NULL)/*检查 L 是否分配到存储空间*/
    {
        printf("分配空间失败!");
        exit(1);
    }
    L->next=NULL;
    scanf("%d",&x);
    while(x!=0)
    {
        s= (ListNode *)malloc(sizeof(ListNode)); /*为新插入的结点申请空间*/
        if(s==NULL)
        {
            printf("分配空间失败!");
            exit(1);
        }
        s->data=x;
        s->next=L->next;
        L->next=s;
        scanf("%d",&x);
    }
    return L;
}
```

2）尾插法建立单链表 L

尾插法建立单链表的示意图如图 2-8 所示,利用这种方法生成的链表的结点次序与输入顺序相同。

尾插法建立单链表需注意:应增加一个尾指针 r,使其始终指向当前链表的尾结点。建表过程如图 2-8 所示。

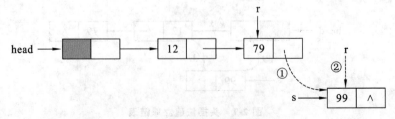

图 2-8　尾插法建立单链表

算法 2-11 尾插法建立单链表 L 的算法如下。

```
LinkList CreatListL()
{/*尾插法建立单链表*/
    DataType x;
    LinkList L=(ListNode *)malloc(sizeof(ListNode));/*头结点*/
    if(L==NULL)
    {
        printf("分配空间失败!");
        exit(1);
    }
    ListNode *s,*r;
    r=L;
    scanf("%d",&x);
    while(x!=0)/*以 0 表示输入结束*/
    {
        s=(ListNode *)malloc(sizeof(ListNode));/*为新插入的结点申请空间*/
        if(s==NULL)
        {
        printf("分配空间失败!");
        exit(1);
        }
        s->data=x;
        r->next=s;
        r=s;
        scanf("%d",&x);
    }
    r->next= NULL;/*单链表的最后一个指针为空*/
    return L;
}
```

上述两个算法的时间复杂度均为 $O(n)$。

3. 求单链表 L 的长度

算法 2-12 求单链表长度,即求单链表中元素的个数,用 num 来计数。其具体算法如下。

```
int GetLength(LinkList L)
{
    int num=0;
    ListNode *p;
    p=L->next;
    while(p!=NULL)
    {
        num++;
        p= p->next;
    }
    return(num);
}
```

该算法的时间复杂度为 $O(n)$。

4．按序号取单链表 L 中的元素

链表是顺序存取结构。在链表中，即使知道被访问结点的序号 i，也不能像顺序表中那样直接按序号 i 访问结点，而只能从链表的头指针出发，顺着链域 next 逐个结点往下搜索，直至搜索到第 i 个结点为止。

算法 2-13 按序号取 L 中元素，返回指向该元素的指针。其具体算法如下。

```
ListNode *GetNode(LinkList L,int i)
{
    int j=1;
    ListNode *p;
    if(i<1||i> GetLength(L))
    {
        printf("查找的位置不正确!");
        exit(1);
    }
    p=L->next;
    while(p!=NULL&&j<i)
    {
        p=p->next;
        j++;
    }
    return p;
}
```

该算法的时间复杂度为 $O(n)$。

5．在单链表 L 中查找元素 e

算法 2-14 查找元素 e，返回指向元素 e 的指针。其具体算法如下。

```
ListNode * LocateListp(LinkList L,DataType x)
{/*返回要找结点的地址值*/
    ListNode * p= L->next;
    while(p&&p->data!=x)
        p=p->next;
    return p;
}
```

算法 2-15 查找元素 e，返回元素 e 是该单链表中的第几个元素。其具体算法如下。

```
int LocateListi(LinkList L,DataType x)
{/*返回 int 值*/
    ListNode *p=L->next;
    int i=1;
    while(p!=NULL&&p->data!=x)
```

```
        {
            p= p->next;
            i++;
        }
        if(p==NULL)
            return 0;
        else
            return i;
    }
```

6. 在单链表 L 中插入新元素

插入运算是将值为 x 的新结点插入到表的第 i 个结点的位置上，即插入到 a_{i-1} 与 a_i 之间。其具体步骤如下。

（1）找到指向 a_{i-1} 存储位置的指针 p。

（2）生成一个数据域为 x 的新结点 * s。

（3）新结点的指针域指向结点 a_i。

（4）令结点 * p 的指针域指向新结点。

插入运算的过程如图 2-9 所示。

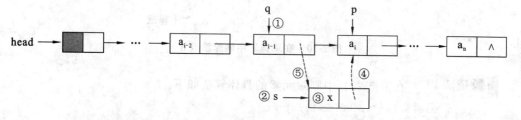

图 2-9　在单链表中插入结点 s

算法 2-16　在单链表 L 中插入新元素的具体算法如下。

```
    void InsertList(LinkList L,DataType x,int i)
    {
        ListNode *p,*q,*s;
        int j=1;  p=L;
        if(i<1||i>GetLength(L)+1)
        {
            printf("插入位置不正确!");
            exit(1);
        }
        s=(ListNode *)malloc(sizeof(ListNode));
        if(s==NULL)
        {
            printf("分配空间失败!");
            exit(1);
        }
```

```
    s->data=x;
    while(j<=i)
    {
        q=p;
        p=p->next;
        j++;
    }/*找到插入位置*/
    s->next= p;/*此处也可用 q->next 表示 p*/
    q->next= s;
}
```

7. 在单链表 L 中删除元素

删除运算是将表的第 i 个结点删去。删除结点时，首先要找到 a_{i-1} 的存储位置 p，再用另外一个指针 q 指向 a_i 结点；然后令 p—>next 指向 a_i 的直接后继结点（即把 a_i 从链上摘下），之后再释放结点 a_i 的存储空间。其示意图如图 2-10 所示。

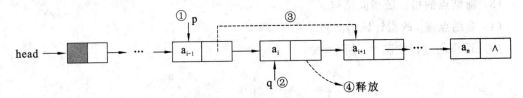

图 2-10　在单链表中删除结点 q

算法 2-17　在单链表 L 中删除元素的具体算法如下。

```
void DeleteList(LinkList L,int i)
{
    ListNode *p,*q;
    int j=1;
    p=L;
    if(i<1||i>GetLength(L))
    {
        printf("删除位置不正确!");
        exit(1);
    }
    while(j<i)
    {
        p=p->next;
        j++;
    }
    q= p->next;
    p->next=q->next;
    free(q);
}
```

8. 将单链表 L 中元素输出

算法 2-18 将单链表 L 中元素输出的具体算法如下。

```
void PrintList(LinkList L)
{
    ListNode *p;
    p= L->next;
    while(p!=NULL)
    {
        printf("%d ",p->data);
        p=p->next;
    }
    printf("\n");
}
```

2.3.3 单链表应用举例

例 2-2 利用单链表中的基本算法,完成求两个单链表所有元素的算法(求 2 个集合的并集)。

算法思路 依次取 A 中的每个元素,若在 B 中找到该元素了,则接着查看 A 中的下一个元素;若在 B 中没有找到该元素,就将其插入到 B 中,最后 B 中存放的即为 A、B 中的所有元素。其算法实现如下。

```
void SumListAB(LinkList A,LinkList B)
{
    ListNode  *p,*q,*s;
    p=A->next;/*p指向头结点之后的第一个结点*/
    while(p!=NULL)
    {
        s=LocateListp(B,p->data);/*利用已经实现的基本运算 LocateListp()*/
        if(!s)/*若 B 中不存在 A 的元素,需插入到 B 中*/
        {
            q=(ListNode *)malloc(sizeof(ListNode));
            if(q==NULL)
            {
                printf("分配空间失败!");
                exit(1);
            }
            q->data= p->data;
            q->next= B->next;
            B->next= q;
        }/*采用头插法将 A 中元素插入到 B 中*/
        p= p->next;
    }
}
```

在主函数中调用该自定义函数,运行结果如图 2-11 所示。

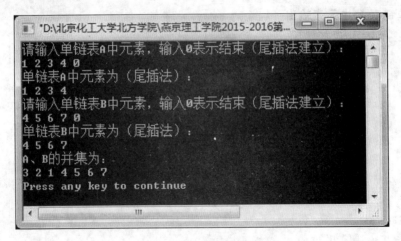

图 2-11　例 2-2 的运行结果

2.3.4　循环单链表

循环单链表是一种首尾相接的单链表,将终端结点的指针域 NULL 改为指向头结点即可,单循环链表示意图如图 2-12 所示。

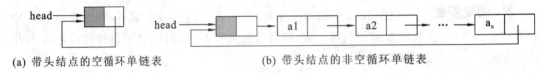

(a) 带头结点的空循环单链表　　　　　(b) 带头结点的非空循环单链表

图 2-12　循环单链表

注意:① 非循环单链表的判断空链表的条件为:head—>next==NULL。

② 循环单链表的判断空链表的条件为:head—>next==head。

③ 循环链表的特点是无须增加存储量,仅对表的链接方式稍作改变,即可使得表处理更加方便灵活。

2.3.5　双向链表

单链表只有一个指向后继的指针来表示结点之间的逻辑关系,如果要查找任一结点 p 的后继结点很方便,但如果要查找其前驱结点就需要从头结点开始逐个向后查找,这样就会比较困难。双向链表增加了一个指向前驱的指针域,很轻松地解决了这个问题。这里也只讨论带头结点的双链表。

双链表中有两条方向不同的链,即每个结点中除 next 域存放后继结点地址外,还增加一个指向其直接前驱的指针域 prior,如图 2-13 所示。

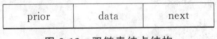

prior	data	next

图 2-13　双链表结点结构

在双向链表中,如果一个指针 p 指向了一个结点,则通过该结点的指针 p 可以直接访问它的后继结点,即由指针 p—>next 所指向的结点;也可以直接访问它的前驱结点,由指针 p—>prior 指向的结点。这样在查找前驱结点的操作中就不需要从头开始遍历整个链表了。

1. 双向链表的结点结构

双向链表的结点定义如下。

```
Typedef int DataType;
typedef structDNode{
        DataType data;
        structDNode *prior,*next;
      }DListNode,*DLinkList;
DListNode *p;
DLinkList head;
```

2. 双向链表插入和删除结点操作

由于双向链表的对称性,在双向链表中能方便地完成插入、删除操作。本小节只介绍双向链表的插入、删除基本运算。

1) 双向链表的插入操作

在双向链表的第 i 个位置插入元素 x 的过程如图 2-14 所示。

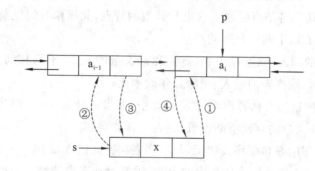

图 2-14　双链表的插入操作

算法 2-19　在双向链表中插入元素的具体算法如下。

```
void DInsertList(DListNode *DL,DataType x,int i)
{/*在带头结点的双向链表中,将值为 x 的新结点插入*p 之前,*/
  DListNode *p;
  p=GetNode(DL,i);                  /*p 指向第 i 个元素结点*/
  DListNode *s=malloc(sizeof(DListNode));
  if(!DListNode)
  {
    printf("申请空间失败!");
    exit(1);
  }
  s->data=x;
  s->next=p;                        /*①*/
  s->prior=p->prior;                /*②*/
  p->prior->next=s;                 /*③*/
  p->prior=s;                       /*④*/
}
```

47

2）双向链表的删除操作

算法 2-20　在双向链表中删除元素的具体算法如下。

```
void DDeleteNode(DListNode *p)
{/*在带头结点的双链表中,删除结点*p,设*p为非终端结点*/
  p->prior->next=p->next;            /*①*/
  p->next->prior=p->prior;           /*②*/
  free(p);                           /*③*/
}
```

2.4　顺序表和链表的比较

通过前面对顺序表和链表进行的插入删除等操作可知,顺序表有以下优点。

（1）建表实现起来简单,一般高级语言中都有数组数据类型,容易实现。

（2）无额外开销。顺序表可以直接用数组之间的物理位置关系来表示各个结点之间的逻辑关系,因此不用专门描述结点间逻辑关系而花费额外的开销。

（3）可以随机访问各结点元素。这也是数组的特点,此操作时间复杂度为 $O(1)$。

但是顺序表也有以下两个显著的缺点。

（1）在顺序表的插入、删除操作中,需要移动大量的元素,平均移动大约表中一半的元素,因此当 n 较大时,顺序表的插入、删除操作效率比较低。

（2）在建表初期就需要估算出顺序表的大小,如果估计过小,后面建表时会导致溢出;如果估计过大,会使大量的存储空间闲置,浪费了存储空间。

链表的优缺点却刚好和顺序表相反,与顺序表相比其优点如下。

（1）建表过程中不需要事先估算表的大小,需要时动态申请结点空间即可,这样就避免了顺序表中出现的溢出或大量空间闲置的情况。

（2）在对链表进行插入删除时,不需要移动其他结点,只要能够找到要插入或删除的位置,修改相应结点的指针域即可完成,这样就大大提高了插入、删除的效率。

但是和顺序表相比,链表的缺点也是显而易见的,有以下几点。

（1）建表过程比顺序表复杂,需要申请相应的结点空间,另外,为了表示每两个结点之间的逻辑关系,必须要用指针来实现,而指针又会受到某些高级语言的限制。

（2）不能够进行随机存取,必须用指针进行查找来获取相应的结点元素值,此操作的时间复杂度是 $O(n)$,比起顺序表的随机存取效率低。

总之,两种存储结构各有特点,选择哪种结构要根据实际情况来确定。

通常,"较稳定"的线性表采用顺序存储结构,而插入、删除操作比较频繁的线性表采用链式存储结构。

本 章 小 结

本章主要介绍了数据结构中最基础和重要的一种线性结构——线性表。线性表分为顺序存储结构和链式存储结构两种基本存储结构。

线性表的顺序存储是最简单、最直接的一种存储方式,即把线性表的结点按逻辑顺序依次存放在一组地址连续的存储单元里。这样的存储方式使线性表逻辑上相邻的元素存储在物理地址相邻的存储单元里,即以计算机内"物理位置相邻"来反映数据元素之间逻辑上的相邻关系,采用这种存储方式的线性表又称为顺序表。这种结构的线性表能够随机进行访问,但是其插入、删除操作却要移动大量的结点,时间复杂度为 $O(n)$。

链式存储的线性表采用一组任意的存储单元来依次存放线性表,这组存储单元既可以是连续的,也可以是不连续的,链表中结点的逻辑次序和物理次序不一定相同;为了正确表示结点间的逻辑关系,在存储每个结点的同时,还存储了指示其后继结点的地址。对链式存储的单链表,我们虽然不能够随机访问每个结点元素,但是能够很方便地进行插入、删除等操作,其插入、删除的时间复杂度为 $O(1)$。

有时为了方便地进行相关操作,我们还可以使用循环链表和双向链表。循环链表中每个结点的指针域连接起来能够构成一个循环的链,这样就可以方便地找到任意一个结点;双向链表中每个结点不仅包含指向下一个结点的指针域,还包括指向上一个结点的指针域,这样为我们的一些操作带来了方便。

习 题 2

一、单项选择题

1. 设顺序线性表中有 n 个数据元素,则删除表中第 i 个元素需要移动(   )个元素。

    A. n−i   B. n+1−i   C. n−1−i   D. i

2. 在一个长度为 n 的顺序存储的线性表中,向第 i 个元素(1≤i≤n+1)之前插入一个新元素时,需要从后向前依次后移(   )个元素。

    A. n−i   B. n−i+1   C. n−i−1   D. i

3. 设顺序表有 19 个元素,第一个元素的地址为 200,且每个元素占 3 个字节,则第 14 个元素的存储地址为(   )。

    A. 236   B. 239   C. 242   D. 245

4. 在单链表中,存储每个结点需要有两个域,一个是数据域,另一个是指针域,指针域指向该结点的(   )。

    A. 直接前驱   B. 直接后继   C. 开始结点   D. 终端结点

5. 若想存储固定数量的数据元素,关于采用不同存储方式的比较,下列说法中正确的是(   )。

    A. 顺序存储比链式存储少占空间

    B. 顺序存储比链式存储多占空间

    C. 顺序存储和链式存储都要求占用整块存储空间

    D. 链式存储比顺序存储难于扩充空间

6. 不带头结点的单链表 head 为空的判定条件是(   )。

    A. head==NULL   B. head−>next==NULL

    C. head−>next==head   D. head! =NULL

7. 带头结点的单链表 head 为空的判定条件是(   )。

    A. head==NULL   B. head−>next==NULL

    C. head−>next==head   D. head! =NULL

8. 非空的单链表 head 的尾指针 p 满足(   )。

A. p—>next==NULL   B. p==NULL

C. p—>next==head   D. p==head

9. 非空循环单链表的头指针为 head,则其尾指针 p 满足(　　)

A. p—>next==NULL   B. p==NULL

C. p—>next==head   D. p==head

10. 在循环双链表的 p 所指结点之后插入 s 所指结点的操作是(　　)。

A. p—>next=s;s—>prior=p;p—>next—>prior=s;s—>next=p—>next;

B. p—>next=s;p—>next—>prior=s;s—>prior=p;s—>next=p—>next;

C. s—>prior=p;s—>next=p—>next;p—>next=s;p—>next—>prior=s;

D. s—>prior=p;s—>next=p—>next;p—>next—>prior=s;p—>next=s;

11. 在一个单链表中,已知 q 所指结点是 p 所指结点的前驱结点,若在 q 和 p 之间插入 s 结点,则执行(　　)。

A. s—>next=p—>next; p—>next=s;

B. p—>next=s—>next; s—>next=p;

C. q—>next=s; s—>next=p;

D. p—>next=s; s—>next=q;

12. 在一个单链表中,已知 p 所指结点不是最后结点,在 p 之后插入 s 所指结点,则执行(　　)。

A. s—>next=p; p—>next=s;

B. s—>next=p—>next; p—>next=s;

C. s—>next=p—>next; p=s;

D. p—>next=s; s—>next=p—>next;

13. 在一个单链表中,若删除 p 所指结点的后继结点,则执行(　　)。

A. p—>next=p—>next—>next;

B. p=p—>next; p—>next=p—>next—>next;

C. p—>next=p—>next;

D. p=p—>next—>next;

14. 在一个具有 n 个结点的有序单链表中插入一个新结点并仍然有序的时间复杂度是(　　)。

A. $O(1)$　　　　　　B. $O(n)$　　　　　　C. $O(n^2)$　　　　　　D. $O(n\log_2 n)$

15. 在一个长度为 n 的单链表上,设有头指针 h 和尾指针 t,执行(　　)的时间复杂度与链表的长度有关。

A. 删除单链表中的第 1 个元素

B. 删除单链表中最后一个元素

C. 在单链表第一个元素前插入一个新元素

D. 在单链表最后一个元素后插入一个新元素

16. 线性表采用链式存储结构时,要求内存中可用存储单元的地址(　　)。

A. 必须是连续的   B. 必须是部分连续的

C. 一定是不连续的   D. 连续和不连续都可以

二、填空题

1. 当线性表的元素总数基本稳定,且很少进行插入和删除操作,但要求以最快的速度存取线性表中的元素时,应采用_____存储结构。

2. 在一个单链表中,p 所指结点之前插入 s 所指向结点,可执行如下操作:

(1) s—＞next＝_____;

(2) p—＞next＝s;

(3) t＝p—＞data;

(4) p—＞data＝_____;

(5) s—＞data＝_____;

3. 在一单链表中,删除 p 所指结点时,应执行以下操作:

(1) q＝p—＞next;

(2) p—＞data＝p—＞next—＞data;

(3) p—＞next＝_____;

(4) free (q);

4. 在单链表中,p 所指结点之后插入 s 所指向结点,应执行 s—＞next＝_____和 p—＞next＝_____的操作。

5. 设指针变量 p 指向双向循环链表中的结点 x,则删除结点 x 需要执行的语句序列为_____。

6. 对于一个具有 n 个结点的单链表,在已知 p 所指结点后插入一个新结点的时间复杂度是_____;在给定值为 x 的结点后插入一个新结点的时间复杂度是_____。

三、算法设计题

1. 分别用顺序存储和链式存储实现:利用线性表的基本运算,编写在线性表 A 中删除线性表 B 中出现的元素的算法。即求集合 A 和集合 B 的差集。

2. 设有一顺序表中的数据元素递增有序。试写一算法,将 x 插入到顺序表的适当位置上,以保持该表的有序性。

3. 试写一算法,删除单链表中所有大于 x 且小于 y 的元素(若表中存在这样的元素),同时释放被删除结点空间。

第3章 栈 和 队 列

小王搬新家，他找来了搬家公司，搬家公司的员工将家里的床、沙发、衣柜等依次装入搬家用的货车中；到了新家后，货车中货物只能按和装车相反的顺序往外搬，因为对于搬家的货车，它装货物的车厢只有一个进出口，装货、卸货都在车门处进行，所以先放进去的货物需要最后搬出来，这与本节要介绍的栈的操作特点相似。

小王搬完家后要去银行取钱，来到银行已经有很多人了，他在门口的自动叫号机上拿到一个号码等待工作人员呼叫其办理业务，并显示他前面还有 5 人在等待。叫号机维护的功能是：先到的人先办理业务，后到的人后办理业务，这与本节要介绍的队列的操作特点相似。

从数据结构上看，栈和队列也是线性表，它们的逻辑结构也是线性结构。但第 2 章中介绍的线性表是一种可以在任意位置进行插入和删除的线性结构，而栈只允许在表的一端进行插入或删除操作，队列只允许在表的一端进行插入操作、在另一端进行删除操作。因而，栈和队列也可以被称作操作受限的线性表。

3.1 栈

通过下面的例子来了解栈的特点。

例 3-1 现有一个直筒杯和标号为 a，b，c，d 的 4 个小球（小球的直径比直筒杯直径略小），见图 3-1。很显然这 4 个小球是按照 a→b→c→d 的顺序放进直筒杯的，现在往外取球时，则只能先取 d，若要想拿到 a 球，则必须先把 d、c、b 都取出来。

由此可以看出，杯中的小球的放和取遵循一个原则就是：最先放进杯中的最后取出来，最后放进杯中的总是最先取出来。

图 3-1 栈的示例

这个例子很好地说明了栈操作的特性——先进后出，后进先出。

3.1.1 栈的定义及其基本运算

1. 栈的定义

栈，也称为堆栈，是限定仅在表尾进行插入或删除操作的线性表。栈是最常用也是最重要的数据结构之一。

栈（stack）是限定仅在表的一端进行插入或删除操作的线性表。通常称插入、删除的这一端为栈顶（top），另一端为栈底（bottom）。当表中没有元素时称为空栈。

如例 3-1 中的直筒杯若看成是一个栈的话，只能从杯口位置放入或取出小球，则杯口位置可称为栈顶，杯底位置称为栈底。

根据例子可知，栈操作的特点是后进先出。因此，栈又称为后进先出表（last in first out，LIFO），即最后放进栈中的数据最早取出，最先放进栈中的数据最后取出。入栈、出栈示意图如图 3-2 所示。

2. 栈的基本运算

栈的基本运算如下。

1）初始化栈

初始化栈的语句如下。

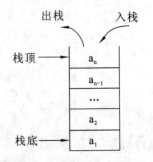

图 3-2 入栈、出栈示意图

```
    InitStack(S)
```
运算结果:构造一个空栈 S。

2)压栈

压栈的语句如下。

```
    Push(S,x)
```
运算结果:将元素 x 插入栈 S 中,使 x 成为栈 S 的栈顶元素。

3)出栈

出栈的语句如下。

```
    Pop(S)
```
运算结果:若栈 S 为空,则报错;若栈 S 不空,则返回栈顶元素,并从栈中删除栈顶元素。

4)取栈顶元素

取栈顶元素的语句如下。

```
    GetTopStack(S)
```
运算结果:若栈 S 为空,则报错;若栈 S 不空,则返回栈顶元素。

5)判栈空

判栈空的语句如下。

```
    EmptyStack(S)
```
运算结果:若栈 S 为空栈,返回 1,否则返回 0。

注意:压栈(在栈顶插入一个元素)和出栈(删除栈顶元素)是栈的两个主要的操作,插入和删除运算都是在栈顶进行。

3.1.2 栈的存储结构和基本运算的实现

栈通常采用两种存储结构:顺序存储结构和链式存储结构。

1. 栈的顺序存储结构和基本运算的实现

1)栈的顺序存储结构

通常将采用顺序存储结构的栈,简称为顺序栈。

因为栈是操作受限的线性表,所以栈的顺序存储结构与线性表的顺序存储结构很相似。栈的顺序存储是利用一组地址连续的存储单元,依次自栈底到栈顶存放数据元素的,同时附设整型变量 top 指示栈顶元素在顺序栈中的位置。

地址连续的存储单元通常由一个一维数组来表示,习惯上将栈底放在数组下标小的那端。

顺序栈的数据类型用 C 语言描述如下。

```c
#define MaxSize100 /*为栈申请的最大存储空间为 100*/
typedef  int DataType; /**/
typedef struct {
    DataType data[MaxSize];
    int top;
}Stack;
```

由 C 语言描述的栈的数据类型可看出,顺序栈被定义为一个结构体类型,它有两个成员:data 和 top。其中,成员 data 为一个一维数组,用于存储栈中元素,DataType 为栈中元素(data[i])的数据类型;成员 top 为栈顶指针,取值范围为 0～MaxSize−1。将栈底放在数组下标小的那端时,top==−1 表示栈空,top==MaxSize−1 表示栈满。

注意： 通常习惯称指示栈顶位置的成员 top 为栈顶指针，但由数据类型说明可以看出，top 为 int 型变量，不是指针型变量。

顺序栈的几种状态如图 3-3 所示（设 MaxSize＝4）。

① 栈空：当栈中没有数据元素时，表示为栈空。此时栈顶指针 top＝＝－1。

② 压栈：在①基础上执行了 2 次压栈操作——Push(S,'a')和 Push(S,'b')后得到状态②。

③ 栈满：在②的基础上又有两个元素'c'和'd'入栈后的状态，此时栈满，top＝＝3 即 top＝＝MaxSize－1。

④ 出栈：在③状态下，执行一次 Pop(S,x)运算得到。在此状态下，再进行 3 次出栈操作则栈空，得到①状态。

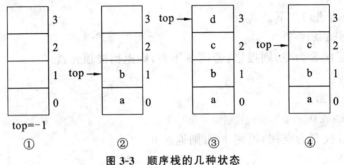

图 3-3　顺序栈的几种状态

2）栈的基本运算在顺序存储结构中的实现

注意：以下基本运算的实现都是以数组下标小的一端作为栈底。

算法 3-1　初始化栈 InitStack(S)的具体语法如下。

```
void InitStack(Stack *S)
{
    S->top=-1;
}
```

算法 3-2　压栈 Push(S,x)的具体语法如下。

```
void Push(Stack *S,DataType x)
{
    if(S->top==MaxSize-1)
    {
        printf("\n 栈已满,无法压栈!");
        exit(1);
    }/*判断栈满语句*/
    S->top++;
    S->data[S->top]= x;
}
```

注意： 压栈顺序：(1)top 值加 1；(2)元素压入。

算法 3-3　判栈空 EmptyStack(S)的具体语法如下。

```
int EmptyStack(Stack *S)
{
    if(S->top==- 1)
        return1;
    else
        return 0;
}
```

算法 3-4　出栈 Pop(S,x)的具体算法如下。

```
DataType Pop(Stack *S)
{
    DataType x;
    if(EmptyStack(S))
    {
        printf("\n 栈空,无法出栈!");
        exit(1);
    }
    x= S->data[S->top];/*记住要删除的元素值*/
    S->top- - ;
    return x;/*将出栈的栈顶元素返回*/
}
```

算法 3-5　取栈顶元素 GetTopStack(S)的具体算法如下。

```
DataType GetTopStack(Stack *S)
{
    DataType x;
    if(EmptyStack(S))
    {
        printf("\n 栈空,无法取栈顶元素!");
        exit(1);
    }
    x= S->data[S->top];
    return x;
}
```

注意:

(1) 判断栈满的条件为:S->top==MaxSize-1;入栈时,需先判断栈是否已满,栈满时不能入栈。

(2) 判断栈空的条件为:S->top==-1;出栈和取栈顶元素操作都需先判断栈是否为空,栈空不能出栈或取栈顶元素。

2. 栈的链式存储结构和基本运算的实现

1) 栈的链式存储结构

通常将采用链式存储的栈称为链栈。

栈的链式存储结构的实现通常是以"单链表"作为存储结构。由于栈的特点,只能在栈顶进行插入和删除操作,所以链栈中,通常把单链表的表头作为栈顶,完成压栈、出栈操作。

链栈结构如图 3-4 所示。

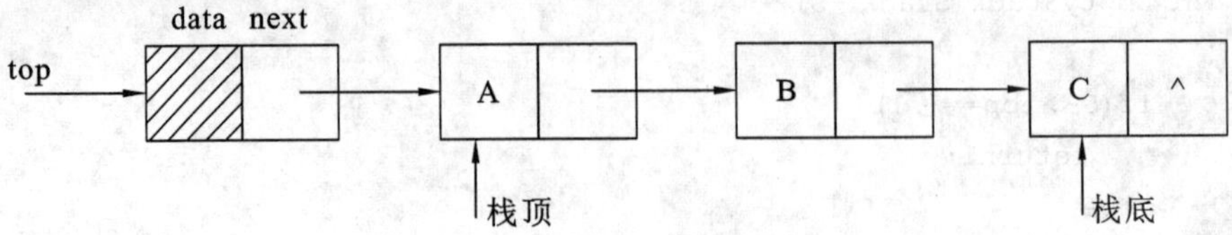

data next

top

A

B

C

^

栈顶

栈底

图 3-4　链栈结构示意图

如图 3-4 所示，栈顶元素为 A。与单链表中设置头结点的作用相同，为了简化算法，链栈通常都带有一个表头结点，top 指针指向表头结点，表头结点的 next 指针所指向的元素才是栈顶元素。

链栈的数据类型用 C 语言描述如下。

```
typedef   int DataType;
typedef structSnode{/*定义链栈结点数据类型*/
    DataType data;
    struct Snode *next;
}LinkStack;
LinkStack *top;
```

由以上 C 语言描述看出，链栈结点也被定义为一个结构体类型，其结构和单链表的结点结构完全相同；并且通过 top 指针，唯一的确定一个链栈，与单链表中通过 head 指针确定链表相似。

注意：链栈中的 top 指针为真正的指针类型数据。

链栈的几种状态，如图 3-5 所示。

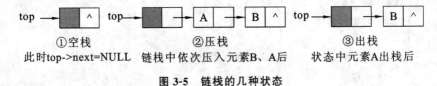

top → ^　top → A → B ^　top → B ^

①空栈　②压栈　③出栈
此时top->next=NULL　链栈中依次压入元素B、A后　状态中元素A出栈后

图 3-5　链栈的几种状态

2）栈的基本运算在链式存储结构中的实现

算法 3-6　初始化栈 InitStack(S)的具体算法如下。

```
void InitStack(LinkStack *top)
{
    top->next=NULL;
}
```

算法 3-7　压栈 Push(S,x)的具体算法如下。

```
void Push(LinkStack *top,DataType x)
{
    LinkStack *s;
    s= (LinkStack *)malloc(sizeof(LinkStack));
    if(!s)
    {
        printf("分配空间失败!");
        exit(1);
```

```
        }
        else
        {
            s->data= x;
            s->next= top->next;
            top->next= s;
        }
}
```

算法 3-8　判栈空 EmptyStack (S)的具体算法如下。

```
int EmptyStack (LinkStack *top)
{
    if(top->next==NULL)
        return1;
    else
        return 0;
}
```

算法 3-9　出栈 Pop(S,x)的具体算法如下。

```
DataType Pop(LinkStack *top)
{
    LinkSTACK *s;
    DataType x;
    if(EmptyStack(top))
    {
        printf("\n 栈空,无法出栈!");
        exit(1);
    }
    s=top->next;
    x=s->data;
    top->next=s->next;
    free(s);
    return x;
}
```

算法 3-10　取栈顶元素 GetTopStack(S)的具体算法如下。

```
DataType GetTopStack (LinkStack *top)
{
    LinkStack *s;
    DataType x;
    if(EmptyStack(top))
    {
        printf("\n 栈空,无法取栈顶元素!");
        exit(1);
    }
    s=top->next;
    x=s->data;
    return x;
}
```

注意:

(1) 因为链栈中的结点是动态生成的,所以在用户内存空间的范围内不会出现栈满的情况,所以压栈时不必考虑链栈是否已满。

(2) 链栈中判断栈空条件为:top->next==NULL;出栈和取栈顶元素操作都需先判断栈是否为空,栈空不能出栈或取栈顶元素。

(3) 出栈操作执行完,需用 free 函数将结点空间释放。

3.2 栈的应用举例

 例 3-2 利用栈实现数制转换:将一个十进制数转换为八进制数,如 $(1348)_{10}=(2504)_8$,其运算过程如图 3-6 所示。

	N	N/8	N %8	
	1348	168	4	
计算顺序	168	21	0	输出顺序
	21	2	5	
	2	0	2	

图 3-6 利用栈实现数制转换的运算过程

分析整个转换过程发现,通过"除留取余"法进行数制转换时,先得到的余数需后输出,恰好符合栈的特性,所以可以通过栈来实现数制的转换问题。

算法 3-11 下面的自定义函数给出了将十进制数转换为八进制数的算法。

```
void DecToOctal(int n)
{
    int x;
    Stack st;      /*定义一个顺序栈*/
    InitStack(&st);
    while(n)
    {
        Push(&st,n%8);
        n=n/8;
    }
    while(!EmptyStack(&st))
    {
        x=Pop(&st);
        printf("%d",x);
    }
}
```

思考: 若将十进制数转换为二进制时,是否直接将算法中的 8 换为 2 就可以了;若是将十进制转换为十六进制数时直接将 8 换为 16 可以吗?

答: 可以直接将 8 换成 2,但不可以直接将 8 换成 16,请读者参照算法 3-12 分析原因。

写一个综合的算法,可以将十进制数转换成其他进制数(如二进制、八进制、十六进制)。参考算法如下。

算法 3-12 将十进制数转换成其他进制数的具体算法如下。

```
char B[]="0123456789ABCDEF";
void DectoOthers(int n,int b)
{/*此处 b 可取值 2,8,16,分别代表要将十进制转换得到的进制数*/
    int x;
    Stack st;
    InitStack(&st);
    while(n)
    {
        Push(&st,n%b);
        n=n/b;
    }
    while(!EmptyStack(&st))
    {
        x=Pop(&st);
        printf("%c",B[x]);
    }
}
```

在主函数中调用算法 3-12,运行结果如图 3-7 所示。

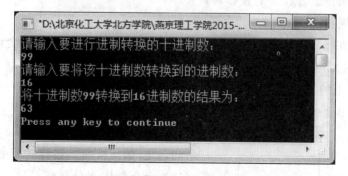

图 3-7 算法 3-12 的运行结果

*3.3 栈 与 递 归

3.3.1 递归的概念

递归是一种非常重要的数学概念和解决问题的方法,在计算机科学和数学等领域有着广泛的应用。在计算机科学中,许多数据结构,如广义表、树和二叉树等,由于其自身固有的递归性质,都可通过递归方式加以定义并实现许多问题的算法设计。在计算机内部,可以通过栈来实现递归算法。所以递归是栈的一个实际应用。

一个直接调用自己或通过一系列的调用语句间接的调用自己的函数,称为递归函数。递归是程序设计中一个强有力的工具。

例 3-3 计算 Fibonacci 数列:0,1,1,2,3,5,8,13,21……

其数学定义描述为:$\mathrm{Fib}(n) = \begin{cases} 0, n = 1 \\ 1, n = 2 \\ \mathrm{Fib}(n-1) + \mathrm{Fib}(n-2), n > 2 \end{cases}$

算法 3-14 计算 Fibonacci 数列的算法实现如下。

```
long Fib (int n)
{
        if (n==1)  return 0;
        if (n==2)  return 1;
        return Fib(n-1)+Fib(n-2);
}
```

例 3-4 汉诺塔（Hanoi）问题。

在印度,有这么一个古老的传说:在世界中心瓦拉纳西(又称贝拿勒斯)的圣庙里,一块黄铜板上插着三根宝石针 A、B 和 C。印度教的主神梵天在创造世界的时候,在其中一根针——"A"从下到上地穿好了由大到小的 64 片金盘,这就是所谓的汉诺塔。不论白天黑夜,总有一个僧侣在按照下面的法则移动这些金片,直至所有的金盘都从 A 针移到 C 针。

(1) 金盘可以在 A,B,C 三根宝石针上任意移动,即可以借助 B 针来进行移动金盘。

(2) 一次只能移动一片金盘。

(3) 不管在哪根针上,小片金盘必在大片金盘上面。

汉诺塔问题算法思路为:设 A 上有 n 个金盘。

如果 n=1,则将金盘从 A 直接移动到 C。

如果 n≥2,则:

(1) 将 A 上的 n−1 个金盘移到 B 上(此步骤的解决方法与移动 n 阶金盘的方法完全一样,只是问题规模减小了一阶);

(2) 再将 A 上的一个金盘移到 C 上;

(3) 最后将 B 上的 n−1 个金盘移到 C 上。

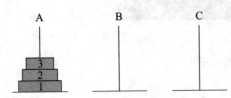

图 3-8　3 阶汉诺塔问题

如图 3-8 所示,若现在只有 3 个金盘,则汉诺塔问题是,如何按照上述移动原则,借助于 B 针,将这 3 个金盘从 A 针移到 C 针。

3 阶汉诺塔问题移动步骤如下。

(1) 先将 A 上的标号为"2"和"3"两个金盘借助于 C 移到 B,具体步骤如下。

① 将 A 上的标号为"3"的金盘移到 C 上。

② 将 A 上的标号为"2"的金盘移到 B 上。

③ 将 C 上的标号为"3"的金盘移到 B 上。

(2) 将 A 上的标号为"1"的金盘移到 C 上。

(3) 将 B 上的标号为"2"和"3"的 2 个金盘借助于 A 移到 C,具体步骤如下。

① 将 B 上的标号为"3"的金盘移到 A 上。

② 将 B 上的标号为"2"的金盘移到 C 上。

③ 将 A 上的标号为"3"的金盘移到 C 上。

至此,完成了三个金盘的移动过程。

算法 3-15 汉诺塔（Hanoi）具体算法如下。

```
#include<stdio.h>
int main()
{
    void hanoi(int n,char one,char tow,char three);
    intn;
    print("Input the number of diskes:");
    scanf("%d",&n);
    printf("The moveingresults:\n");
    hanoi(n,'A','B','C');
    return 0;}
void hanoi(int n,char one,char two,char three)
{
    void move(char x,char y);
    if(n==1) /*若只有1个盘子直接移动即可,是本题递归算法的出口*/
    move(one,three);
    else
    {
        hanoi(n-1,one,three,two);
        move(one,three);
        hanoi(n-1,two,one,three);
    }
}

void move(char x,char y)/*move函数,只是在屏幕上输出移动方案*/
{
    printf("%c——>%c\n",x,y);
}
```

由上述例子,可得到递归算法的特点如下。

(1) 通常在以下三种情况下使用递归算法。

① 很多数学函数是递归定义的,如例 3-4 的 Fibonacci 数列。

② 有的数据结构,如二叉树、广义表等,由于结构本身固有的递归特性,可利用递归来对其进行定义。

③ 有的问题虽然本身没有明显的递归结构,但用递归求解比迭代求解更简单,如例 3-5 中的汉诺塔(Hanoi)问题。

(2) 递归算法的采用有以下两个条件。

① 规模较大的原问题能分解成一个或多个规模较小但具有类似于原问题特性的子问题,称为递归步骤。

② 存在一个或多个无须分解即可直接求解的最小子问题,称为终止条件。在递归步骤分解问题时,应使子问题相对原问题而言更接近于递归终止条件,以保证经过有限次递归步骤后,子问题的规模减至最小,达到递归终止条件而结束递归。

(3) 函数递归调用过程中需注意以下两个过程。

① 函数调用。当在一个函数的运行期间调用另一个函数时,在运行该被调用函数之前,需先完成以下三项任务。

● 将返回地址及所有实参等信息传递给被调用函数保存。

● 为被调用函数的局部变量分配存储区。

● 将控制转移到被调用函数的入口。

② 函数返回。从被调用函数返回调用函数之前，应该完成下列三项任务。

● 保存被调用函数的计算结果。

● 释放被调用函数保存局部变量的数据区。

● 依照被调用函数保存的返回地址将控制转移到调用函数。

● 函数嵌套调用时，后调用的函数先返回。

分析例 3-4 中的 Fib(4) 的执行过程，如图 3-9 所示。

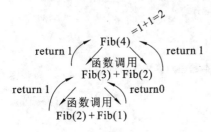

图 3-9　函数 Fib(4) 的调用执行过程

3.3.2　栈与递归

函数调用过程中，当有多个函数构成嵌套调用时，需按照"后调用先返回"的原则，即符合栈的特性，所以递归函数调用时，函数间的信息传递和控制转移必须通过栈来实现，即系统将整个程序运行时所需的数据空间安排在一个栈中，每当调用一个函数时，就为它在栈顶分配一个存储区，每当从一个函数退出时，就释放它的存储区，则当前正运行的函数的数据区必在栈顶。

虽然在递归调用过程中需要用栈来管理数据，但这个管理过程对用户是透明的，不需用户自己来管理，而是由系统来管理递归工作栈。

由于递归函数结构清晰，程序易读，故利用递归时可以给用户编制程序带来很大的方便。但利用递归会导致消耗大量内存与 CPU 时间，所以递归的使用需谨慎。

3.4　队　列

3.4.1　队列的定义和基本运算

1. 队列的定义

队列（queue）也是一种操作受限的线性表。在这种线性表上，插入限定在表的某一端进行，删除限定在表的另一端进行。允许插入的一端称为队尾，允许删除的一端称为队头。

实际生活中有很多关于队列的例子，最常见的如：排队买票，总是排在最前的人（队头）最先买到票，最先离开队伍；后来的人总是要排在队尾。通过这个例子可以很好理解队列的性质——队列只能在队尾进行插入操作，只能在队头进行删除操作。

队列操作的特点：先进先出（first in first out，FIFO），所以队列又可称为"先进先出"表。

2. 队列的基本运算

1）队列初始化

队列初始化的语句如下。

```
InitQueue(Q)
```

运算结果：设置一个空队列 Q。

2）入队

入队的语句如下。

```
EnQueue(Q,x)
```

运算结果：将 x 插入到队列 Q 的队尾。

（3）出队

出队的语句如下。

```
OutQueue(Q)
```

运算结果：若队列 Q 为空，则报错；若队列 Q 不为空，则将队头元素做为函数返回值，并删除队头元素。

4）取队头元素

取队头元素的语句如下。

```
GetHeadQueue(Q)
```

运算结果：若队列 Q 为空，则报错；若队列 Q 不为空，则返回队头元素的值。

5）判队列空

判队列空的语句如下。

```
EmptyQueue(Q)
```

运算结果：判断队列 Q 是否为空。若为空返回 1，否则返回 0。

3.4.2 循环队列——队列的顺序表示和实现

队列有两种存储表示方法：顺序存储和链式存储。

1. 顺序队列和循环队列

队列的顺序存储结构简称顺序队列。顺序队列是用一维数组依次存放队列中的元素和分别指示队列的首端和队列的尾端的两个变量组成。这两个变量分别称为"队头指针"和"队尾指针"。

顺序队列的数据类型用 C 语言描述如下。

```
#define MaxSize 100
typedef int DataType;
typedef struct{
    DataType data[MaxSize];
    int front,rear;
}Queue;
```

注意：这里所谓的"队头指针"和"队尾指针"只是一个 int 型变量，并不是真正的指针变量。

顺序队列中元素用一维数组存储，数组的低下标一端为队头，高下标一端为队尾。

为了操作方便，通常约定：头指针 front 总是指向队头的前一位置，尾指针 rear 总是指向队尾元素的位置。所以顺序队列的存储空间是从 data[1] 到 data[MaxSize−1]，最多可存储 MaxSize−1 个元素。

若 front==rear==0，则称为队空。

若一维数组中所有位置上都被元素装满，即尾指针 rear 指向一维数组最后，头指针指向一维数组开头，称为队满。

顺序队的几种状态如图 3-10 所示（设 MaxSize=4），具体分析如下。

（1）图 3-10(a)所示为队空状态，此时 front==rear==0。

（2）图 3-10(b)所示为元素 A 入队后的状态。

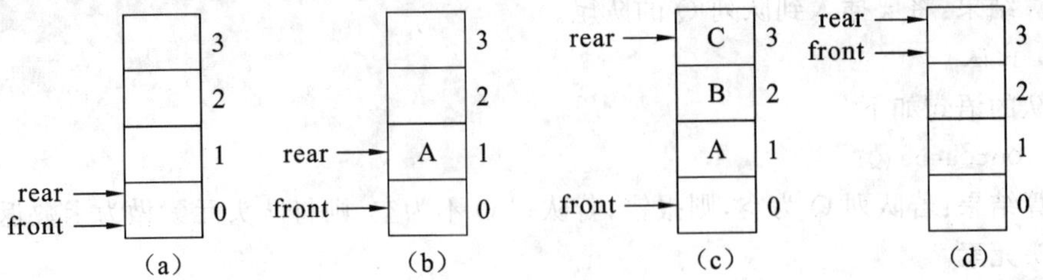

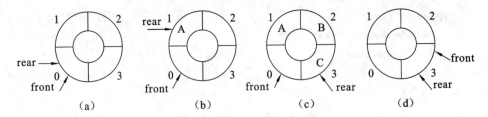

图 3-10　顺序队的几种状态

（3）图 3-10(c)所示为元素 B,C 入队后,到达队满的状态,此时 front＝＝0、rear＝＝MaxSize－1。

（4）图 3-10(d)所示为在(3)状态下连续出队 3 个元素后到达的状态,队列又达到队空状态,此时 front＝＝rear＝＝MaxSize－1。

顺序队列的这种顺序存储方式会产生假溢出。如图 3-7(d)所示的(4)状态下,此时若想入队,则进行的操作是 rear＋1,但此时 rear＋1＝＝MaxSize,表示队满,已不能再入队。由图 3-7(d)可以看出,队列中的低下标端还有很多空余位置,这就是顺序队的"假溢出"现象。

克服假溢出的方法通常有两种:①将队列中的所有元素均向最前端的位置移动;②采用循环队列。但因为第①种方法操作费时,所以通常采用第②种方法来解决顺序队的"假溢出"。

循环队列充分利用了数组空间,想象将数组的首尾连接起来,形成一个循环队列。

> **注意**:循环队列和顺序队列的物理存储未发生任何改变,所谓的循环只是人为想象将顺序队列的首尾相连。

如图 3-11 所示循环队列的四种状态正好与图 3-9 中所示的顺序队列的四种状态是对应的。在循环队列的(d)状态中,仍然可以正常入队,解决了顺序队列中的"假溢出"现象。

图 3-11　与图 3-10 中的顺序队列状态对应的循环队列几种状态

2. 循环队列基本运算的实现

基于以上比较,通常对顺序存储结构的队列进行运算时,都采用循环队列。

循环队列的基本操作实现如下。

算法 3-16　队列初始化算法 InitQueue(Q)。

```c
void InitQueue(Queue *Q)
{
    Q->rear=Q->front=0;
}
```

入队操作在一般情况下,只要让尾指针加 1,然后让入队元素赋值到尾指针所指位置即可。但在图 3-10 所示的情况下,需进行特殊处理。

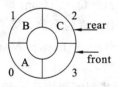

由图 3-12 可确定,此队列中 MaxSize＝4,所以其可以存储 3 个元素。此时队列未满,还可以进行入队操作,但若进行 rear＝rear＋1,则 rear 值超出了 MaxSize－1 的范围。所以这种情况下,需要用(rear＋1)％MaxSize,使尾指针循环到 0 的位置。

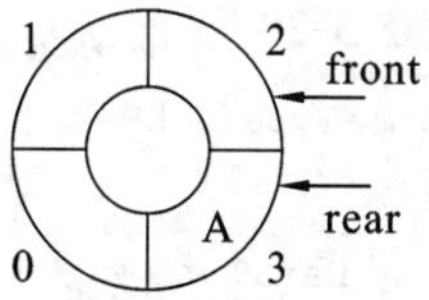

图 3-12　某循环队列中存储元素的状态

入队的基本运算实现如下。

算法 3-17　入队算法。

```
void InQueue(Queue * Q,DataType x)
{
    if((Q->rear+1)%MaxSize==Q->front)/*判断队满的条件*/
    {
        printf("\n 队列已满,无法入队!");
        exit(1);
    }
    Q->rear=(Q->rear+1)%MaxSize;
    Q->data[Q->rear]=x;
}
```

算法 3-18　判队列空算法 EmptyQueue(Q)。

```
int EmptyQueue(Queue *Q)
{
    if(Q->rear==Q->front)/*判断队空的条件*/
        return 1;
    else
        return 0;
}
```

循环队列中的出队有时也需进行特殊处理,如图 3-11 所示情况。

图 3-13　某循环队列中存储元素的状态

由图 3-13 可确定,此队列中 MaxSize＝4,其可以存储 3 个元素。此时队列已满,队头元素为"A",队尾元素为"C",可以进行出队操作,但若进行 front＝front＋1,则 front 值超出了 MaxSize－1 的范围。所以这种情况下,需要用(front＋1)％MaxSize,使头指针循环到 0 的位置。

算法 3-19　出队算法 OutQueue(Q,x)。

```
DataType OutQueue(Queue *Q)
{
    DataType x ;
    if(EmptyQueue(Q))
    {
        printf("\n 队列为空,不能出队!");
        exit(1);
    }
    Q->front= (Q->front+1)%MaxSize;
    x=Q->data[Q->front];
    return x;
}
```

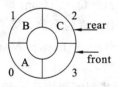

算法 3-20　取队头元素算法 GetHeadQueue(Q, x)。

```
DataType GetHeadQueue(Queue *Q)
{
    DataType x;
    if(EmptyQueue (Q))
    {
        printf("\n 队列为空,无法取队头元素!");
        exit(1);
    }
    x= Q->data[(Q->front+1)%MaxSize];
    return x;
}
```

3. 循环队列中的常用基本判断语句

设队列 Q 头指针为 front,尾指针为 rear。

(1) 队列判空条件:Q->rear==Q->front。

(2) 队列判满条件:(Q->rear+1)%MaxSize==Q->front。

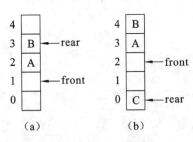

图 3-14　队列的两种状态

(3) 入队操作:第一步,先判断队列是否已满;第二步,Q->rear=(Q->rear+1)%MaxSize;第三步,尾指针位置赋值相应元素;

(4) 出队操作:第一步,先判断队列是否已空;第二步,Q->front=(Q->front +1)%MaxSize,可先取队头元素。

(5) 计算循环队列中元素的个数。分两种情况讨论,如图 3-14 所示。

由图 3-12(a)图可知,此时计算队列中元素个数用 Q->rear-Q->front 即可;但 3-12(b)中则应是(Q->rear-Q->front)+MaxSize 才是队列中元素的个数。综合两种情况得到一个计算循环队列元素个数的公式为(Q->rear-Q->front+MaxSize)%MaxSize。

(6) 会判断一个队列中的元素,哪个是队头,哪个是队尾。其判断原则为一般情况下,头指针 front 总是指向队头的前一位置,尾指针 rear 总是指向队尾元素的位置。

3.4.3　链队——队列的链式表示和实现

1. 队列的链式存储结构

队列的链式存储结构简称为链队。它实际上是一个同时带有头指针和尾指针的单链表。头指针指向表头结点,而尾指针则指向队尾元素。链队结构示意图如图 3-15 所示。

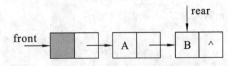

图 3-15　包含 2 个元素的链队结构示意图

链队数据类型用 C 语言描述如下。

```
typedef int DataType;
typedef struct qnode{/*链队结点的类型*/
    DataType data;
    struct qnode *next;
}Qtype;
typedef struct {
    Qtype *front,*rear;
}LinkQueue;
```

2. 链队基本运算的实现

算法 3-21　队列初始化算法 InitQueue(Q)。

```
void InitQueue(LinkQueue *LQ)
{
    LQ->front->next=NULL;
    LQ->rear=LQ->front;
}
```

算法 3-22　入队算法 InQueue(Q,x)。

```
void InQueue(LinkQueue *LQ,DataType x)
{
    Qtype *s;
    s=(QTYPE *)malloc(sizeof(QTYPE));
    if(!s)
    {
        printf("分配空间失败!");
        exit(1);
    }
    s->data=x;
    s->next=NULL;
    LQ->rear->next=s;
    LQ->rear=s;
}
```

算法 3-23　判断队列空算法 EmptyQueue(Q)。

```
int EmptyQueue(LinkQueue *LQ)
{
    if(LQ->front==LQ->rear)
        return 1;
    else
        return 0;
}
```

算法 3-24　出队算法 OutQueue(Q,x)。

```
DataType OutQueue(LinkQueue *LQ)
{
    DataType x;
    Qtype *p;
    if(EmptyQueue(LQ))
    {
        printf("\n 队列为空,无法出队!");
        exit(1);
    }
    p= LQ->front->next;
    x= p->data;
    LQ->front->next= p->next;
    if(LQ->front->next==NULL)
        LQ->rear= LQ->front;    /*若队列中只有 1 个元素,则出队后队列为空*/
    free(p);
    return x;
}
```

算法 3-25　取队头元素算法 GetHeadQueue(Q,x)。

```
DataType GetHeadQueue(LinkQueue *LQ)
{
    DataType x;
    if(EmptyQueue(LQ))
    {
        printf("\n 队列为空,无法取队头元素!");
        exit(1);
    }
    x=LQ->front->next->data;
    return x;
}
```

3.5　队列的应用举例

例 3-5　一次华尔兹舞会,有男女若干人参加,男女各排一队,跳舞开始时,依次从男女队伍的队头出一人配成舞伴。若两队初始人数不同,则较长一队中未配对者等待下一轮舞曲。请写出算法模拟舞伴配对问题,显示出每对舞者的信息。

算法 3-26　自定义一个函数给出男女配对的算法如下。

```
void DancePartner()
{
    DataType x;/*用 5 位整型数表示舞者信息,最高位表示男女,1 为男,2 为女*/
    Queue Q1;/*男舞者的队列*/
    Queue Q2;/*女舞者的队列*/
    InitQueue(&Q1);
    InitQueue(&Q2);
    printf("请输入舞者信息:\n");
```

```
        scanf("%d",&x);
        while(x!=0)
        {
            if(x/10000==1)/*最高位为 1 的为男士,入 Q1 队列*/
                InQueue(&Q1,x);
            if(x/10000==2)/*最高位为 2 的为女士,入 Q2 队列*/
                InQueue(&Q2,x);
            scanf("%d",&x);
        }
        printf("本支曲目跳舞的男女舞伴为:\n");
        while(!EmptyQueue(&Q1)&&! EmptyQueue(&Q2))
        {
            x=OutQueue(&Q1);
            printf("%d\t",x);
            x= OutQueue(&Q2);
            printf("%d",x);
            printf("\n");
        }

        if(! EmptyQueue(&Q1))/*若 Q1 不为空,说明还有男士在等待跳舞*/
        printf("下支舞曲等待跳舞的第 1 名男士为:%d",GetHeadQueue(&Q1));
        else
        printf("下支舞曲等待跳舞的第 1 名女士为:%d",GetHeadQueue(&Q2));
    }
```

运行结果如图 3-16 所示。

图 3-16　算法 3-26 的运行结果

该算法中只能显示第一支舞曲中的舞伴信息,请同学根据算法 3-26 思考如何显示后面舞曲中的舞伴信息。

本 章 小 结

栈和队列都是操作受限的线性表。

栈只允许在表的一端进行插入和删除操作,通常称允许插入、删除的这一端为栈顶,而另一端称为栈底。栈操作的特点是"先进后出,后进先出"。

队列是允许在表的一端进行插入操作、另一端进行删除操作。队列中允许插入的一端为队尾,允许删除的一端为队首。队列操作的特点是"先进先出,后进后出"。

栈和队列都可以采用顺序存储或链式存储。

习 题 3

一、选择题

1. 在一个具有 n 个单元的顺序栈中，假定以地址低端作为栈底，以 top 作为栈顶指针，则当出栈时，top 变化为（　　）。

　　A. top 不变　　　　　B. top＝－n　　　　C. top＝top－1　　　　D. top＝top＋1

2. 在一个具有 n 个单元的顺序栈中，假定以地址高端作为栈底，以 top 作为栈顶指针，则当出栈时，top 变化为（　　）。

　　A. top 不变　　　　　B. top＝－n　　　　C. top＝top－1　　　　D. top＝top＋1

3. 下列关于栈的叙述中正确的是（　　）。

　　A. 在栈中只能插入数据　　　　　　　　B. 在栈中只能删除数据

　　C. 栈是先进先出的线性表　　　　　　　D. 栈是先进后出的线性表

4. 下列关于队列的叙述中正确的是（　　）。

　　A. 在队列中只能插入数据　　　　　　　B. 在队列中只能删除数据

　　C. 队列是先进先出的线性表　　　　　　D. 队列是先进后出的线性表

5. 在具有 n 个单元的顺序存储的循环队列中，假定 front 和 rear 分别为队头指针和队尾指针，则判断队空的条件是（　　）。

　　A. front＝＝rear＋1　　　　　　　　　　B. front＋1＝＝rear

　　C. front＝＝rear　　　　　　　　　　　　D. front＝＝0

6. 在具有 n 个单元的顺序存储的循环队列中，假定 front 和 rear 分别为队首指针和队尾指针，则判断队满的条件是（　　）。

　　A. rear ％ n＝＝front　　　　　　　　　 B.（rear－1）％ n＝＝front

　　C.（rear－1）％ n＝＝rear　　　　　　　 D.（rear＋1）％ n＝＝front

7. 设循环队列 A[n] 的队首指针为 front，队尾指针为 rear，当插入元素时队尾指针 rear 加 1，队首指针 front 总是指向队列中第一个元素的前一个位置，则队列中元素个数计数为（　　）。

　　A. rear－front　　　　　　　　　　　　　B. n－（rear－front）

　　C.（rear－front＋n）％n　　　　　　　　D.（front －rear ＋n）％n

8. 向一个栈顶指针为 hs 的带头结点的链栈中插入一个 ∗s 结点时，则执行（　　）。

　　A. hs－＞next＝s;　　　　　　　　　　　B. s－＞next＝hs－＞next;hs－＞next＝s;

　　C. s－＞next＝hs;hs＝s;　　　　　　　　D. s－＞next＝hs; hs＝hs－＞next;

9. 在一个链队列中，假定 front 和 rear 分别为队首指针和队尾指针，则进行插入 ∗s 结点的操作时应执行（　　）。

　　A. front－＞next＝s; front＝s;　　　　　B. rear－＞next＝s; rear＝s;

　　C. front＝front－＞next;　　　　　　　　D. front＝rear－＞next;

10. 若进栈序列为 A，B，C，则通过入栈、出栈运算后可能得到的 A，B，C 的不同的出栈序列的个数为（　　）。

　　A. 7　　　　　　　　 B. 8　　　　　　　　 C. 2　　　　　　　　 D. 5

11. 若已知一个栈的入栈序列是 1，2，3，…，n，其输出序列为 p1，p2，p3，…，pn，若 p1＝n，则 pi 为（　　）。

　　A. i　　　　　　　　 B. n－i　　　　　　　C. n－i＋1　　　　　D. 不确定

12. 若进栈序列为 1,2,3,4,进栈过程中可以出栈,则(　　)不可能是一个出栈序列。

　　A. 3,4,2,1　　　　　B. 2,4,3,1　　　　　C. 1,4,2,3　　　　　D. 3,2,1,4

13. 设 abcdef 以所给的次序进栈,若在进栈操作时,允许退栈操作,则下面得不到的序列为(　　)。

　　A. fedcba　　　　　B. bcafed　　　　　C. dcefba　　　　　D. cabdef

14. 若栈采用顺序存储方式存储,现两栈共享空间 V[1..m],top[i]代表第 i 个栈(i=1, 2)栈顶,栈 1 的底在 V[1],栈 2 的底在 V[m],则栈满的条件是(　　)。

　　A. top[2]−top[1]=0　　　　　　　　B. top[1]+1=top[2]

　　C. top[1]+top[2]=m　　　　　　　　D. top[1]=top[2]

15. 输入序列为 ABC,输出序列为 CBA 时,经过的栈操作为(　　)。

　　A. push,pop,push,pop,push,pop　　　　B. push,push,push,pop,pop,pop

　　C. push,push,pop,pop,push,pop　　　　D. push,pop,push,push,pop,pop

16. 递归过程或函数调用时,处理参数及返回地址,要用一种称为(　　)的数据结构。

　　A. 队列　　　　　B. 多维数组　　　　　C. 栈　　　　　D. 线性表

17. 设计一个判别表达式中左、右括号是否配对出现的算法,采用(　　)数据结构最佳。

　　A. 线性表的顺序存储结构　　　　　　　B. 队列

　　C. 线性表的链式存储结构　　　　　　　D. 栈

18. 用单链表存储队列时,队列在进行删除操作时(　　)。

　　A. 仅修改队头指针　　　　　　　　　　B. 仅修改队尾指针

　　C. 队头、队尾指针都要修改　　　　　　D. 队头、队尾指针都可能要修改

19. 设栈的初始状态为空,当字符序列"n9_"作为栈的输入时,输出长度为 3 的,且可用作 C 语言标识符的序列有(　　)个。

　　A. 4　　　　　　　B. 6　　　　　　　C. 3　　　　　　　D. 5

20. 设栈的输入序列为 123…n,输出序列为 $a_1 a_2 a_3 \cdots a_n$,若存在 1<=k<=n 时 a_k=n,则当 k<=i<=n 时 a_i 为(　　)。

　　A. n−i+1　　　　B. n−(i−k)　　　　C. n−i−1　　　　D. 不确定

二、填空题

1. 在具有 n 个单元、顺序存储的循环队列中,队满时共有_____个元素。

2. 顺序栈和链栈进行插入或删除运算的时间复杂度均为_____。

3. 假设以 S 和 X 分别表示进栈和退栈操作,则对输入序列 1,2,3,4,5 进行一系列栈操作 SXSSXSSXXX 之后,得到的输出序列为_____。

4. 一个队的入队序列为 1,2,3,4,则出队序列为_____。

5. 若在一个大小为 8 的数组上实现循环队列,且当前尾指针 rear=2,头指针 front=7,问此时队列中有_____个元素。

6. 设有 4 个数据元素 a1、a2、a3 和 a4,对他们分别进行栈操作或队列操作。在进栈或进队列操作时,按 a1、a2、a3、a4 次序每次进入 1 个元素。假设栈或队列的初始状态都是空。现要进行的栈操作是进栈 2 次,出栈 1 次,再进栈 2 次,出栈 1 次;这时,第一次出栈得到的元素是_____,第二次出栈得到的元素是_____;类似地,考虑对这四个数据元素进行的队列操作是进队 2 次,出队 1 次,再进队 2 次,出队 1 次;这时,第一次出队得到的元素是_____,第二次出队得到的元素是_____。经操作后,最后在栈中或队中的元素还有_____个。

7. 在有 n 个元素的链队列中,入队和出队操作的时间复杂度分别为_____和_____。

8. 在顺序栈中，做进栈运算时，应先判别栈是否_____；在做出栈运算时，应先判别栈是否_____。当栈中元素为 n 个，做进栈运算时发生上溢，则说明该栈的最大容量为_____。

9. 栈和队列的逻辑结构为_____。

10. 设栈 S 和队列 Q 的初始状态为空，元素 1,2,3,4,5,6 依次通过栈 S，一个元素出栈后即进入队列 Q。若这 6 个元素出队列的顺序是 4,3,2,1,5,6，则栈 S 的容量至少应该是_____。

三、判断题

1. 线性表的每个结点只能是一个简单类型，而链表的每个结点可以是一个复杂类型。（　　）

2. 在表结构中最常用的是线性表，栈和队列不太常用。（　　）

3. 栈是一种对所有插入、删除操作限于在表的一端进行的线性表，是一种后进先出线性表。（　　）

4. 栈和队列是一种非线性数据结构。（　　）

5. 栈和队列的存储方式既可是顺序存储，也可是链式存储。（　　）

6. 队列是一种插入与删除操作分别在表的两端进行的线性表，是一种先进后出线性表。（　　）

7. 一个栈的输入序列是 12345，则栈的输出序列不可能是 12345。（　　）

四、分别写出下列程序段的输出结果

1.

```c
typedef char DataType;
int main()
{
    Stack S;
    DataType x,y;
    InitStack(&S);
    x='c';
    y='k';
    Push(&S,x);
    Push(&S,'a');
    Push(&S,y);
    x=Pop(&S);
    Push(&S,'t');
    Push(&S,x);
    x=Pop(&S);
    Push(&S,'s');
    while(!EmptyStack (&S))
    {
        y=Pop(&S);
        printf("%c",y);
    }
    printf("%c",x);
    return 0 ;
}
```

2.

```
typedef charDataType;
int main()
{
    Queue Q;
    InitQueue (&Q);
    char x='e',y='c';
    InQueue(&Q,'h');
    InQueue(&Q,'r');
    x=OutQueue(&Q);
    InQueue(&Q,x);
    x=OutQueue(&Q);
    InQueue(&Q,'a');
    while(!EmptyQueue(&Q))
    {
        y=OutQueue (&Q);
        printf("%c",y);
    }
    printf("%c",x);
    return 0;
}
```

3. 写出下列函数的功能

```
voidexercise (Queue *Q)
{
    Stack S;
    int d;
    InitStack(&S);
    while(! QueueEmpty(Q))
    {
        OutQueue (Q,d);
        Push(S,d);
    }
    while(! EmptyStack (&S))
    {
        Pop(&S,d);
        EnQueue (Q,d);
    }
}
```

五、算法题

1. 正读和反读都相同的字符序列,称为回文,如"abcba"、"olvlo"等是回文,请写一个算法判断读入的一个以"♯"为结束符的字符序列是否为回文。

2. 写一个算法,借助于栈将一个单链表逆置。

3. 假设以带头结点的单循环链表表示一个队列,并且只设一个队尾指针指向尾元素结点,不设队头指针,请写出相应的初始化队列、入队、出队的算法。

第4章 串

"串"（string），是字符串的简称，它是一种特殊的线性表，其特殊性在于组成线性表的数据元素是单个字符。

字符串在计算机处理实际问题中使用非常广泛，如人名、地名、商品名、设备名等均为字符串。同样在文字编辑、自然语言理解和翻译、源程序的编辑和修改等方面，都离不开对字符串的处理。例如，常用的文本编辑程序有 Word，Notepad，WPS，TC 等，文本编辑的实质是修改字符数据的形式和格式，虽然各个文本编辑程序的功能不同，但基本操作是一样的，都包括串的查找、插入和删除等。

4.1 串及其基本运算

4.1.1 串的基本概念

串（或称字符串）（string）是由零个或多个字符组成的有限序列。一般记为：$S=$"$a_0a_1a_2\cdots a_{n-1}$"（$n\geqslant0$）。其中：S 为串名；用双引号括起来的内容为串的值；双引号本身不是串的值，它们是串的标记，以便将串与标识符（如变量名）加以区别；a_i（$0\leqslant i\leqslant n-1$）可以是字母、数字或其他字符，串中所含字符个数 n 称为该串的长度（或串长）。

> **注意**：含零个字符的串称为空串，用 $\varnothing$ 表示，串的长度为 0。而空格串是由一个或多个空格组成的串，串的长度为所含空格的个数。

由串中任意连续字符组成的子序列称为该串的子串。包含子串的串相应地被称为主串。通常称字符在串中的序号为该字符在串中的位置。当一个字符在串中多次出现时，以该字符第一次在主串中出现的位置为该字符在串中的位置。子串在主串中的位置则以子串中的第一个字符在主串中的位置来表示。

例如，s_1、s_2、s_3 为如下 3 个串：$s_1=$"I'm a student"；$s_2=$"student"；$s_3=$"teacher"。则它们的长度分别为 13、7、7；串 s_2 是 s_1 的子串，子串 s_2 在 s_1 中的位置为 7，也可以说 s_1 是 s_2 的主串；串 s_3 不是 s_1 的子串，串 s_2 和 s_3 不相等。当且仅当两个串的长度相等并且各个对应位置上的字符都相同时，两个串才相等。

> **注意**：在 C 语言中规定，存储串时，每个字符在内存占用一个字节，并用特殊字符"0"标记串结束。因此，串的实际占用空间比串长多 1 个字节。

4.1.2 串的基本运算

串的操作主要以"串的整体"为操作对象。例如，在串中查找某个子串、求一个子串，以及在串的某个位置上插入一个子串或从中删除一个子串等。

串的基本操作有赋值、连接、求串长、求子串在主串中出现的位置、判断两个串是否相等、删除子串等。

串的基本运算如下。

1. StrAssign(s,chars)

功能:赋值运算。将串常量 chars 的值赋给串变量 s。

例如:执行 StrAssign(s,"abcd")运算之后,s 的值为"abcd"。

2. StrCopy(s,t)

功能:复制运算。将串变量 t 的值复制给串变量 s。

例如:t="abcd",则执行 StrCopy(s,t)运算之后,s 的值为"abcd"。

3. Equal(s,t)

功能:判断相等运算。若 s 与 t 的值相等则运算结果为 1,否则为 0。

例如:s="ab",t="abzcd",则 Equal(s,t)的运算结果为 0。

4. Length(s)

功能:求串长运算。求串 s 序列中字符的个数,即串的长度。

例如:t="abcd",则 Length(t)的运算结果为 4。

5. Concat(ch,s,t)

功能:连接运算。将串 t 的第一个字符紧接在串 s 的最后一个字符之后,连接得到一个新串。

例如:s = "man", t = "kind",则执行 Concat(ch,s,t) 运算后得到的新串 ch 为"mankind"。

6. SubStr(sub,s,pos,len)

功能:求子串运算。求出串 s 中从第 pos 个字符起长度为 len 的子串。

例如:SubStr(sub,"commander",4,3)的运算结果为"man"。

> **注意** SubStr(sub,s,pos,len)中必须满足起始位置和长度之间的约束关系:
> $$1 \leqslant pos \leqslant Length(s) \ 且 \ 0 \leqslant len \leqslant Length(s) - pos + 1$$
> 才能求得一个合法的子串。允许 len 的下限为 0,因为空串也是合法串,但通常求长度为 0 的子串没有意义。

7. Empty(s)

功能:判断空串运算。若 s 为空串,则运算结果为 1,否则为 0。

8. Insert(s,pos,t)

功能:插入运算,当 $1 \leqslant pos \leqslant Length(s) + 1$ 时,在串 s 的第 pos 个字符之前插入串 t。

例如:s="chater",t="rac",pos=4,则 Insert(s,pos,t)的运算结果为"character"。

9. Delete(s,pos,len)

功能:删除运算。当 $1 \leqslant pos \leqslant Length(s)$ 且 $0 \leqslant len \leqslant Length(s) - pos + 1$ 时,从串 s 中删去从第 pos 个字符起长度为 len 的子串。

例如:s="Microsoft",pos=4,len=5,则 Delete(s,pos,len)的运算结果为"Mict"。

10. Replace(s,pos,len,t)

功能:置换运算。当 $1 \leqslant pos \leqslant Length(s)$ 且 $0 \leqslant len \leqslant Length(s) - pos + 1$ 时,用串 t 替换串 s 中从第 pos 个字符起长度为 len 的子串。

例如:s="abcacabcaca",pos=6,len=4 和 t="x",则替换后的结果为 s="abcacxca"。

11. Index(s,t)

功能：定位运算。若主串 s 中存在和串 t 相同的子串，则运算的结果为该子串在主串 s 中第一次出现的位置；否则运算的结果为 0。

注意：t 是非空串。

例如：Index("This is a pen","is")，运算结果为 3。

12. StrPrint(t)

功能：输出运算。将串变量 t 的值输出到屏幕上。

 4.2 串的存储结构

4.2.1 串的顺序存储结构

1. 顺序存储结构

串的顺序存储结构是采用与其逻辑结构相对应的存储结构，将串中的各个字符按顺序依次存放在一组地址连续的存储单元里，逻辑上相邻的字符在内存中也相邻。

串的顺序存储结构是一种静态存储结构，串值的存储分配是在编译时完成的。因此，需要预先定义串的存储空间大小。如果定义的空间过大，则会造成空间浪费；如果定义的空间过小，则会限制串的某些运算，如连接、置换运算等。

2. 串的基本运算在顺序存储结构上的实现

串的顺序存储结构类型定义描述如下。

```
#include<stdio.h>
#include<string.h>
#define MaxLen100            /*定义能处理的最大的串长度为 100*/
typedef  struct {
    char str[MaxLen];        /*定义可容纳 MaxLen 个字符的字符数组*/
    int curlen;              /*定义当前实际串长度*/
}SString;                    /*串的顺序存储结构数据类型说明*/
```

下面介绍顺序存储结构下，串的基本运算的实现。

（1）赋值运算，StrAssign(s,chars)。

算法 4-1 顺序存储结构下串的赋值算法如下。

```
void StrAssign(SString * s,char chars[])
{ /*生成一个其值等于 chars 的串 s */
  int i,j;
  for(j=0;chars[j]!='\0';j++);
    for(i=0;i<j;i++)
      s->str[i]=chars[i];
      s->curlen=strlen(chars);
}
```

（2）复制运算，StrCopy(s,t)。

算法 4-2 顺序存储结构下串的复制算法如下。

```
void StrCopy(SString *s,SString *t)
{ /*由串 t 复制得串 s */
    int i;
    for(i= 0;i<=t->curlen;i++)
      s->str[i]=t->str[i];
      s->curlen=t->curlen;
}
```

（3）判断相等运算，Equal(s,t)。

算法 4-3 顺序存储结构下串的判断相等算法如下。

```
int Equal(SString *s,SString *t)
{
  int i,j;
  if(s->curlen==t->curlen)        /*首先判断两个串的长度是否相等*/
  {
      for(i= 0;i<s->curlen;i++)
      {/*长度相等则继续比较对应位置的每个字符是否相等*/
       /*若对应位置字符也相等,则判定两个串相等,返回 1;否则返回 0*/
       if(s->str[i]==t->str[i])
            j= 1;
       else
       {
            j= 0;
            break;
       }
      }
  }
  else                            /*长度不相等则判定两个串不相等,返回 0*/
      j= 0;
  return j;
}
```

（4）求串长运算，Length(s)。

算法 4-4 顺序存储结构下串的求串长算法如下。

```
int Length(SString *s)
{ /*返回串的元素个数*/
    return  s->curlen;
}
```

（5）连接运算，Concat(ch,s,t)。

串的连接运算是将两个串 s 和 t 的串值分别传送到新串 ch 的相应位置,超过 MaxLen 的部分截去。其运算结果可能有三种情况:①$s->curlen+t->curlen \leqslant MaxLen$,得到的新串 ch 是正确的结果;②$s->curlen+t->curlen>MaxLen$ 而 $s->curlen<MaxLen$,则将 t 的一部分截去,得到的新串 ch 中只包含 t 的一个子串;③$s->curlen=MaxLen$,则得到的新串 ch 中只含有 s 一个串。下面的算法实现只针对第一种情况,其他两种情况读者可以修改程序自行添加。

算法 4-5　顺序存储结构下串的连接算法如下。

```
void Concat(SString *ch,SString *s,SString *t)
{ /*将串 t 的第一个字符紧接在串 s 的最后一个字符之后*/
  int i;
  ch->curlen=s->curlen+t->curlen;      /*计算新串的串长度*/
/*将 s->str[0]~ s->str[s->curlen-1]复制到 ch->str[0]~ ch->str[s->curlen- 1]*/
  for(i=0;i<s->curlen;i++)
     ch->str[i]=s->str[i];
/*将 t->str[0]~ t->str[t->curlen-1]复制到 ch->str[s->curlen]~ ch->str[ch
  ->curlen- 1]*/
  for(i=0;i<t->curlen;i++)
     ch->str[s->curlen+i]=t->str[i];
  ch->str[ch->curlen]='\0';/*在新串的最后添加串的结束符*/
}
```

（6）求子串运算，SubStr(sub,s,pos,len)。

算法 4-6　顺序存储结构下求子串的算法如下。

```
void SubStr(SString *sub,SString *s,int pos,int len)
{ /*求出串 s 中从第 pos 个字符起长度为 len 的子串*/
  int i,j=0;
  if((pos>=1 && pos<=s->curlen) && (len>=0 && len<=s->curlen-pos+1))
  {
       for(i=pos-1;i<len+pos-1;i++)
       { /*将 s->str[pos-1]~ s->str[len+pos-2]复制至 sub*/
            sub->str[j++]=s->str[i];
  }
       sub->curlen=len;
       sub->str[sub->curlen]='\0';
  }
  else
  {
       printf("\nerror! \n");          /*参数不正确时返回错误信息*/
  }
}
```

（7）判断空串运算，Empty(s)。

算法 4-7　顺序存储结构下判断空串算法如下。

```
int Empty(SString *s)
{
   if(s->curlen==0)
       return  true;
   else
       return  false;
}
```

（8）插入运算，Insert(s,pos,t)。

算法 4-8　　顺序存储结构下串的插入算法如下。

```
int Insert(SString *s,int pos,SString *t)
{ /*初始条件:串 s 和 t 存在,1≤pos≤strlen(s)+1 */
 /*操作结果:在串 s 的第 pos 个字符之前插入串 t。完全插入返回 TRUE,部分插入返回 FALSE */
 int i;
 if(pos+1<1||pos+1>s->curlen+1)
     return false;
 if(s->curlen+t->curlen<=MaxLen)
 {/*完全插入 */
   for(i=s->curlen;i>=pos;i--)
       s->str[i+t->curlen]=s->str[i];
   for(i=pos;i<pos+t->curlen;i++)
       s->str[i]= t->str[i-pos];
       s->curlen=s->curlen+t->curlen;
       return true;
 }
 else
 { /*部分插入 */
   for(i=MaxLen;i<=pos;i--)
       s->str[i]=s->str[i-t->curlen];
   for(i=pos;i<pos+t->curlen;i++)
       s->str[i]=t->str[i-pos];
   s->curlen=MaxLen;
   return false;
 }
}
```

（9）删除运算，Delete(s,pos,len)。

算法 4-9　　顺序存储结构下串的删除算法如下。

```
int  Delete(SString *s,int pos,int len)
{ /*初始条件:串 s 存在,1≤pos≤strlen(s)- len+1 */
 /*操作结果:从串 s 中删除第 pos 个字符起长度为 len 的子串 */
 int i;
 if(pos<1||pos>s->curlen-len+1||len<0)
     return false;
 for(i=pos+len- 1;i<=s->curlen;i++)
     s->str[i-len]=s->str[i];
     s->curlen -=len;
 return true;
}
```

（10）置换运算，Replace(s,pos,len,t)。

算法 4-10　　顺序存储结构下串的置换算法如下。

```
void  Replace(SString *s,int pos,int len,SString *t)
{
  int k=0,l,n,m,p;
  l=pos+len;
/*先要判断 len 和将要被置换的字符串的串长关系*/
  if(len==t->curlen)
  { /*如果刚好相等,就让 t 从第一个元素开始,s 从第 pos 个元素开始,一一赋值*/
      for(k= 0;k<t->curlen;k++)
      {
          s->str[pos-1]=t->str[k];
          pos++;
      }
      s->curlen= s->curlen+t->curlen- len;
      s->str[s->curlen]= '\0';
  }
  else
      if(len>t->curlen)
  { /*如果 t 的串长值比较小,用循环将 s 串中被替换的部分后面的字符前移,s 串中剩余的空
间刚好用来存放 t*/
          while(s->str[l-1]!='\0')
          {
              m= len- t->curlen;
              s->str[l-m-1]=s->str[l-1];
              l++;
          }
          for(k= 0;k<t->curlen;k++)
          {
              s->str[pos-1]=t->str[k];
              pos++;
          }
          s->curlen=s->curlen+t->curlen- len;
          s->str[s->curlen]='\0';
      }
      else
          if(len<t->curlen)
          { /*如果 t 的串长值比较大,用循环将 s 串中被替换的部分后面的字符后移,这样剩
余的空间刚好可以用来存放 t*/
              p=n=s->curlen;
              while(n>=pos+len)
              {
                  m=t->curlen-len;
                  s->str[n+m-1]=s->str[n-1];
                  n--;
              }
              for(k=0;k<t->curlen;k++)
```

```
                    {
                        s->str[pos-1]= t->str[k];
                        pos++;
                    }
                    s->curlen=p+t->curlen-len;
                    s->str[s->curlen]='\0';
            }
    }
```

（11）定位运算，Index(s,t)。

算法 4-11 顺序存储结构下串的定位算法如下。

```
int Index(SString *s,SString *t)
{  /*返回子串 t 在主串 s 中的位置。若不存在,则函数值为 0*/
   int i,j;
   i=0;
   j=0;
   while(i<s->curlen &&j<t->curlen)
     {
       if(s->str[i]==t->str[j])
       {
           i++;
           j++;
       }
       else /*指针后退重新开始匹配 */
       {
         i= i- j+1;
         j= 0;
       }
     }
     if(j==t->curlen)
         return i- t->curlen+1;
     else
         return 0;
}
```

（12）输出运算，StrPrint(t)。

算法 4-12 顺序存储结构下串的输出算法如下。

```
void StrPrint(SString *T)
{
    int i;
    for(i=0;i<=T->curlen;i++)
        printf("%c",T->str[i]);
    printf("\n");
}
```

3. 综合应用举例

设串采用顺序存储结构,编写函数实现串的替换 StringReplace(S,T,V),即要求在主串

S中查找是否存在子串 T。若主串 S 中存在子串 T,则用子串 V 替换子串 T,且函数返回 1;若主串 S 中不存在子串 T,则函数返回 0;同时要求设计主函数进行测试。一个测试例子为:S＝"I am a student",T＝"student",V＝"teacher"。

```
int StringReplace(SString *S,SString *T,SString *V)
{ /*初始条件:串 S,T 和 V 存在,T 是非空串*/
    int i;
    /*从串 S 的第一个字符起查找串 T */
    if(Empty(T)) /*T 是空串 */
        return false;
    i=Index(S,T);/*结果 i 为找到的子串 T 在串 S 中的位置 */
    if(i!=-1) /*串 S 中存在串 T */
    {
        if(Delete(S,i,T->curlen)) /*删除该串 T */
            Insert(S,i-1,V); /*在原串 T 的位置插入串 V */
        return true;
    }
    else
    {
        return false;
    }
}
```

4.2.2 串的链式存储结构

1. 链式存储结构

与线性表的链式存储结构相类似,串也可以采用链表方式存储串值,即串的链式存储结构。用链表方式表示串比用顺序方式更便于进行串的相关运算。在链表方式中,每个结点设定一个字符域 char,用于存放字符;设定一个指针域 next,用于存放所指向的下一个结点的地址。如果每个结点的 char 域只存放一个字符,虽然能使串的运算最容易进行,运算速度最快,但每个字符都要设置一个 next 指针域,将会导致存储空间利用率降低。为了提高存储空间的利用率,结点的 char 域可以存放多个字符,通常将每个结点所存储的字符个数称为结点的大小,这种链表方式虽然起到了提高存储空间利用率的作用,但运算速度较单字符结点的链表方式要慢。图 4-1 和图 4-2 分别表示了同一个串"TEACHERSTUDENT"的结点大小为 1 和 4 的链式存储结构。

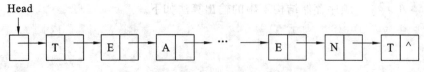

图 4-1　结点大小为 1 的链式存储结构

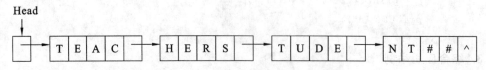

图 4-2　结点大小为 4 的链式存储结构

注意：当结点的大小大于1(如4)时，链表的最后一个结点的 char 域不一定总能被字符占满。此时，应在这些未占用的 char 域里补上不属于字符集的特殊符号(如"#")，以示区别，如图 4-2 中的最后一个结点。

2. 串的基本运算在链式存储结构上的实现

串的结点大小为 1 的链式存储结构类型定义描述如下。

```
#include<stdio.h>
#include<malloc.h>
#include<string.h>
typedef struct node {              /*结点结构*/
    char data;                     /*结点的数据域*/
    struct node  * next;           /*结点的指针域*/
}node,* LString;                   /*串的链式存储结构数据类型说明*/
```

下面介绍链式存储结构下，串的判断相等、连接和求子串等基本运算的实现。

(1) 判断相等运算，LEqual(s,t)。

算法 4-13　　链式存储结构下串的判断相等算法如下。

```
int LEqual(LString s,LString t)
{
    while(s!=NULL && t!=NULL && s->data==t->data)
    {
        s=s->next;
        t=t->next;
    }
    if(s==NULL && t==NULL)/*串长相等且串中所有字符都相等,返回1*/
        return 1;
    else
        return 0;
}
```

(2) 连接运算，Lconcat(s,t)。

链式存储的串只需将两个带头结点的链表的首尾相连，不需要考虑顺序存储时出现的情况。

算法 4-14　　链式存储结构下串的连接算法如下。

```
LString  Lconcat(LString  s,LString  t)
{
    LString ptr,p,q;
    ptr=(LString)malloc(sizeof(LString));
    q=ptr;
    p=(LString)malloc(sizeof(LString));
    s=s->next;  t= t->next;/*将指针指向链表的第一个结点*/
    while(s!= NULL)/*将串 s 中的字符连接到新的串结构中*/
    {
        p->data=s->data;
```

```
        s=s->next;
        q->next=p;
        q=p;
        p=(LString)malloc(sizeof(LString));
    }
    while(t!=NULL)/*在新串的尾部连接串 t*/
    {
        p->data=t->data;
        t=t->next;
        q->next=p;
        qp;
        p=(LString)malloc(sizeof(LString));
    }
    free(p);
    q->next=NULL;/*将最后一个结点的指针域置空*/
    return ptr;
}
```

（3）求子串运算，LSubStr(s,pos,len)。

算法 4-15　链式存储结构下求子串算法如下。

```
LString LSubStr(LString s,int pos,int len)
{
    LString ptr,p=s->next,q,r;
    int m;
    ptr=(LString)malloc(sizeof(LString));
    ptr->next=NULL;
    ptr->data='\0';
    if(pos<=0‖pos>Print(s)‖len<0‖pos+len-1>Print(s))
    {
        printf("给定的范围不合法！\n");
        return ptr;
    }
    else
    {
        q=(LString)malloc(sizeof(LString));
        r=ptr;
        for(m=0;m<pos-1;m++)/*找到给定的位置*/
            p=p->next;
        for(m=1;m<=len;m++)/*将子串单独存放在一个链表里*/
        {
            q->data=p->data;
            r->next=q;
            r=q;
            p=p->next;
            q=(LString)malloc(sizeof(LString));
        }
    }
}
```

```
        }
            free(q);
            r->next=NULL;
            return ptr;
        }
    }
```

4.3 串的模式匹配

串的模式匹配即定位运算,即在主串 s 中定位子串 t 的操作,首先判断主串 s 中是否存在子串 t,如果存在,则模式匹配成功,输出子串 t 在主串 s 中第一次出现的位置。如果不存在,则模式匹配失败。在串匹配中,一般将主串称为目标串,将子串称为模式串。

串的模式匹配的应用非常广泛。例如,在文本编辑程序中,经常要查找某一特定单词在文本中出现的位置。显然,解决此问题的有效算法能极大地提高文本编辑程序的响应性能。

本节主要讨论两种串的模式匹配算法,都采用顺序存储结构。

4.3.1 朴素的模式匹配算法

朴素的模式匹配算法基本思想是:从目标串 s＝“$s_0 s_1 s_2 \cdots s_{n-1}$”的第一个字符起和模式串 t＝“$t_0 t_1 t_2 \cdots t_{m-1}$”的第一个字符开始进行比较。若相等,则继续逐个比较后续字符,否则从串 s 的第二个字符起再重新和串 t 的第一个字符进行比较。依此类推,直至串 t 中的每个字符依次和串 s 中的一个连续的字符序列相等,则称模式匹配成功,此时串 t 的第一个字符在串 s 中的位置就是 t 在 s 中的位置,否则模式匹配失败。

(1) 假设 s＝“abcabcaabca”,t＝“abcaab”,则模式匹配成功过程如图 4-3 所示。

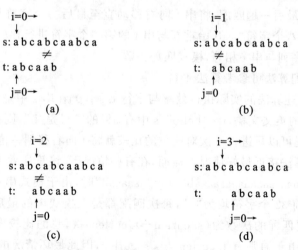

图 4-3　模式匹配成功过程

第一趟匹配,从串 s 的第一个字符“a”与串 t 的第一个字符“a”开始比较,由于两个字符相等,于是继续逐个比较后续字符,当比较到第五个字符时,s 和 t 的对应字符不等,第一趟匹配过程结束;第二趟匹配,将串 t 向右移动一位,从串 s 的第二个字符“b”开始重新与串 t 的第一个字符进行比较,第一次比较时,s 和 t 的对应字符不相等,结束第二趟匹配过程;第三趟匹配,将串 t 向右移动一位,从串 s 的第三个字符“c”开始重新与串 t 的第一个字符进行比较,第一次比较时,s 和 t 的对应字符不相等,结束第三趟匹配过程;第四趟匹配,继续将串

t 向右移动一位,从串 s 的第四个字符"a"开始重新与串 t 的第一个字符进行比较,在串 s 中找到一个连续的字符序列与串 t 相等,模式匹配成功。

（2）假设 s＝"abcabcaabca",t＝"abbb",则模式匹配失败过程如图 4-4 所示。

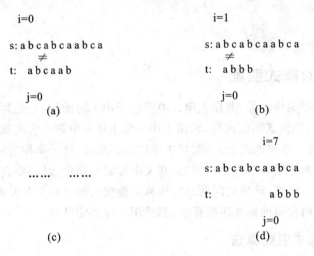

图 4-4　模式匹配失败过程

第一趟匹配,从串 s 的第一个字符"a"与串 t 的第一个字符"a"开始比较,由于两个字符相等,于是继续逐个比较后续字符,当比较到第三个字符时,s 和 t 的对应字符不等,第一趟匹配过程结束;第二趟匹配,将串 t 向右移动一位,从串 s 的第二个字符"b"开始重新与串 t 的第一个字符进行比较,第一次比较时,s 和 t 的对应字符不相等,结束第二趟匹配过程;按照上述两趟比较的方法,在接下来的比较过程中均没有匹配成功,即在 s 中没有找到连续的字符序列与 t 相等;最后一趟匹配,将串 t 向右移动直至最后一个字符与串 s 的最后一个字符对齐,从串 s 的第八个字符"a"开始重新与串 t 的第一个字符进行比较,在串 s 中仍没有找到一个连续的字符序列与串 t 相等,模式匹配失败。

朴素的模式匹配算法可参考算法 4-11。

一般情况下,上述算法的实际执行效率与字符 t. str[0] 在串 s 中是否频繁出现有密切关系。例如,s 是一般的英文文稿,t＝"hello",s 中有 5％ 的字母是"h",则在上述算法执行过程中,对于 95％ 的情况可以只进行一次对应位的比较就将 t 向右移到一位,时间复杂度下降为 $O(s. curlen)$,这时算法接近最好情况。然而,在有些情况下,该算法效率却很低。例如,当 s ＝"aaaaaaaaaaaaaaaaaaaaaaaaaaaaaaaab",t＝"aaaaaab"时,由于模式串 t 的前 6 个字符均为"a",而目标串 s 的前 32 个字符均为"a",每次匹配都是在模式串的最后一个位置上字符不相等,整个过程需要匹配的次数为（s. curlen－t. curlen）次,总的比较次数为 t. curlen×（s. curlen－t. curlen）,由于通常有 t. curlen＜＜s. curlen,因此最坏情况的时间复杂度为 $O(s. curlen×t. curlen)$。

4.3.2　KMP 算法

在朴素的模式匹配算法中,当目标串和模式串的字符比较不相等时,进行下一次比较的是目标串本趟开始处的下一个字符,而模式串则回到起始字符,这种回溯显然是费时的。如果仔细观察,可以发现这样的回溯常常不是必需的。

由 D. E. Knuth、J. H. Morris 和 V. R. Pratt 三人共同提出了一个改进的模式匹配算法,称为 KMP 算法。KMP 算法尽可能地避免不必要的回溯,实现字符串高效的模式匹配,目标串始终无须回溯,模式串返回到前面的什么位置,视情况而定。如图 4-5 所示为朴素的模式匹配的过程。

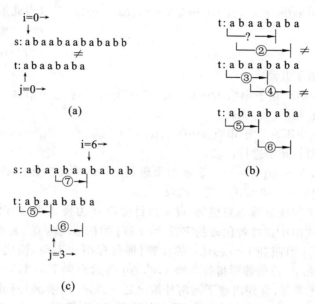

图 4-5 观察朴素的模式匹配过程

图 4-5(a)表明了朴素的模式匹配第一趟比较在目标串 s 的第七个字符位置处失败,但前六个字符都是两两相等的。图 4-5(b)中观察模式串 t 的子串"$t_0 t_1 \cdots t_5$"="abaaba",发现模式串的子串①和②不相等,③和④不相等,但⑤和⑥相等。所以,图 4-5(a)的朴素的模式匹配算法的第二、三趟比较注定会失败,因而是多余的。从图 4-5(c)中可以看到,模式串的子串⑤、⑥和目标串的子串⑦三者相等,所以,显然图 4-5(a)的第四趟比较不必从模式串 t 的第一个字符开始,而直接从模式串 t 的第四个字符与目标串 s 的第七个字符开始比较。也就是说,如果对于模式串 t 有:①≠②、③≠④且⑤=⑥,则第二趟比较就可以从 t_3 与 s_6 的比较开始。这也意味着目标串无须回溯,而模式串回溯到什么位置取决于它自身的特性。

现在讨论一般情况。设目标串 s="$s_0 s_1 \cdots s_{n-1}$",模式串 t="$t_0 t_1 \cdots t_{m-1}$",假设字符比较 $s_i \neq t_j (0 \leq i \leq n-1, 0 \leq j \leq m-1)$,存在:

$$\text{"}t_0 t_1 \cdots t_{j-2} t_{j-1}\text{"} = \text{"}s_{i-j} s_{i-(j-1)} \cdots s_{i-2} s_{i-1}\text{"} \tag{4-1}$$

即在 s_i 和 t_j 进行比较之前,s 和 t 对应位置上的字符均相等。接下来要解决的问题是:下一次匹配时,模式串 t 应向右移动多远,即 s_i 应与模式串 t 的哪个字符进行比较?

假设 s_i 应与模式串 t 的字符 t_k 进行比较,显然 k<j,此时 t_k 前的字符必须满足:

$$\text{"}t_0 t_1 \cdots t_{k-2} t_{k-1}\text{"} = \text{"}s_{i-k} s_{i-(k-1)} \cdots s_{i-2} s_{i-1}\text{"} \tag{4-2}$$

即 t 的子串"$t_0 t_1 \cdots t_{k-2} t_{k-1}$"和 s 的子串"$s_{i-k} s_{i-(k-1)} \cdots s_{i-2} s_{i-1}$"已经匹配。又根据已经得到的部分匹配结果(见式(4-1))可以得到:

$$\text{"}t_{j-k} t_{j-(k-1)} \cdots t_{j-2} t_{j-1}\text{"} = \text{"}s_{i-k} s_{i-(k-1)} \cdots s_{i-2} s_{i-1}\text{"} \tag{4-3}$$

由式(4-2)和式(4-3)推出:

$$\text{"}t_0 t_1 \cdots t_{k-2} t_{k-1}\text{"} = \text{"}t_{j-k} t_{j-(k-1)} \cdots t_{j-2} t_{j-1}\text{"} \tag{4-4}$$

因此可以说,如果模式串 t 中存在满足式(4-4)的两个子串,则当匹配过程中出现 $s_i \neq t_j$ 时,需将模式串向右移到 t_k 与 s_i 对齐,s 的指针 i 不必回溯,下一次匹配直接从模式串 t 的字符 t_k 与目标串 s 的字符 s_i 开始进行比较。

若令 next[j]=k,则 next[j]表示当 $s_i \neq t_j$ 时,在模式串 t 中需要下次与 s_i 进行比较的字符位置。Next 函数定义如下:

$$next[j]=\begin{cases} max\{k|0<k<j,\text{且 } t_0 t_1 \cdots t_{k-1}=t_{j-k} t_{j-k+1} \cdots t_{j-1}\} & \text{（当此集合非空时）} \\ 0 & \text{（当其他情况时）} \\ -1 & \text{（当 j=0 时）} \end{cases}$$

这个式子说明以下几点。

(1) 若模式串 t 中存在子串"$t_0 t_1 \cdots t_{k-2} t_{k-1}$"="$t_{j-k} t_{j-(k-1)} \cdots t_{j-2} t_{j-1}$",则 next[j]=k,下一次匹配从 s_i 和 t_k 开始进行比较。

(2) 若模式串 t 中不存在子串"$t_0 t_1 \cdots t_{k-2} t_{k-1}$"="$t_{j-k} t_{j-(k-1)} \cdots t_{j-2} t_{j-1}$",则 next[j]=0,下一次匹配从 s_i 和 t_0 开始进行比较。

(3) 当 j=0 时,令 next[j]=-1,表示如果遇到 $s_i \neq t_j$,则 t 中任何字符都不需再与 s_i 进行比较,下一次匹配从 s_{i+1} 和 t_0 开始进行比较。

综上所述,KMP 算法的基本思想为:设 s 为目标串,t 为模式串,并设 i 指针和 j 指针分别指示目标串和模式串中正准备比较的字符,令 i 和 j 的初值均为 0。若有 $s_i=t_j$,则 i 和 j 分别增 1;否则,i 不变,j 退回到 j=next[j]的位置(即目标串 s 不动,模式串 t 向退回到 s_i 与 $t_{next[j]}$ 对齐),比较 s_i 和 t_j,若相等则指针各增 1,否则 j 再退回到下一个 j=next[j]的位置,再比较 s_i 和 t_j……依此类推,直到出现下列两种情况之一:第一种情况是 j 退回到某个 j=next[j]时有 $s_i=t_j$,则指针各增 1 后继续匹配;另一种情况是 j 退回到 j=-1 时,此时令指针各增 1,即下一次比较 s_{i+1} 和 t_0。

算法 4-16　KMP 算法如下。

```c
void getnext(SString * t,int * next)
{ /*求模式串的 next 函数值*/
  int j,k;
  j= 0;k= - 1;next[0]= - 1;
  while(j<t->curlen- 1)
  {
    if(k==- 1‖t->str[j]==t->str[k])
    {
      j++;
      k++;
      next[j]= k;
    }
    else
      k= next[k];
  }
}

int Index_KMP(SString * s,SString * t)
{
  int next[100],i= 0,j= 0,v;
  getnext(t,next);                    /*先求得模式串的 next 函数值*/
  while(i<s->curlen && j<t->curlen)
  {
    if(j==- 1‖s->str[i]==t->str[j])
```

```
            {
                i++;
                j++;
            }
            else
                j= next[j];/*i 不变,j 回退*/
        }
        if(j>= t->curlen)
            v= i- t->curlen+1;/*匹配成功*/
        else
            v= - 1;/*匹配失败*/
        return v;
    }
```

由图 4-5 所示的例子和函数 next[j]的定义可知,模式串的 next[j]值只与模式串本身有关,而与目标串无关。下面给出求解 next[j]的递归方法。

当 j=0 时,由定义 next[j]=-1。设 next[j]=k,即模式串 t 中存在子串"$t_0 t_1 \cdots t_{k-2} t_{k-1}$"="$t_{j-k} t_{j-(k-1)} \cdots t_{j-2} t_{j-1}$",0<k<j,且不可能存在 k'>k 满足式(4-4),即 k 是满足关系式(4-4)的最大值。求 next[j+1]时分以下两种情况。

(1) 若 t_k=t_j,则满足"$t_0 t_1 \cdots t_{k-2} t_{k-1} t_k$"="$t_{j-k} t_{j-(k-1)} \cdots t_{j-2} t_{j-1} t_j$",且不存在 k'>k 满足该等式,此时有:next[j+1]=k+1=next[j]+1。

(2) 若 t_k≠t_j,则存在"$t_0 t_1 \cdots t_{k-2} t_{k-1} t_k$"≠"$t_{j-k} t_{j-(k-1)} \cdots t_{j-2} t_{j-1} t_j$",此时可以将求 next[j+1]看成是一个模式匹配问题,整个模式串 t="$t_0 t_1 \cdots t_{j-2} t_{j-1} t_j$"既是目标串,又是模式串,而当前在匹配的过程中,已有 t_{j-1}=t_{k-1},t_{j-2}=t_{k-2},$\cdots$,t_{j-k}=t_0,则当 t_k≠t_j时,应将模式串向右移动到模式串的字符 $t_{next[k]}$ 和目标串中的字符 t_j 对齐,并进行比较。若 next[j+1]=k',且 t_j=$t_{k'}$,则说明在目标串的字符 t_{j+1} 之前存在一个长度为 k'的最长子串满足:

$$\text{"}t_0 t_1 \cdots t_{k'-2} t_{k'-1} t_{k'}\text{"}≠\text{"}t_{j-k'} t_{j-(k'-1)} \cdots t_{j-2} t_{j-1} t_j\text{"} \quad (0<k'<k<j) \quad (4-6)$$

也就是说,next[j+1]=k'+1=next[k]+1。同理,若 $t_{k'}$≠t_j,则将模式串继续向右移动直到将模式串中字符 $t_{next[k']}$ 和目标串中的字符 t_j 对齐$\cdots\cdots$依此类推,直到 t_j 和模式串中某个字符匹配成功或者不存在任何 k'(0<k'<j)满足等式(4-6),则 next[j+1]=1。求 next 函数值的算法如下。

算法 4-17 求 next 函数值的算法如下。

```
    void get_next(SString * t,int * next)
    { /*串 t 既作为目标串又作为模式串*/
        int j,k;
        j=0;k=-1;next[0]=-1;
        while(j<t->curlen-1)
        {
        if(k==-1||t->str[j]==t->str[k])
        {
            j++;k++;
            if(t->str[j]!=t->str[k])
```

```
            next[j]=k;
        else
            next[j]=next[k];
     }
   else
            k=next[k];
   }
}
```

 ## *4.4　串的应用举例

　　文本编辑程序是一个面向用户的系统服务程序，广泛地应用于源程序的输入和修改，以及公文、书信、报刊和书籍的编辑排版等。文本编辑的实质是修改字符数据的形式和格式，虽然各个文本编辑程序的功能不同，但基本操作一样，都包括串的查找、插入和删除等。

　　为了编辑方便，可以用分页符和换行符将文本分为若干页，每页有若干行。我们把文本当成一个字符串，称为文本串，页是文本串的子串，行是页的子串。

　　例如，下面有以下 C 源程序。

```
main()
{
    int i,j,k;
    scanf("%d,%d",&i,&j);
    k=(i+j)/2;
    printf("%d\n",k);
}
```

　　可以把这个程序看成是一个文本。每一行看成是一个子串。按顺序存储方式存入计算机内，如表 4-1 所示。其中，'\n'为回车换行符。

表 4-1　文本串的内存存储映像

200	m	a	i	n	(	)	\n			{
210		i	n	t		i	,	j	,	k
220	;	\n			s	c	a	n	f	(
230	"	%	d	,	%	d	"	,	&	i
240	,	&	j	)		\n			k	=
250	(	i	+	j	)	/	2	;	\n	
260		p	r	i	n	t	f	(	"	%
270	d	\	n	"	,	k		;	\n	
280		}	\n							

　　为了管理文本串中的页和行，在进入文本编辑时，编辑程序先为文本串建立相应的页表和行表，即建立各子串的存储映像。页表的每一项列出页号、起始行号和该页子串的长度，行表的每一项则指示每一行的行号、起始地址和该行子串的长度。以表 4-1 为例，假设文本

串只占一页,起始行号为 10,起始地址为 200,则该文本串的页表如表 4-2 所示,行表如表 4-3 所示。

表 4-2　页表

页号	起始行号	长度
1	10	79

表 4-3　行表

行号	起始位置	长度	行串
10	200	7	main()\n
20	207	13	{_int_i,j,k;\n
30	220	24	_ _scanf("%d,%d",&i,&j);\n
40	244	13	_ _k=(i+j)/2;\n
50	257	20	_ _printf("%d\n",k);\n
60	277	2	}\n

在文本编辑程序中设立页指针、行指针和字符指针,分别指示当前操作的页、行和字符。

如果在某行内插入或删除若干字符,则要修改行表中该行的长度。若该行长度因插入而超出了原来分配给它的存储空间,则要为该行重新分配存储空间,并修改该行的起始位置。

如果要插入或删除一行,必须同时对行表也进行插入和删除。若插入一行,为了查找方便,行表是按行号递增的顺序存储的,一般要移动行表中的有关信息,以便插入新的行号。例如,若插入行为 25,则行表从 30 开始的各行信息都必须往下平移一行。若删除一行,只要在行表中删除该行的行号,就等于从文本中删除了这一行。例如,要删除 20 行,则行表中从 30 行起后面的各行应往上平移一行,以覆盖掉行号 20 以及相应的信息。若被删除的行是所在页的起始行,则还要修改页表中相应页的起始行号(修改成下一行的行号)。

如果要修改文本,应指明修改哪一行和哪些字符。编辑程序通过行表查到修改行的起始地址,从而在文本存储区里检索到待修改的字符位置,然后进行修改。通常有以下三种可能的情况。

(1)新串的字符个数与原始串的字符个数相等,这时不必移动字符串,只要更改文本中的字符即可。

(2)新串的字符个数比原始串的字符个数少,这时也不必移动字符串,只要修改行表中的长度值和文本中的字符即可。

(3)新串的字符个数比原始串的字符个数多,这时应先检查本行与下一行之间是否有足够大的空间,可能存在本行与下一行之间有一行或若干行被删除了,但删除时并没有回收这些空间的情况。若有这种情况,则扩充此行,修改行表中的长度值和文本中的字符;若无这种情况,则需重新分配空间,并修改行表中的起始地址和长度值。

以上介绍了文本编辑程序的基本操作,其具体算法请读者自行编写。

本章小结

串是由零个或多个字符组成的有穷序列。由串中任意连续的字符组成的子序列称为该串的子串。包含子串的串相应地称为主串。子串在主串中的位置以子串的第一个字符在主串中的位置来表示。

串的顺序存储结构是指用一组地址连续的存储单元存储串值的字符序列。串的链式存储结构是指用一组地址不连续的存储单元存储串值的字符序列。不同的存储方式具有各自的优缺点。顺序存储结构简单，但存储的串的长度受到限制。链式存储结构操作方便，存储时串长不受限制，为了提高空间利用率，需要考虑存储密度。

串的朴素模式匹配算法原理简单，但是当出现目标串中存在多个和模式串部分匹配的子串时，算法的效率降低，由 $O(n+m)$ 变为 $O(n \times m)$。KMP 算法中无须回溯主串指针，使得整个执行过程简单，适用于外部数据输入时的模式匹配。

习 题 4

一、选择题

1. 空串与空格串是（　　）。

A. 不相同　　　　　　　B. 相同　　　　　　　C. 不能确定

2. 串是一种特殊的线性表，其特殊性体现在（　　）。

A. 可以顺序存储　　　　　　　　　　B. 数据元素是一个字符

C. 可以链式存储　　　　　　　　　　D. 数据元素可以是多个字符

3. 设有两个串 p 和 q，求 q 在 p 中首次出现的位置的操作是（　　）。

A. 连接　　　　　B. 模式匹配　　　　C. 定位　　　　　D. 求串长

4. 若串 s＝"software"，求子串个数是（　　）。

A. 8　　　　　　　B. 37　　　　　　　C. 36　　　　　　D. 9

5. s_1＝"bc cad cabcadf"，s2＝"abc"，则 s_2 在 s_1 中的位置是（　　）。

A. 7　　　　　　　B. 8　　　　　　　C. 6　　　　　　D. 9

6. 函数 SubStr("DATASTRUCTURE"，5，9) 的返回值为（　　）。

A. "STRUCTURE"　　　　　　　　　B. "DATA"

C. "ASTRUCTUR"　　　　　　　　　D. "DATASTRUCTURE"

7. 字符串的长度是指（　　）。

A. 串中不同字符的个数　　　　　　B. 串中不同字母的个数

C. 串中所含字符的个数　　　　　　D. 串中不同数字的个数

8. 两个字符串相等的充要条件是（　　）。

A. 两个字符串的长度相等

B. 两个字符串中对应位置上的字符相等

C. 同时具备 A. 和 B. 两个条件

D. 以上答案都不对

9. 关于串的叙述中,正确的是(　　)

A. 空串是只含有零个字符的串

B. 空串是只含有空格字符的串

C. 空串是含有零个字符或含有空格字符的串

D. 串是含有一个或多个字符的有穷序列

10. 下面关于串的叙述中,哪一个是不正确的?(　　)

A. 串是字符的有限序列

B. 空串是由空格构成的串

C. 模式匹配是串的一种重要运算

D. 串既可以采用顺序存储,也可以采用链式存储

二、判断题

1. 子串"ABC"在主串"AABCABCD"中的位置为 2。(　　)

2. KMP 算法的特点是在模式匹配时指示主串的指针不会变小。(　　)

3. 设模式串的长度为 m,目标串的长度为 n,当 n≈m 且处理只匹配一次的模式时,朴素的匹配(即子串定位函数)算法所花的时间代价可能会更小。(　　)

4. 串是一种数据对象和操作都特殊的线性表。(　　)

5. 串长度是指串中不同字符的个数。(　　)

6. 如果两个串含有相同的字符,则这两个串相等。(　　)

7. KMP 算法的最大特点是指示主串的指针不回溯。(　　)

三、简答题

1. 简述空串与空格串、主串与子串、串名与串值每对术语的区别?

2. 设 s1＝"I am a good student",s2＝"teacher",s3＝"yes"。

求:Length(s1),Length(s2),SubStr(s1,8,4),SubStr(s2,2,1),Index(s1,"B"),Index(s3,"s"),Replace(s1,13,7,s2),Concat(SubStr(s1,6,6),Concat(s3,SubStr(s2,1,3)))。

3. 求出串 s＝"abcabaa"的 next 函数值。

四、算法题

1. 试写出在串的链式存储结构(结点大小为1)上实现求串长度的基本运算。

2. 试写出在串的链式存储结构(结点大小为1)上实现串的插入基本运算。

3. 试写出在串的链式存储结构(结点大小为1)上实现串的删除基本运算。

第5章　　　　　　　　树

树形结构是一类重要的非线性数据结构,其中以树和二叉树最为常用。

直观来看,树是以分支关系定义的层次结构,它非常类似于自然界中的树,它的名字也由此而得来。树形结构在客观世界中广泛存在,如人类的族谱和各种社会组织机构都可以用树来形象表示。在计算机领域中,树形结构也有着广泛的应用,如在编译程序中,用树形结构来表示源程序的语法结构;在操作系统中,用树形结构来组织文件;在数据库系统中,树形结构是信息的重要组织形式之一。赫夫曼树,又称最优二叉树,是一类带权路径长度最短的二叉树,在数据通信、数据压缩等方面有着广泛的应用。

本章主要介绍树的相关知识。

5.1　树的概念和操作

5.1.1　树的定义

定义:树(tree)是 $n(n \geqslant 0)$ 个结点的有限集(记为 T),T 为空时称为空树,否则它满足以下两个条件。

(1) 有且仅有一个特定的称为根(root)的结点,该结点没有前驱结点。

(2) 除根结点以外,其余的结点可分为 $m(m \geqslant 0)$ 个互不相交的子集 $T_1,T_2,T_3,\cdots,T_m$。其中,每个子集又是一棵树,并称其为根结点的子树(subtree)。每棵子树的根结点有且仅有一个直接前驱结点,但可以有零个或多个后继结点。

例如,在图 5-1 中,(a)是空树,(b)是只有 1 个根结点的树,(c)是有 10 个结点的树。在图 5-1(c)中,A 为根结点,其余结点分成 3 个互不相交的子集:$T_1=\{B,E,F,H\}$,$T_2=\{C\}$,$T_3=\{D,G,I,J\}$。T_1、T_2 和 T_3 都是根 A 的子树,它们本身也是一棵树。例如:T_1 的根为B,其余结点分为 2 个互不相交的子集:$T_{11}=\{E\}$,$T_{12}=\{F,H\}$。T_{11} 和 T_{12} 都是 B 的子树。而 T_{11} 又是只有 1 个根结点的树。

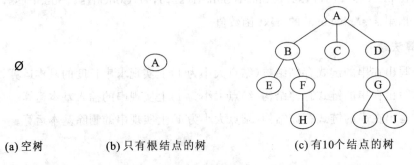

| (a) 空树 | (b) 只有根结点的树 | (c) 有10个结点的树 |

图 5-1　树的示例

对于树的定义还需要强调以下两点。

(1) $n > 0$ 时,根结点是唯一的,不可能存在多个根结点。

(2) $m > 0$ 时,子树的个数没有限制,但它们一定是互不相交的。

5.1.2　树的基本术语

下面列出树结构中的一些基本术语。

（1）树的结点（node）：包含一个数据元素及若干指向其子树的分支，如图 5-1(c)中的树有 10 个结点。

（2）结点的度（degree）：结点拥有的子树个数，如图 5-1(c)中结点 A 的度为 3，结点 B 的度为 2，结点 C 的度为 0。

（3）叶子结点（leaf）：也称为终端结点，是度为 0 的结点，如图 5-1(c)中的结点 C，E，H，I，J 都是树的叶子结点。

（4）分支结点：也称为非终端结点，是度不为 0 的结点，如图 5-1(c)中的结点 A，B，D，F，G 都是树的分支结点。除根结点外，分支结点也称为内部结点，如图 5-1(c)中的结点 B，D，F，G。

（5）树的度：树中所有结点的度的最大值，如图 5-1(c)中的树的度为 3。

（6）孩子（child）、双亲（parent）：结点的子树的根称为该结点的孩子，相应地，该结点称为孩子的双亲。如图 5-1(c)中 B 为 A 的子树的根，则 B 是 A 的孩子，而 A 是 B 的双亲。

（7）兄弟（sibling）：同一个双亲的孩子之间互称兄弟。如图 5-1(c)中的 B，C，D 互为兄弟。

（8）祖先（ancestor）、子孙（descendant）：从根结点到该结点所经过分支上的所有结点，称为该结点的祖先。如图 5-1(c)中的结点 H 的祖先为 A，B，F。反之，以某结点为根的子树中的所有结点都被称为该结点的子孙。如图 5-1(c)中的结点 B 的子孙为 E，F，H。

（9）结点的层次（level）：从根开始定义起，根为第一层，根的孩子为第二层。若某结点在第 k 层，则其孩子就在第 $k+1$ 层。

（10）堂兄弟：其双亲在同一层的结点互为堂兄弟，如图 5-1(c)中的结点 G 与 E，F 互为堂兄弟。

（11）树的深度（depth）：树中结点的最大层次称为树的深度或高度，如图 5-1(c)中的树的深度为 4。

（12）有序树（ordered tree）、无序树（unordered tree）：如果将树中结点的各子树看成从左向右是有次序的，不能互换的，则称该树为有序树，否则称为无序树。在有序树中最左边的子树的根称为第一个孩子，最右边的树的根称为最后一个孩子。

（13）森林（forest）：森林是 $m(m \geqslant 0)$ 棵互不相交的树的集合。对于树中每个结点而言，其子树的集合即为森林。

就逻辑结构而言，任何一棵树都是一个二元组 Tree＝{root,F}。其中，root 是数据元素，称为树的根结点；F 是 $m(m \geqslant 0)$ 棵树的森林，$F＝\{T_1,T_2,\cdots,T_m\}$。其中，$T_i＝\{r_i,F_i\}$ 称为根 root 的第 i 棵子树；当 $m \neq 0$ 时，在树根和子树森林之间存在以下关系。

$$RF＝\{<\text{root},r_i> \mid i＝1,2,\cdots,m,m>0\}$$

这个定义将有助于得到森林和树与二叉树之间转换的递归定义。

5.1.3　树的基本操作

树的基本操作如下。

（1）初始化操作 Initate(T)：创建一棵空树 T。

（2）销毁树操作 Destroy(T)：销毁树 T。

（3）建树操作 Create(T,definition)：按 definition 构造树 T，definition 给出树的定义。

（4）清空树操作 Clear(T)：将树 T 清空为空树。

（5）判空操作 Empty(T)：判断树 T 是否是空树。

（6）求根操作：Root(T)为求树 T 的根；Root(x)为求结点 x 所在树的根。

（7）求双亲操作 Parent(T,x)：在树 T 中求 x 的双亲。

（8）求第 i 个孩子操作 Child(T,x,i)：在树 T 中求结点 x 的第 i 个孩子。

（9）求树的深度操作 Depth(T)：求树 T 的深度。

（10）插入操作 Insert(T,x,i,y)：将以 y 为根的子树插入到树 T 中作为结点 x 的第 i 棵子树。

（11）删除操作 Delete(T,x,i)：将树 T 中结点 x 的第 i 棵子树删除。

（12）遍历树操作 Traverse(T)：按某种次序对树 T 中的每个结点访问一次且仅一次。

树的应用广泛，在不同的软件系统中树的操作也不尽相同，这里只列出其常用的基本操作。

5.1.4　树的表示

树的逻辑表示方法有多种，常见的有以下四种。

（1）树形图表示法：如图 5-2(a)所示，是树的一种最直观的表示方法，其特点是对树的逻辑结构的描述非常直观，是数据结构中最常用的树的描述方法。

（2）嵌套集合表示法（文氏图表示法）：如图 5-2(b)所示，用嵌套集合的形式来表示树。所谓嵌套集合是指一些集合的集体，对于其中任何两个集合，或者不相交，或者一个包含另一个。在树的这种表示法中，将树的根结点看成一个大的集合，其若干棵子树构成这个大集合中若干个互不相交的子集，如此嵌套下去，即构成一棵树的嵌套表示。

（3）广义表表示法：如图 5-2(c)所示，将根作为由子树森林组成的表的名字写在表的左边，这样依次将树表示出来。

（4）凹入表示法：如图 5-2(d)所示，主要用于树的屏幕和打印输出，类似于书的编目。

树的表示方法的多样性，说明了树结构在日常生活及计算机程序设计中的重要性。

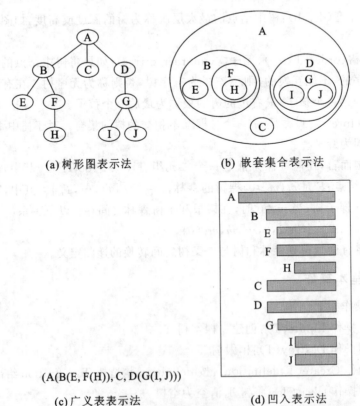

(a) 树形图表示法　　　　　(b) 嵌套集合表示法

(A(B(E, F(H)), C, D(G(I, J))))

(c) 广义表表示法　　　　　(d) 凹入表示法

图 5-2　树的 4 种表示法

5.2 二叉树

二叉树在树结构的应用中起着非常重要的作用,由于对二叉树的许多操作算法都比较简单,并且任何树都可以与二叉树相互转换,这样就解决了树的存储结构及其运算中存在的复杂性问题。

5.2.1 二叉树的概念

定义 二叉树是 $n(n \geq 0)$ 个结点的有限集合,此集合或者为空集,或者由一个根结点及两棵互不相交的、被分别称为左子树和右子树的二叉树组成。当集合为空集时,称该二叉树为空二叉树。

二叉树的特点:①每个结点至多只有两棵子树(即二叉树中不存在度大于 2 的结点);②二叉树的子树有左右之分,即使只有一棵子树也要进行区分,说明它是左子树还是右子树。如图 5-3 所示为二叉树的五种基本形态。

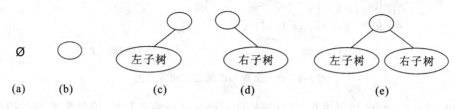

(a)　　(b)　　　　(c)　　　　　(d)　　　　　(e)

图 5-3　二叉树的五种基本形态

二叉树是有序的,即若将其左、右子树颠倒,就成为另外一棵不同的二叉树,它和树是两个不同的概念,二叉树是另外一种形式的树形结构。

5.2.2 二叉树的性质

二叉树具有下列重要性质。

性质 1 在二叉树的第 i 层上至多有 2^{i-1} 个结点($i \geq 1$)。

下面采用归纳法来证明此性质。

当 $i=1$ 时,只有一个根结点,$2^{i-1}=2^0=1$,命题成立。

现在假设对所有的 j,$1 \leq j < i$,命题成立,即第 j 层上至多有 2^{j-1} 个结点,那么可以证明 $j=i$ 时命题也成立。

由归纳假设可知,第 $i-1$ 层上至多有 2^{i-2} 个结点。由于二叉树每个结点的度最大为 2,故在第 i 层上最大结点数为第 $i-1$ 层上最大结点数的 2 倍,即 $2 \times 2^{i-2}=2^{i-1}$。证毕。

性质 2 深度为 $k(k \geq 1)$ 的二叉树至多有 2^k-1 个结点。

基于性质 1,深度为 k 的二叉树上的结点数至多为:
$$2^0+2^1+\cdots+2^{k-1}=2^k-1$$

性质 3 对任何一棵二叉树,如果其终端结点数为 n_0,度为 2 的结点数为 n_2,则 $n_0 = n_2+1$。

设二叉树中度为 1 的结点数为 n_1,二叉树中总结点数为 N。因为二叉树中所有结点的度均小于或等于 2,所以有:
$$N=n_0+n_1+n_2 \tag{5-1}$$
再看二叉树中的分支数,除根结点外,其余每个结点都有一个与双亲结点连接的分支,

设 B 为二叉树中的分支总数，则有：

$$N=B+1 \qquad (5-2)$$

由于这些分支是由度为 1 或 2 的结点射出的，所以又有：

$$B=n_1+2n_2 \qquad (5-3)$$

由式(5-1)、(5-2)和(5-3)可得 $\qquad n_0=n_2+1$

满二叉树和完全二叉树为两种特殊形态的二叉树。

(1) 满二叉树：指的是深度为 k 且含有 2^k-1 个结点的二叉树。这种二叉树的特点是每一层上的结点数都达到最大值。图 5-4(a)所示为一棵深度为 4 的满二叉树，图 5-4(b)所示为一棵非满二叉树。

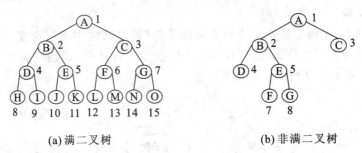

(a) 满二叉树　　　　　　　　　　(b) 非满二叉树

图 5-4　满二叉树和非满二叉树示意图

可以对满二叉树的结点进行连续编号，约定编号从根结点开始，编号为 1，然后按从上到下，从左到右的顺序，依次进行编号，如图 5-4(a)所示。由此可引出完全二叉树的定义。

(2) 完全二叉树：树中所含的 n 个结点和满二叉树中编号为 1 至 n 的结点一一对应。如图 5-5(a)所示的是一棵完全二叉树，如图 5-4(b)和图 5-5 (b)所示的都是非完全二叉树。

> **注意**：完全二叉树的特点是：①所有的叶子结点只可能出现在层次最大的两层上；②对任一结点，如果其右子树的最大层次为 k，则其左子树的最大层次为 k 或 $k+1$。

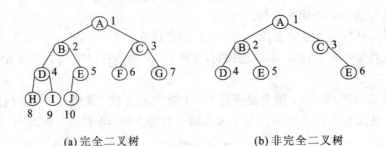

(a)完全二叉树　　　　　　　　　　(b)非完全二叉树

图 5-5　完全二叉树和非完全二叉树示意图

完全二叉树会在很多场合下出现，下面介绍完全二叉树的两个重要特性。

性质 4　具有 n 个结点的完全二叉树的深度为 $\lfloor \log_2 n \rfloor+1$。

证明　设完全二叉树的深度为 k，则根据性质 2 及完全二叉树的定义得：$2^{k-1} \leqslant n < 2^k$。

取对数得到：$k-1 \leqslant \log_2 n < k$

因为 k 只能是整数，因此有：$\qquad k=\lfloor \log_2 n \rfloor+1$。

性质 5　如果对一棵有 n 个结点的完全二叉树(其深度为 $\lfloor \log_2 n \rfloor + 1$)的结点按层序编号(从第 1 层到第 $\lfloor \log_2 n \rfloor + 1$ 层,每层从左到右),则对任一结点 $i(1 \leqslant i \leqslant n)$,有:

(1) 如果 $i=1$,则结点 i 无双亲,是二叉树的根;如果 $i>1$,则其双亲是结点 $\lfloor i/2 \rfloor$。

(2) 如果 $2i>n$,则结点 i 为叶子结点,无左孩子;否则,其左孩子是结点 $2i$。

(3) 如果 $2i+1>n$,则结点 i 无右孩子;否则,其右孩子是结点 $2i+1$。

证明　我们只要先证明(2)和(3),便可以从(2)和(3)推出(1)。

对于 $i=1$,由完全二叉树的定义,其左孩子是结点 2,若 $2>n$,即不存在结点 2,此时,结点 i 无左孩子。结点 i 的右孩子也只能是结点 3,若结点 3 不存在,即 $3>n$,此时结点 i 无右孩子。

对于 $i>1$,可分为 2 种情况讨论。

(1) 设第 $j(1 \leqslant j \leqslant \lfloor \mathrm{lob}_2 n \rfloor)$ 层的第一个结点的编号为 i,由二叉树的性质 2 和定义知 $i=2^{j-1}$,结点 i 的左孩子必定为第 $j+1$ 层的第一个结点,其编号为 $2^j = 2 \times 2^{j-1} = 2i$。如果 $2i>n$,则结点 i 无左孩子;其右孩子必定为第 $j+1$ 层的第二个结点,编号为 $2i+1$。若 $2i+1>n$,则结点 i 无右孩子。

(2) 假设第 $j(1 \leqslant j \leqslant \lfloor \mathrm{lob}_2 n \rfloor)$ 层上的某个结点编号为 $i(2^{j-1} \leqslant i \leqslant 2^j - 1)$,且 $2i+1<n$,其左孩子为 $2i$,右孩子为 $2i+1$,又编号为 $i+1$ 的结点是编号为 i 的结点的右兄弟或堂兄弟,若它有左孩子,则其编号必定为 $2i+2=2 \times (i+1)$;若它有右孩子,则其编号必定为 $2i+3=2 \times (i+1)+1$。证毕。

5.2.3　二叉树的存储结构

1. 顺序存储结构

二叉树的顺序存储结构可描述如下。

```
# define BiTreeMaxSize 100              /*二叉树的最大结点数*/
typedef int TElemType;                  /*用 TElemType 代表 int 类型*/
typedef TElemType SqBiTree[BiTreeMaxSize+1]; /*0 号单元舍弃不用*/
SqBiTree bt;
```

通过上述语句即将 bt 定义为含有 BiTreeMaxSize+1 个 TElemType 类型元素的一维数组。

该结构比较适用于完全二叉树和满二叉树,将完全二叉树或满二叉树中的结点值按照从上至下、从左到右的顺序依次存储在一组地址连续的存储单元中。图 5-6 为图 5-5(a)所示的完全二叉树的顺序存储结构,它将完全二叉树中编号为 i 的结点值存储在如上定义的一维数组中下标为 i 的分量中。

注意:如果从下标 0 开始存储,则不满足性质 4 的描述(如果结点 A 存储在 0 下标位置上,则无法根据性质 4 来算出其孩子结点在数组中的位置)。

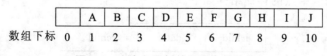

图 5-6　完全二叉树的顺序存储结构

可以看出,将完全二叉树和满二叉树采用上述结构存储,既能够最大可能地节省存储空间,又可以利用数组元素的下标值确定结点在二叉树中的位置,以及结点之间的关系。

对于一般的二叉树，如果仍按从上至下、从左到右的顺序将二叉树中的结点顺序存储在一维数组中，则数组元素下标之间的关系不能够反映二叉树中结点之间的逻辑关系，只有通过增添一些并不存在的空结点，使之成为完全二叉树的形式，然后再用一维数组顺序存储。图5-7中给出了一棵一般二叉树改造后生成的完全二叉树形态及其顺序存储结构，图中以"0"表示该结点不存在。显然，这种存储对于需要增加许多空结点才能将一棵二叉树改造成为一棵完全二叉树的情况时，会造成空间的大量浪费，不宜用顺序存储结构。最坏的情况是右单支树，如图5-8所示，一棵深度为 k 的右单支树，只有 k 个结点，却需分配 2^k-1 个存储单元。

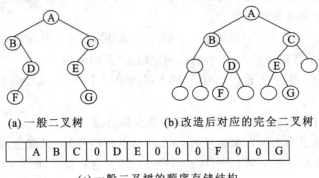

(a) 一般二叉树　　　　(b) 改造后对应的完全二叉树

A	B	C	0	D	E	0	0	0	F	0	0	G

(c) 一般二叉树的顺序存储结构

图 5-7　一般二叉树改造成为完全二叉树

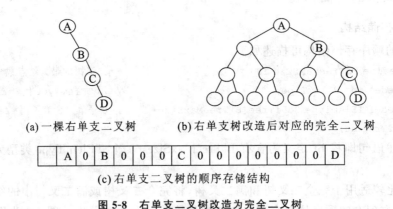

(a) 一棵右单支二叉树　　　(b) 右单支树改造后对应的完全二叉树

A	0	B	0	0	0	C	0	0	0	0	0	0	0	D

(c) 右单支二叉树的顺序存储结构

图 5-8　右单支二叉树改造为完全二叉树

2. 链式存储结构

二叉树的链式存储结构有三种：二叉链表、三叉链表和线索链表。下面重点介绍前两种存储结构，线索链表放在5.4节中介绍。

1）二叉链表的存储结构

链表中每个结点由3个域组成，除了数据域外，还有两个指针域，分别用来指示该结点的左孩子和右孩子。结点的存储结构如下。

lchild	data	rchild

其中，data域用于存放结点的数据信息，lchild 与 rchild 分别用于存放指向其左孩子和右孩子的指针，当左孩子或右孩子不存在时，相应指针域值为空（用符号 ∧ 或 NULL 表示）。

图 5-9(b)给出了如图 5-9(a)所示的一棵二叉树的二叉链表存储结构。链表的头指针指

向二叉树的根结点。容易证得，在含有 n 个结点的二叉链表中有 $n+1$ 个空链域。在 5.4 节中我们将会看到可以利用这些空链域存储其他有用信息，从而得到二叉树的另一种链式存储结构——线索链表。

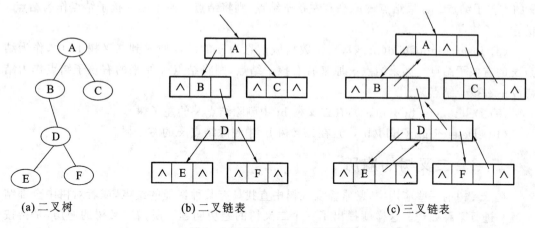

(a) 二叉树　　　　　　　(b) 二叉链表　　　　　　　(c) 三叉链表

图 5-9　二叉树的链式存储结构

2）三叉链表存储结构

链表中每个结点由 4 个域组成，其存储结构如下。

lchild	data	parent	rchild

其中，data、lchild 以及 rchild 三个域的意义同二叉链表结构，parent 域为指示该结点双亲结点的指针。这种存储结构既便于查找孩子结点，又便于查找双亲结点。但是，相对于二叉链表存储结构而言，它增加了空间开销。

图 5-9（c）给出了如图 5-9（a）所示的一棵二叉树的三叉链表存储结构。

尽管在二叉链表中无法由结点直接找到其双亲，但由于二叉链表结构灵活，操作方便，对于一般情况的二叉树，甚至比顺序存储结构还节省空间。因此，二叉链表是最常用的二叉树存储方式。本书后面所涉及的二叉树的链式存储结构，如不加特别说明都是指二叉链表结构。

二叉树的二叉链表存储结构可描述如下。

```
typedef char TElemType;
typedef struct Node{
      TElemType data;
      struct Node *lchild,*rchild;/*左、右孩子指针*/
   }BiTNode,*BiTree;
```

即将 BiTree 定义为指向二叉链表结点结构的指针类型。

5.2.4　二叉树的基本操作

常用的二叉树的基本操作如下。

（1）CreateBiTree(bt)：按先序次序输入二叉树中结点的值（一个字符，空格字符表示空树），构造二叉链表表示的二叉树 bt。

（2）PreOrderTraverse(bt)：按先序次序遍历二叉树 bt 的全部结点一次且仅一次。

（3）InOrderTraverse(bt)：按中序次序遍历二叉树 bt 的全部结点一次且仅一次。

（4）PostOrderTraverse(bt)：按后序次序遍历二叉树 bt 的全部结点一次且仅一次。

（5）LevelOrderTraverse(bt)：按层次次序遍历二叉树 bt 的全部结点一次且仅一次。

（6）Search(bt,x)：在二叉树 bt 中查找数据元素 x。

（7）InsertLeftChild(bt,x,y)：将数据域信息为 y 的结点插入到二叉树 bt 中，作为结点 x 的左孩子结点。如果结点 x 原来有左孩子结点，则将结点 x 原来的左孩子结点作为结点 y 的左孩子结点。

（8）InsertRightChild(bt,x,y)：将数据域信息为 y 的结点插入到二叉树 bt 中，作为结点 x 的右孩子结点。如果结点 x 原来有右孩子结点，则将结点 x 原来的右孩子结点作为结点 y 的右孩子结点。

（9）DeleteLeftChild(bt,x)：在二叉树 bt 中删除结点 x 的左子树。

（10）DeleteRightChild(bt,x)：在二叉树 bt 中删除结点 x 的右子树。

5.3 二叉树的遍历

在二叉树的一些应用中，常常需要在树中查找具有某种特征的结点，或者对树中全部结点逐一进行某种处理。这样就提出了一个二叉树的遍历问题。所谓二叉树的遍历，是指按照某种次序访问二叉树中的每个结点，使每个结点均被访问一次，而且仅被访问一次。其中，"访问"所包含的含义很广，可以对结点进行各种处理，如输出结点的值，对结点进行运算和修改等。

二叉树的遍历操作是二叉树各种操作的基础。真正理解这一操作的含义及其实现，将有助于二叉树各种操作的实现和算法设计。

5.3.1 二叉树的遍历方法及递归实现

由于二叉树是一种非线性结构，每个结点都可能有两棵子树，因此需要寻找某种规律，以便使二叉树上的结点能排列在一个线性序列上，从而便于遍历。由二叉树的递归定义可知，一棵二叉树由根结点、左子树和右子树三部分组成。因此，若能依次遍历这三部分，便可以遍历整个二叉树。假设以 D、L、R 分别表示访问根结点、遍历左子树、遍历右子树，则二叉树的遍历方式有六种：DLR、LDR、LRD、DRL、RDL 和 RLD。如果限定先左后右，则只有前 3 种方式，分别称之为先（根）序遍历、中（根）序遍历和后（根）序遍历。

1. 先序遍历

先序遍历（DLR）二叉树的操作定义为：若二叉树为空，则遍历结束；否则执行。其具体执行步骤如下。

（1）访问根结点。

（2）先序遍历左子树。

（3）先序遍历右子树。

2. 中序遍历

中序遍历（LDR）二叉树的操作定义为：若二叉树为空，则遍历结束；否则执行。其具体执行步骤如下。

（1）中序遍历左子树。

（2）访问根结点。

（3）中序遍历右子树。

3. 后序遍历

后序遍历（LRD）二叉树的操作定义为：若二叉树为空，则遍历结束；否则执行。其具体执行步骤如下。

（1）后序遍历左子树。

（2）后序遍历右子树。

（3）访问根结点。

显然，上述遍历操作是一个递归的过程。三种遍历操作的递归算法在二叉链表上的实现如下。

算法 5-1 先序遍历二叉树的递归算法如下。

```
void PreOrderTraverse(BiTree bt)
{  /*先序遍历二叉树 bt 的递归算法,对每个数据元素调用 Visit 函数*/
   /*最简单的 Visit 函数如下:Visit (TElemType e) { printf(e); }  */
   if (bt)                            /*二叉树非空*/
   {
      Visit(bt->data);               /*访问结点的数据域*/
      PreOrderTraverse (bt->lchild); /*先序递归遍历 bt 的左子树*/
      PreOrderTraverse (bt->rchild); /*先序递归遍历 bt 的右子树*/
   }
}
```

算法 5-2 中序遍历二叉树的递归算法如下。

```
void InOrderTraverse(BiTree bt)
{  /*中序遍历二叉树 bt 的递归算法,对每个数据元素调用 Visit 函数*/
   if (bt)                           /*二叉树非空*/
   {
      InOrderTraverse(bt->lchild);   /*中序递归遍历 bt 的左子树*/
      Visit(bt->data);              /*访问结点的数据域*/
      InOrderTraverse(bt->rchild);   /*中序递归遍历 bt 的右子树*/
   }
}
```

算法 5-3 后序遍历二叉树的递归算法如下。

```
void PostOrderTraverse(BiTree bt)
{/*后序遍历二叉树 bt* 的递归算法,对每个数据元素调用 Visit 函数*/
  if (bt)                            /*二叉树非空*/
  {
     PostOrderTraverse(bt->lchild);  /*后序递归遍历 bt 的左子树*/
     PostOrderTraverse(bt->rchild);  /*后序递归遍历 bt 的右子树*/
     Visit(bt->data);               /*访问结点的数据域*/
  }
}
```

对于如图 5-5(b)所示的二叉树,若先序遍历此二叉树,按访问结点的先后顺序将结点排列起来,可得到二叉树的先序序列为:ABDECF。

类似地,中序遍历此二叉树,可得到二叉树的中序序列为:DBEACF。

后序遍历此二叉树,可得到二叉树的后序序列为:DEBFCA。

注意：通过一次完整的遍历，可使二叉树中结点信息由非线性排列变为某种意义上的线性序列。也就是说，遍历操作使非线性结构线性化。

5.3.2　二叉树遍历的非递归实现

前面给出的二叉树的先序、中序和后序遍历算法都是以递归形式给出的，这种形式的算法简洁、可读性好，而且其准确性容易得到证明，这将给程序的编写与调试带来很大的方便，但是递归算法消耗的时间和空间多，运行效率低。因此，就存在如何把一个递归算法转化为非递归算法的问题。解决这个问题的方法可以通过对这三种遍历算法的递归执行过程的分析得到。

二叉树的先序、中序和后序遍历递归算法的不同之处仅在于访问根结点和遍历其左右子树的先后顺序不同。如果在算法中暂时删除和递归无关的 Visit 语句，则三种遍历算法完全相同。因此，从递归执行过程的角度来看先序、中序和后序遍历也是完全相同的。图 5-10 中用带箭头的虚线表示了这三种遍历算法的递归执行过程。其中，向下的箭头表示更深一层的递归调用，向上的箭头表示从递归调用退出返回。该虚线标示出了遍历此二叉树的搜索路线。可以看出，在虚线所示的搜索过程中，每个结点都被经过三次，分别是深入其左子树搜索时、从左子树返回并深入其右子树搜索时、从右子树返回时。若在第一次经过该结点时进行访问，则可以得到其先序访问序列，若在第二次或第三次经过该结点时进行访问，则可以得到其中序或后序访问序列。

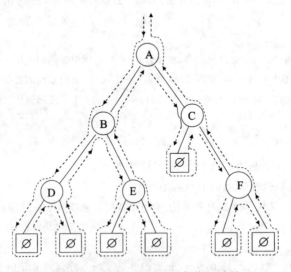

图 5-10　遍历二叉树的递归执行过程

然而，这一遍历路线正是从根结点开始沿左子树深入下去，当深入到最左端，无法再深入下去时，则返回；再逐一进入刚才深入时遇到的结点的右子树，再进行相同的深入和返回，直到最后从根结点的右子树返回到根结点为止。先序遍历是在深入时遇到结点就访问，中序遍历是在从左子树返回时遇到结点访问，后序遍历是在从右子树返回时遇到结点访问。

在这一过程中，返回结点的顺序与深入结点的顺序相反，即后深入的先返回，正好符合栈结构后进先出的特点。因此，可以用栈来帮助实现这一遍历路线。

1) 先序遍历的非递归实现

先序遍历的非递归实现算法描述如下。

设根指针为 p,则可能有以下两种情况。

（1）若 p! ＝NULL,则访问 p,p 入栈,遍历其左子树(左孩子指针→p 并转至①)。

（2）若 p＝＝NULL,则返回,此时有：

① 若栈空,则整个遍历结束;

② 否则,表明栈顶结点的左子树已遍历完毕,此时,退栈并遍历其右子树(右孩子指针→p 并转至(1))。

算法实现　　在下面算法中,二叉树采用二叉链表存储结构,BiTreeMaxSize 为二叉树的最大结点数,一维数组 stack[BiTreeMaxSize]用于实现顺序栈,整型变量 top 用于表示当前栈顶的位置,指针变量 p 指向当前要处理的结点。

算法 5-4　　非递归先序遍历二叉树算法如下。

```
void PreOrderTraverse(BiTree bt)
{  /*非递归先序遍历二叉树 bt,对每个数据元素调用 Visit 函数*/
   BiTree stack[BiTreeMaxSize];              /*定义顺序栈*/
   int top=-1;                               /*初始化栈*/
   BiTreep=bt;
   while(p‖top!=-1))
   {
       while(p)                              /*二叉树非空*/
       {
           Visit(p->data);                  /*访问结点的数据域*/
           if (top<BiTreeMaxSize-1)          /*栈未满,根结点入栈*/
           {
             top++;
             stack[top]=p;
           }
           else
           {
             printf("栈溢出");
             return;
           }
           p=p->lchild;                      /*遍历左子树*/
       }
       if (top!=-1)                          /*栈不空*/
       {
           p= stack[top];                    /*从栈中弹出栈顶元素*/
           top--;
           p=p->rchild;                      /*遍历右子树*/
       }
   }
}
```

对于如图 5-5(b)所示的二叉树,用该算法进行遍历过程中,栈 stack 和当前指针 p 的变化情况如图 5-11 所示。

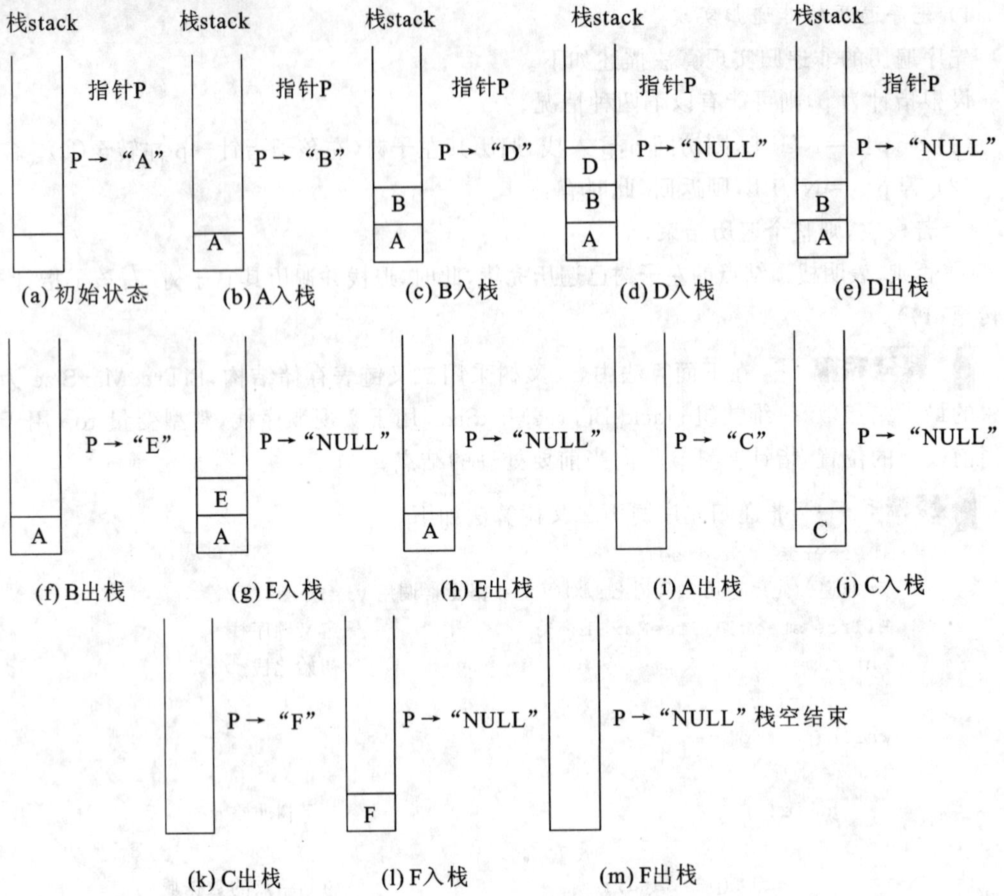

图 5-11　二叉树非递归先序遍历过程中栈 stack 和当前指针 p 的变化情况

2）中序遍历的非递归实现

中序遍历的非递归实现的算法描述如下。

设根指针为 p，可能有以下两种情况。

（1）若 p！＝NULL，则 p 入栈，遍历其左子树（左孩子指针→p 并转至（1））。

（2）若 p＝＝NULL，则返回，此时有：

① 若栈空，则整个遍历结束；

② 否则，表明栈顶结点的左子树已遍历完毕，此时，退栈，访问 p，并遍历其右子树（右孩子指针→p 并转至（1））。

■算法实现　中序遍历的非递归算法的实现，只需将先序遍历的非递归算法中的 Visit(p－＞data)移到 top－－；和 p＝p－＞rchild 之间即可。

3）后序遍历的非递归实现

由前面的讨论可知，后序遍历与先序遍历和中序遍历不同，在后序遍历过程中，由于访问某结点必须是在其左右子树均已遍历之后方可进行，这就比先序、中序遍历要复杂，需要判断该结点的左右子树是否均已遍历过。

为此可以采用做标记的方法，即每个结点在入栈时配一个标记 tag 一同入栈。令：

$$tag=\begin{cases} 0 & 表示左子树已遍历 \\ 1 & 表示右子树已遍历 \end{cases}$$

这样当遍历二叉树 T 时,首先是 T 及其 tag(取 0)同时入栈,然后遍历其左子树,在返回后修改 T 的标志为 1,然后再遍历其右子树,最后再访问根结点 T。

因此,可将栈中元素的数据类型定义为结构体类型,包含 T 和 tag 两个域,其类型说明如下。

```
typedef struct {
    BiTree  T;
    int  tag;       /*整型变量 tag 为结点 T 的标志变量*/
}StackElemType;
```

具体算法描述如下。

设根指针为 p,可能有以下 2 种情况。

(1) 若 p≠NULL,则 p 及标志 tag(=0)入栈,遍历其左子树(左孩子指针→p 并转至(1))。

(2) 若 p==NULL,则返回,此时有:

① 若栈空,则整个遍历结束;

② 否则,表明栈顶结点的左子树或右子树已遍历完毕,此时,若栈顶结点的 tag=0,则修改为 1,并遍历其右子树(右孩子指针→p 并转至(1));否则,访问栈顶结点并退栈,再转至(1)。

算法实现　后序遍历二叉树的非递归算法如下。在算法中,BiTreeMaxSize 为二叉树的最大结点数,一维数组 stack[BiTreeMaxSize]用于实现顺序栈,整型变量 top 用于指示当前栈顶元素的位置,指针变量 p 指向当前要处理的结点。

算法 5-5　非递归后序遍历二叉树算法如下。

```
void PostOrderTraverse(BiTree bt)
{   /*非递归后序遍历二叉树 bt,对每个数据元素调用 Visit 函数*/
    StackElemType stack[BiTreeMaxSize];/*定义顺序栈*/
    BiTree p;
    int top,tag;
    top=-1;          /*栈初始化*/
    p=bt;
    while (p‖top !=-1))
    {
        while(p)/*二叉树非空,根结点及其 tag 标记 0 一同入栈,然后遍历其左子树*/
        {
            top++;
            stack[top].T=p;
            stack[top].tag=0;
            p=p->lchild;
        }
        while(top !=-1 && stack[top].tag==1)
        {
            Visit(stack[top].T->data);/*访问结点的数据域*/
            top--;
        }
        if(top !=-1)/*返回后修改 T 的标志为 1,然后遍历其右子树*/
            p=stack[top].T->rchild;
        }
    }
}
```

5.3.3 二叉树的层次遍历

所谓二叉树的层次遍历，是指从二叉树的第一层（根结点）开始，从上至下逐层遍历，在同一层中，则按从左到右的顺序对结点逐个访问。对于如图 5-5(b)所示的二叉树，按层次遍历所得到的结果序列为：

A B C D E F

下面讨论层次遍历算法。

由层次遍历的定义可以推知，在进行层次遍历时，对一层结点访问完后，再按照它们的访问次序对各个结点的左孩子和右孩子顺序访问，这样一层一层进行，先遇到的结点先访问，这与队列的操作原则比较吻合。因此，在进行层次遍历时，可设置一个队列结构，遍历从二叉树的根结点开始，首先将根结点指针入队列，然后从队头取出一个元素，每取一个元素，执行以下两个操作。

（1）访问该元素所指结点。

（2）若该元素所指结点的左、右孩子结点非空，则将该元素所指结点的左孩子指针和右孩子指针顺序入队。

此过程不断进行，当队列为空时，二叉树的层次遍历结束。

在下面的层次遍历算法中，二叉树以二叉链表存储，一维数组 queue[BiTreeMaxSize]用于实现顺序队列，该队列用于存放待访问的结点指针，变量 front 指示当前队头元素在数组中的位置，变量 rear 指示队尾元素的下一位置。

算法 5-6 层次遍历二叉树算法如下。

```
void LevelOrderTraverse(BiTree bt)
{   /*层次遍历二叉树 bt,对每个数据元素调用 Visit 函数。*/
    BiTree queue[BiTreeMaxSize];              /*定义顺序队列*/
    int front,rear;
    front=rear=0;                              /*初始化空队列*/
    if (bt==NULL) return;
    queue[rear]= bt;
    rear++;
    while(front! = rear)
    {
        Visit(queue[front]->data);            /*访问队头结点的数据域*/
        if (queue[front]->lchild! = NULL)     /*将队头结点的左孩子结点入队列*/
        {
            queue[rear]= queue[front]->lchild;
            rear++;
        }
        if (queue[front]->rchild! = NULL)     /*将队头结点的右孩子结点入队列*/
        {
            queue[rear]= queue[front]->rchild;
            rear++;
        }
        front++;
    }
}
```

二叉树遍历算法的时间、空间复杂度分析：由于遍历二叉树的算法中的基本操作是访问结点，则不论按那一种次序进行遍历，对含 n 个结点的二叉树，其时间复杂度均为 $O(n)$；所需辅助空间为遍历过程中栈的最大容量，即树的深度，最坏情况下为 n，则空间复杂度也为 $O(n)$。

5.3.4 二叉树遍历算法的应用

如前所述，遍历算法中对每个结点进行一次访问操作，而访问操作可以是多种形式和多个操作。利用这一特点，适当修改上述遍历算法中对结点访问操作的内容，便可以得到求解许多问题的算法。下面给出几个典型问题的求解。

1. 设计算法打印二叉树中的所有叶子结点的值

本算法不是要打印每个结点的值，所要求的仅是打印其中的叶子结点。因此，适当修改二叉树遍历算法即可完成要求：将二叉树某一遍历算法中的访问操作改为条件打印即可。

下面的算法是通过修改二叉树的先序遍历算法而得到的，将其中的"Visit(bt->data);"语句改为条件打印语句，同时把算法的名称由原来的 PreOrderTraverse 改为 PrintLeaves。具体算法如下。

算法 5-7 按先序次序打印二叉树中所有叶子结点的值的算法如下。

```
void PrintLeaves(BiTree bt)
{
    /*按先序次序打印二叉树 bt 中的所有叶子结点的值*/
    if (bt)                         /*二叉树非空*/
    {   if(bt->lchild==NULL && bt->rchild==NULL)    /*如果是叶子结点*/
        printf(bt->data);           /*打印结点数据域的值*/
        PrintLeaves(bt->lchild);    /*按先序次序打印左子树中的叶子结点*/
        PrintLeaves(bt->rchild);    /*按先序次序打印右子树中的叶子结点*/
    }
}
```

如果将算法 5-7 中的条件打印语句中的条件改为"(bt->lchild! =NULL && bt->rchild! =NULL)"，则可按先序次序打印二叉树 bt 中的度为 2 的结点。若改为"(bt->lchild! =NULL ‖ bt->rchild! =NULL)"，则可按先序次序打印二叉树 bt 中的度为 1 的结点。

2. 设计算法求二叉树中的结点数

本算法不是要打印每个结点的值，所要求的仅是统计其中的结点数。因此，适当修改二叉树遍历算法即可完成要求：将二叉树某一遍历算法中的访问操作改为计数操作，即将该结点的数目 1 累加到一个全局变量 n（n 的初值为 0），每个结点都这样做一次即完成了结点数的求解。

下面的算法是通过修改二叉树的先序遍历算法而得到的，将其中的"Visit(bt->data);"语句改为计数语句"n=n+1;"，同时把算法的名称由原来的 PreOrderTraverse 改为 Nodes。

算法 5-8 计算二叉树中的结点个数算法如下（使用全局变量）。

```
void Nodes(BiTree bt)
{   /*将二叉树 bt 中的结点数累加到全局变量 n 中,调用前 n 清零*/
    if (bt)                        /*二叉树非空*/
    {
      n= n+1;                      /*计数*/
      Nodes(bt->lchild);           /*将左子树中的结点数累加到 n 中*/
      Nodes(bt->rchild);           /*将右子树中的结点数累加到 n 中*/
    }
}
```

如果把算法 5-8 中的计数语句改为条件计数语句"if(bt->lchild! =NULL && bt->rchild! =NULL) n=n+1;",则可统计出二叉树中的度为 2 的结点数。

也可以采用其他形式给出计算二叉树中的结点个数的递归算法,如下面的算法 5-9 和算法 5-10。

在算法 5-9 中,使用的是一个带指针形参的递归函数,将以 bt 为根的二叉树的结点数存储到指针形参 n 所指向的内存单元中。而算法 5-10 则通过函数值返回以 bt 为根的二叉树的结点数。

算法 5-9   计算二叉树中的结点个数算法如下(使用指针形参)。

```
void Nodes(BiTree bt,int *n)
{   /*求以 bt 为根的二叉树的结点数并存储到指针形参 n 所指向的内存单元*/
    int n1,n2;
    if(bt==NULL) *n=0;/*bt 为空时,结点数为 0*/
    else {
        Nodes(bt->lchild,&n1); /*n1 为左子树的结点数*/
        Nodes(bt->rchild,&n2); /*n2 为右子树的结点数*/
        *n=*n1+* n2+1;/*合并*/
    }
}
```

算法 5-10   计算二叉树中的结点个数算法如下(通过函数值返回结点数)。

```
int Nodes(BiTree bt)
 {/*求二叉树 bt 中的结点数,并通过函数值返回*/
if(bt==NULL) return 0; /*bt 为空时,结点数为 0*/
  else return (1+Nodes(bt ->lchild)+Nodes(bt ->rchild));
 }
```

3. 设计算法求二叉树中的叶子结点数

与求二叉树中的结点数相类似,该算法也可以有多种形式,如下面的算法 5-11、算法 5-12 和算法 5-13。其中,算法 5-11 将以 bt 为根的二叉树的叶子结点数累加到全局变量 n 中,n 的初值为 0;算法 5-12 使用的是一个带指针形参的递归函数,将以 bt 为根的二叉树的叶子结点数存储到指针形参 n 所指向的内存单元中;算法 5-13 则通过函数值返回以 bt 为根的二叉树的结点数。

算法 5-11   计算二叉树中的叶子结点数的算法如下(使用全局变量)。

```
        void Leaves(BiTree bt)
     {    /*将二叉树 bt 中的叶子结点数累加到全局变量 n 中,调用前 n 清零*/
        if(bt)      /*二叉树非空*/
            if(bt->lchild==NULL && bt->rchild==NULL)      /*如果是叶子结点*/
                n= n+1;      /*计数*/
            else {
                Leaves(bt->lchild);      /*将左子树中的叶子结点数累加到 n 中*/
                Leaves(bt->rchild);      /*将右子树中的叶子结点数累加到 n 中*/
            }
     }
```

算法 5-12   计算二叉树中的叶子结点数的算法如下(使用指针形参)。

```
void Leaves(BiTree bt,int *n)
  {    /*将二叉树 bt 中的叶子结点数存储到指针形参 n 所指向的内存单元*/
     int n1,n2;
     if (bt)                              /*二叉树为空树*/
        *n=0;
     else                                 /*二叉树非空*/
        if(bt->lchild==NULL && bt->rchild==NULL)        /*如果是叶子结点*/
            *n=1;
        Leaves(bt->lchild,&n1);/*n1 为左子树中的叶子结点数*/
        Leaves(bt->rchild,&n2);/*n2 为右子树中的叶子结点数*/
        *n=n1+n2;/*合并*/
        }
  }
```

算法 5-13   计算二叉树中的叶子结点数的算法如下(通过函数值返回结点数)。

```
int Leaves(BiTree bt)
  {    /*求二叉树 bt 中的叶子结点数,并通过函数值返回*/
     if(bt==NULL) return 0;        /*bt 为空时,叶子结点数为 0*/
     else if(bt->lchild==NULL && bt->rchild==NULL)    /*bt 无左右孩子,叶子结点数为 1*/
        return 1;
     else return (leaves(bt->lchild)+leaves(bt->rchild));
  }
```

4. 设计算法按后序次序打印出二叉树中的前 k 个结点的值

由于该问题要求按后序次序进行,因此需在后序遍历算法的基础上进行变化。所不同的是此处仅要求打印前 k 个结点,而不是全部结点。某个结点是否打印取决于其在序列中的序号是否超过 k,因此需在打印结点的同时计数,以便于判断。而这正是前面所讨论的计数问题。由此得算法如下。

算法 5-14   按后序次序打印二叉树中前 k 个结点值的算法如下。

```
void PostOrderTraverse(BiTree bt)
  {/*按后序次序打印二叉树 bt 中的前 k 个结点的值,其中全局变量 n 的初值为 0*/
   if (bt)                              /*二叉树非空*/
   {
     PostOrderTraverse(bt->lchild);          /*后序递归遍历 bt 的左子树*/
```

```
        PostOrderTraverse(bt->rchild);/*后序递归遍历bt的右子树*/
        n= n+1;/*计数*/
        if(n<= K) printf(bt->data);/*结点满足条件时打印*/
        }
}
```

5. 设计算法求二叉树的高度

本算法也可采用多种形式给出，如下面的算法5-15、算法5-16和算法5-17。

算法 5-15　求二叉树的高度的算法如下（使用全局变量）。

```
void High(BiTree bt)
{/*求二叉树bt的高度并存储到全局变量h中,h的初值为0*/
    int hl;
    if(bt==NULL) h= 0;      /*bt为空时,高度为0*/
    else {
        High (bt->lchild); /*求左子树的高度并存储到全局变量h中*/
        hl=h;              /*将已求得的左子树的高度暂存到局部变量hl中*/
        High (bt->rchild); /*求右子树的高度并存储到全局变量h中*/
        h=(hl>h? hl:h)+1; /*若二叉树不空,其高度应是其左右子树高度的最大值再加1*/
    }
}
```

算法 5-16　求二叉树的高度的算法如下（使用带指针形参）。

```
void High(BiTree bt,int *h)
{/*求二叉树bt的高度并存储到指针形参h所指向的内存单元*/
    int hl,hr;
    if(bt==NULL) *h=0;/*bt为空时,高度为0*/
    else {
        High (bt->lchild,&hl); /*求左子树的高度并存储到局部变量hl中*/
        High (bt->rchild,&hr); /*求右子树的高度并存储到局部变量hr中*/
        *h=(hl>hr? hl:hr)+1;/*若二叉树不空,其高度应是其左右子树高度的最大值再加1*/
    }
}
```

算法 5-17　求二叉树的高度的算法如下（通过函数值返回结点数）。

```
int High(BiTree bt)
{/*求二叉树bt的高度并通过函数值返回*/
    inthl,hr,h;
    if(bt==NULL) h=0;         /*bt为空时,高度为0*/
    else {
        hl=High (bt->lchild); /*求左子树的高度并暂存到局部变量hl中*/
        hr=High (bt->rchild); /*求右子树的高度并暂存到局部变量hr中*/
        h=(hl>hr? hl:hr)+1;   /*若二叉树不空,其高度应是其左右子树高度的最大值再加1*/
    }
    return h;
}
```

6. 创建二叉树的二叉链表存储结构

从上述几个例子可以看出，遍历操作是二叉树各种操作的基础，可以在遍历的过程中对

结点进行各种操作,反之,也可在遍历过程中生成结点,创建二叉树的存储结构。例如,算法
5-18 是一个按先序序列创建二叉树的二叉链表的过程,创建成功返回 1,创建不成功返回 0。
对于图 5-5(b)所示的二叉树,按下列次序顺序读入字符:

$$A B D \# \# E \# \# C \# F \# \#$$

即可建立相应的二叉链表。

读者可能要问:为什么输入序列不是 ABDECF 呢?这里的"♯"号字符又有什么作用?
实际上,由二叉树的先序、中序和后序序列中的任何一个序列是不能唯一确定一棵二叉树
的,其原因是不能确定左右子树的大小或者说不知其子树结束的位置。针对这种情况,可进
行如下处理:将二叉树中每个结点的空指针处再引出一个"孩子"结点,其值为特定值,如
"♯",以标识其为空,如图 5-12 所示。

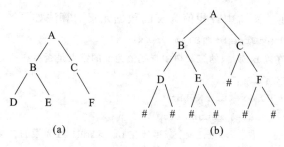

图 5-12 二叉树及其扩展二叉树

我们把这样处理后的二叉树称为原二叉树的扩展二叉树。扩展二叉树的先序或后序序
列以及层次序列能唯一确定其原二叉树,处理时只要将"♯"作为空二叉树即可。

因此,建立二叉树时,可将其扩展二叉树的先序或后序序列或层次序列作为二叉树的输
入数据。

算法 5-18 是针对输入数据为二叉树的扩展二叉树的先序序列而设计的。输入序列:A
B D ♯ ♯ E♯ ♯ C ♯ F ♯ ♯ 就是图 5-5(b)所示的二叉树的扩展二叉树(见图 5-12(b))的
先序序列。

算法 5-18 创建二叉树的二叉链表存储结构算法如下。

```
int CreateBiTree(BiTree *T)
{ /*按先序序列输入二叉树中结点的值(一个字符),#号字符表示空树*/
    char ch;
    ch= getchar();
    if(ch=='#') (*T)=NULL;/*读入#号时,将相应结点置空*/
    else{
        (*T)=(BiTNode *)malloc(sizeof(BiTNode));/*生成结点空间*/
        if(! T) /*内存分配失败*/
        {   printf("failed\n"); return 0;   }
        else {
            (* T)->data= ch;
            CreateBiTree(&(* T)->lchild); /*构造二叉树的左子树*/
            CreateBiTree(&(* T)->rchild); /*构造二叉树的右子树*/
        }
    }
    return 1;
}
```

所使用的输入数据不同，建立二叉树的二叉链表存储结构的算法也不同。在此不再一一列举，有兴趣的读者可参阅其他书籍。

> **注意**：由二叉树的先序和中序序列可唯一确定一棵二叉树，由二叉树的中序和后序序列也可唯一确定一棵二叉树，但是，由二叉树的先序和后序序列不能唯一确定一棵二叉树，原因同样是由这两个序列不能确定左、右子树的大小（结点数）或者说不知其子树结束的位置。

7. 查找数据元素

下面的算法 Search(bt,x)用于实现在非空二叉树 bt 中查找数据元素 x。若查找成功，则返回该结点的指针；若查找失败，则返回空指针。

算法 5-19 在二叉树中查找值为 x 的数据元素的算法如下。

```
BiTree Search(BiTree bt,TElemType x)
{/*先序查找,在以 bt 为根的二叉树中查找值为 x 的结点是否存在*/
    BiTree temp;
    if(bt==NULL) return NULL;
    if(x==bt->data) return bt;
    temp=Search(bt->lchild,x); /*在 bt->lchild 为根的二叉树中查找数据元素 x*/
    if(temp!=NULL) return temp;
    else returnSearch(bt->rchild,x); /*在 bt->rchild 为根的二叉树中查找数据元素 x*/
}
```

8. 求结点的双亲

算法 5-20 在二叉树中求结点的双亲的算法如下。

```
BiTree Parent(BiTree start,BiTree current)
{ /*从 start 所指结点起查找当前结点 current 的父结点*/
    BiTree p;
    if(start==NULL) return NULL;
    if(start->lchild==current||start->rchild==current) return start;
    p=Parent(start->lchild,current);
    if(p!=NULL) return p;
    else return Parent(start->rchild,current);
}
```

9. 求结点路径

算法 5-21 在二叉树中求结点路径的算法如下。

```
void NodePath(BiTree bt,TElemType x)
{/*求二叉树根结点到数据域值为 x 的结点的路径*/
    StackElemType s[BiTreeMaxSize];/*定义顺序栈*/
    BiTree p;
    int top,i;
    int find;
    if (bt==NULL)/*如果二叉树为空,则给出相应信息,算法结束*/
    {printf("二叉树为空!"); return;}
    if (bt->data==x) /*如果根结点的数据域值是 x,则没有祖先,算法结束*/
```

```
{ printf("因为 x 是根结点的数据域值,它没有祖先。");return; }
    else /*如果根结点的数据域值不是 x*/
{ top= - 1;/*栈初始化*/
    p= bt;/*令 p 指向 bt*/
    while (p! = NULL||top! = - 1) { /*当 p 不为空或栈 s 非空时 */
        while((p! = NULL) && (p->data! = x))
            { /*如果指针 p 非空且其数据域值不等于 x,*/
                /*指针 p 及其 tag 标记 0 一同入栈,然后遍历其左子树*/
                top++;
                s[top].T= p;s[top].tag= 0;
                p= p->lchild; /*沿左分支向下*/
            }
        if((p! = NULL) && (p->data==x))
        {/*如果指针 p 非空且其数据域值等于 x,则依次打印栈中元素,算法结束*/
            printf("结点值为 %c 的祖先是:",x);
            for(i= 0;i<= top;i++) printf("%c ",s[i].T->data);
            return; /*输出祖先值后结束*/
        }
        else{/*如果指针 p 为空且没有找到值为 x 的结点,*/
            /*则根据栈顶元素的 tag 判断其右孩子是否被访问过*/
            while(top!=-1 && s[top].tag==1) /*若被访问过,则继续退栈*/
            if(top!=-1) {/*返回后修改 T 的标志为 1,然后遍历其右子树*/
                s[top].tag=1;
                p=s[top].T->rchild;/*沿右分支向下*/
            } }//if
    }//while
        /*如果遍历整棵二叉树 bt 后都没有找到数据域值为 x 的结点,则给出未找到信息*/
        printf("在二叉树中不存在值为 x 的结点!");
    }//if
}
```

5.4 线索二叉树

5.4.1 线索二叉树的基本概念

由上节的讨论可知,按照某种遍历方式对二叉树进行遍历,可以把二叉树中所有结点排列为一个线性序列。在该序列中,除第一个结点外,每个结点有且仅有一个直接前驱结点;除最后一个结点外,每个结点有且仅有一个直接后继结点。但是,二叉树中每个结点在这个线性序列中的直接前驱结点和直接后继结点是什么,在二叉树的二叉链表存储结构中并没有反映出来(在二叉树的二叉链表存储结构中,我们只能找到结点的左右孩子信息),这种信息只能在对二叉树遍历的动态过程中得到。

如何保存这种在遍历过程中得到的信息呢?我们知道,一个具有 n 个结点的二叉树,若采用二叉链表存储结构,在 $2n$ 个指针域中只有 $n-1$ 个指针域是用于存储结点孩子的地址,而另外 $n+1$ 个指针域存放的都是 NULL。能否利用这些空指针域来存放结点的前驱和后继信息?

答案是肯定的。为此,作如下规定:

(1) 若结点有左子树,则其 lchild 域指示其左孩子,否则,令 lchild 域指示其在某种遍历序列中的直接前驱结点;

(2) 若结点有右子树,则其 rchild 域指示其右孩子,否则,令 rchild 域指示其在某种遍历序列中的直接后继结点。

为了避免混淆,还需改变二叉链表的结点结构,增加两个标志域,LTag 和 RTag,如下所示。

lchild	LTag	data	RTag	rchild

其中:

$$LTag = \begin{cases} 0 & \text{lchild 域指示结点的左孩子} \\ 1 & \text{lchild 域指示结点的前驱结点} \end{cases}$$

$$RTag = \begin{cases} 0 & \text{rchild 域指示结点的右孩子} \\ 1 & \text{rchild 域指示结点的后继结点} \end{cases}$$

以这种结点结构构成的二叉链表作为二叉树的存储结构,称为线索链表,其中指向结点前驱和后继的指针,称为线索。加上线索的二叉树称为线索二叉树。

由于序列可由不同的遍历方法得到,因此,线索二叉树有先序线索二叉树、中序线索二叉树和后序线索二叉树三种。对二叉树以某种次序遍历使其变为线索二叉树的过程称为线索化。

对图 5-5 (b)所示的二叉树进行线索化,得到先序线索二叉树、中序线索二叉树和后序线索二叉树分别如图 5-13 (a)、(b)、(c)所示。图中,实线表示指针,虚线表示线索。

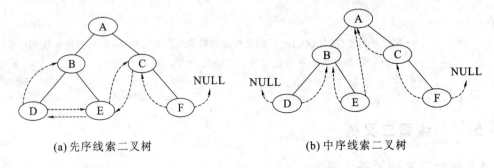

(a) 先序线索二叉树   (b) 中序线索二叉树

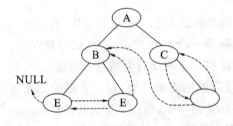

(c) 后序线索二叉树

图 5-13　线索二叉树

为了操作便利,在存储线索二叉树时往往增加一个头结点,其结构与其他线索二叉树的结点结构一样,只是其数据域不存放信息,其 LTag 值为 0,lchild 域指向二叉树的根结点;其 RTag 值为 1,rchild 域指向按某种次序遍历时访问的最后一个结点。而原二叉树在某种遍历次序遍历下的第一个结点的 LTag 值为 1,lchild 域指向该头结点;最后一个结点的 RTag 值为 1,rchild 域指向该头结点。这相当于为二叉树建立了一个双向线索链表,既可从第一个结点起顺着后继进行遍历,也可从最后一个结点起顺着前驱进行遍历。

图 5-14 给出了如图 5-13(b)所示的中序线索二叉树的完整的中序线索链表。

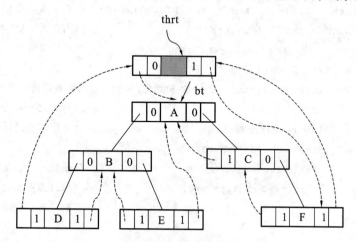

图 5-14 中序线索二叉树的中序线索链表

在线索二叉树中,结点的结构定义如下。

```
/*------二叉树的二叉线索存储表示------*/
typedef char TElemType;
typedef enum{Link,Thread}PointerTag;
                    /*PointerTag=0:指针,PointerTag=1:线索*/
typedef struct BiThrNode
{
    TElemType   data;
    struct BiThrNode *lchild,*rchild;
    PointerTag   LTag,RTag;/*左、右标志*/
}BiThrNode,*BiThrTree;
```

5.4.2 线索二叉树的基本操作

下面以中序线索二叉树为例,讨论线索二叉树的建立、线索二叉树的遍历以及在线索二叉树上查找前驱结点、查找后继结点等操作的实现算法。

1. 建立一棵中序线索二叉树

建立线索二叉树,或者说对二叉树线索化,实质上就是遍历一棵二叉树。在遍历过程中,访问结点的操作是检查当前结点的左、右指针域是否为空,如果为空,将它们改为指向前驱结点或后继结点的线索。为了实现这一过程,附设一个指针 pre 始终指向刚刚访问过的结点,若指针 p 指向当前访问的结点,则 pre 指向它的前驱,以便增设线索。

另外,在对一棵二叉树增加线索时,必须首先申请一个头结点,建立头结点与二叉树的根结点的指向关系,对二叉树线索化后,还需建立最后一个结点与头结点之间的线索。

算法 5-22 建立中序线索二叉树的递归算法如下。

```
int InorderThreading(BiThrTree * Thrt,BiThrTree T)
{/*中序遍历二叉树 T,并将其中序线索化,Thrt 指向头结点。*/
    BiThrTree pre;
    (*Thrt)=(BiThrNode*)malloc(sizeof(BiThrNode));
    if(!(*Thrt))  { printf("failed\n"); return 0;   }
    (*Thrt)->LTag=Link; (*Thrt)->RTag=Thread;   /*建立头结点*/
    (*Thrt)->rchild=(*Thrt);                      /*右指针回指*/
    if(!T) (*Thrt)->lchild=(*Thrt);               /*若二叉树为空,则左指针回指*/
    else{   /*若二叉树非空*/
            (*Thrt)->lchild=T;   /*初始化,头结点左指针域指向根结点*/
            pre=(*Thrt);                          /*初始化 pre,令其指向头结点*/
            InThreading(T,&pre);                  /*中序遍历进行中序线索化*/
            pre->rchild=(*Thrt);
            pre->RTag=Thread;                     /*最后一个结点线索化*/
            (* Thrt)->rchild= pre;                /*头结点右指针域指向中序序列
                                                    的最后一个结点*/

    }
    return 1;
}
```

算法 5-23 对二叉树中序遍历进行中序线索化的算法如下。

```
void InThreading(BiThrTree p,BiThrTree *pre)
{/*对二叉树中序遍历进行中序线索化,其中 p 为当前指针,pre 是 p 的前驱指针*/
    if (p)
    {
        InThreading(p->lchild,pre);/*p 的左子树线索化*/
        if(!p->lchild)
        {p->LTag=Thread;  p->lchild= (* pre);}/*p 结点加前驱线索*/
        if(! (*pre)->rchild)
        {(*pre)->RTag=Thread;(*pre)->rchild= p;}/*p 结点加后继线索*/
        (*pre)=p;/*保持 pre 指向 p 结点的前驱*/
        InThreading(p->rchild,pre);/*p 的右子树线索化*/
    }
}
```

2. 在中序线索二叉树上查找任意结点的中序前驱结点

对于中序线索二叉树上的任一结点,寻找其中序的前驱结点,有以下两种情况。

(1)如果该结点的左标志为 1,那么其左指针域所指向的结点便是它的前驱结点。

(2)如果该结点的左标志为 0,表明该结点有左孩子,根据中序遍历的定义,它的前驱结点是以该结点的左孩子为根结点的子树的最右结点,即沿着其左子树的右指针链向下查找,当某结点的右标志为 1 时,它就是所要找的前驱结点。

算法 5-24 在中序线索二叉树上寻找结点 p 的中序前驱结点的算法如下。

```
BiThrTree InOrderPriorNode(BiThrTree p)
{/*在中序线索二叉树上寻找结点 p 的中序前驱结点*/
  BiThrTree prior;
  prior=p->lchild;
  if (p->LTag!=Thread)
    while (prior->RTag==Link) prior=prior->rchild;
  return(prior);
}
```

3. 在中序线索二叉树上查找任意结点的中序后继结点

对于中序线索二叉树上的任一结点,寻找其中序的后继结点,有以下两种情况。

(1) 如果该结点的右标志为 1,那么其右指针域所指向的结点便是它的后继结点。

(2) 如果该结点的右标志为 0,表明该结点有右孩子,根据中序遍历的定义,它的后继结点是以该结点的右孩子为根结点的子树的最左结点,即沿着其右子树的左指针链向下查找,当某结点的左标志为 1 时,它就是所要找的后继结点。

算法 5-25 在中序线索二叉树上寻找结点 p 的中序后继结点的算法如下。

```
BiThrTree InOrderNextNode(BiThrTree p)
{/*在中序线索二叉树上寻找结点 p 的中序后继结点*/
  BiThrTree next;
  next=p->rchild;
  if (p->RTag!=Thread)
    while (next->LTag==Link) next=next->lchild;
  return(next);
}
```

以上给出的仅是在中序线索二叉树中寻找某结点的前驱结点和后继结点的算法。在先序线索二叉树中寻找结点的后继结点以及在后序线索二叉树中寻找结点的前驱结点可以采用同样的方法分析和实现。在此就不再讨论了。

4. 遍历中序线索二叉树

在中序线索链表中,设置一个指针 p,开始时指向根结点,且当二叉树非空或遍历未结束时,重复进行如下操作。

(1) 顺着指针 p 的左链域寻找,直到结点左标志 LTag 为 Thread 为止。

(2) 访问其左标志 LTag 为 Thread 的结点,即左子树为空的结点。

(3) 当指针 p 的右标志 RTag 为 Thread,且右指针 rchild 不指向头结点(即 p 的 rchild 指向后继)时,访问其后继。

(4) 当指针 p 的右标志 RTag 为 Link(即 p 的 rchild 指向右孩子)时,或右指针 rchild 指向头结点时,令 p=p->rchild。

算法 5-26 遍历中序线索二叉树的非递归算法如下。

```
void InOrderTraverse_Thr(BiThrTree Thrt)
{/*Thrt 指向头结点,头结点的 lchild 左链域指向根结点*/
  BiThrNode *p;
  p=Thrt->lchild;     /*p 指向根结点*/
  while(p!=Thrt)      /*空树或遍历结束时,p=Thrt*/
```

```
        {
            while(p->LTag==Link) p=p->lchild;      /*顺着 p 的左链域寻找*/
            Visit(p->data);/*访问其左子树为空的结点,Visit()可以是打印或其他操作*/
            while(p->RTag==Thread && p->rchild! =Thrt) {
                p=p->rchild;  Visit(p->data);      /*访问后继结点*/
            }
            p=p->rchild;
        }
    }
```

　　算法 5-26 的时间复杂度也为 $O(n)$,但常数因子要比上节讨论的算法小,且不需要设置辅助栈。因此,若在某程序中所用二叉树经常遍历或查找结点在遍历序列中的前驱或后继,则应采用线索链表作为存储结构。

　　5. 在中序线索二叉树上查找值为 x 的结点

　　规定　　如果要搜索的中序线索二叉树中值为 x 的结点不止一个,在找到第一个值为 x 的结点后就返回。

　　在中序线索二叉树上查找值为 x 的结点,实质上就是在线索二叉树上进行遍历,将访问结点的操作具体写为用当前结点的值与 x 比较的语句。

　　为了在找到第一个值为 x 的结点后就返回,我们可以采用如下方法:先找到中序遍历的第一个结点,然后再利用在中序线索二叉树上寻找后继结点的算法依次查询其后继;或者先找到中序遍历的最后一个结点,然后再利用在中序线索二叉树上寻找前驱结点算法依次查询其前驱,以此来遍历二叉树的所有结点。

　　算法 5-27　　在中序线索二叉树中查找值为 x 的结点的算法如下。

```
    BiThrTree Search (BiThrTree Thrt,TElemType x)
        BiThrTree p;
        p=Thrt->lchild;
        while (p->LTag==Link && p! =Thrt) p=p->lchild;
        while(p! =Thrt&&p->data! =x)
          p= InOrderNextNode(p);                   /*算法 5-25 已实现*/
        /*InOrderNextNode(p)是在中序线索二叉树上寻找结点 p 的中序后继结点*/
        if (p==Thrt)
        {
            printf("Not Found the data! \n");
            return(NULL);
        }
        else  return (p);
    }
```

5.5　树 和 森 林

5.5.1　树的存储结构

　　在大量的应用中,人们曾使用多种形式的存储结构来表示树。这里重点介绍三种最常用的表示法:双亲表示法、孩子表示法、孩子兄弟表示法。

1. 双亲表示法

在一棵树中,根结点无双亲,其他任何一个结点都只有唯一的双亲。根据这一特性,可用一组连续的存储空间(一维数组)存储树中的各个结点,同时在每个结点中附设一个指示器指示其双亲结点在数组中的序号,其形式说明如下。

```
/*------------------树的双亲表存储表示------------------------*/
#define MAX_TREE_SIZE  100        /*树中结点的最大数目*/
typedef char TElemType;
typedef struct PTNode {           /*结点结构*/
        TElemType  data;
        int     parent;           /*双亲位置域*/
} PTNode;
typedef struct {                  /*树结构*/
  PTNode  nodes[MAX_TREE_SIZE];
  int  r,n;                       /*根结点的位置和结点个数*/
} PTree;
```

如图 5-15 所示为一棵树及其双亲表示的存储结构。图中用 parent 域的值为 -1 表示该结点无双亲结点,即该结点是一个根结点。

树的双亲表示法对于实现 Parent(T,x) 操作和 Root(x) 操作很方便。Parent(T,x) 操作可以在常量时间内实现。反复调用 Parent 操作,直到遇到无双亲的结点时,便找到了树的根,这就是 Root(x) 操作的执行过程。但是,在这种表示法中,若求某结点的孩子结点,则需要查询整个数组。

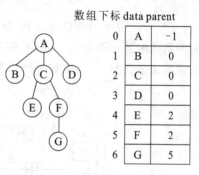

数组下标	data	parent
0	A	-1
1	B	0
2	C	0
3	D	0
4	E	2
5	F	2
6	G	5

图 5-15 树及其双亲表示法示例

2. 孩子表示法

由于树中每个结点可能有多棵子树,则可以采用多重链表,即每个结点有多个指针域,其中每个指针指向一棵子树的根结点,此时链表中的结点结构可以有如下两种形式。

data	child₁	child₂	…	child_d

(1)

data	degree	child₁	child₂	…	child_d

(2)

其中,第(1)种形式是根据树的度 d 为每个结点设置 d 个指针域,多重链表中的结点是同构的。但是由于树中很多结点的度小于 d,所以链表中有很多空链域,将造成存储空间的浪费。不难得出,在一棵有 n 个结点度为 d 的树中必有 $n(d-1)+1$ 个空链域。

第 2 种形式每个结点指针域的个数等于结点的度,并在结点中设置 degree 域,指出结点的度。这样,多重链表中的结点是不同构的。此时,虽能节省存储空间,但操作不便。

另一种方法是把每个结点的孩子结点排列起来,当成一个线性表,且以单链表作为存储结构,则 n 个结点有 n 个孩子链表(叶子的孩子链表为空表)。为便于查找,将这 n 个孩子链表的头结点采用顺序存储结构存放在一个一维数组里，其形式说明如下。

```
/*------------------树的孩子链表存储表示------------------*/
    #define MAX_TREE_SIZE  100     /*树中结点的最大数目*/
typedef structCTNode {             /*孩子结点*/
        int        child;
        struct CTNode  *next;
}*ChildPtr;


typedef structCTNode {
        TElemTYpe  data;
        ChildPtr   firstchild;     /*孩子链表头指针*/
}CTBox;


typedef struct {                   /*树结构*/
    CTBox  nodes[MAX_TREE_SIZE];
    int  r,n;                      /*根结点的位置和结点个数*/
}CTree;
```

图 5-16(a)所示的是图 5-15 中树的孩子表示法。与双亲表示法相反，孩子表示法便于实现那些涉及孩子的操作，但不利于实现与双亲有关的操作。我们可以把双亲表示法和孩子表示法结合起来，形成双亲孩子表示法。如图 5-16(b)所示的就是这种表示法的例子，它和图 5-16(a)表示的是同一棵树。

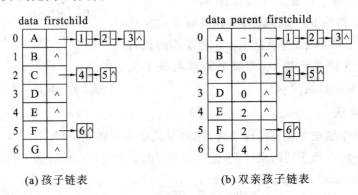

(a)孩子链表　　　　　　　　　(b)双亲孩子链表

图 5-16　图 5-15 中的树的另外两种表示法

3. 孩子兄弟表示法

这种表示法又称为二叉树表示法，或二叉链表表示法，即以二叉链表作为树的存储结构。链表中结点的两个链域分别指向该结点的第一个孩子和下一个兄弟结点，分别命名为 firstchild 域和 nextsibling 域。

```
/*----------树的二叉链表(孩子-兄弟)存储表示------------*/
typedef struct CSNode{
        TElemType    data;
        struct CSNode *firstchild,*nextsibling;
} CSNode,*CSTree;
```

图 5-17 所示为树及其孩子兄弟链表。利用这种存储结构便于实现各种树的操作。首先便于实现查找结点孩子等的操作。例如：要访问结点 x 的第 i 个孩子，则只要先从该结点

的 firstchild 域找到第 1 个孩子结点,然后沿着孩子结点的 nextsibling 域连续走 $i-1$ 步,便可找到 x 的第 i 个孩子。当然,如果为每个结点再增设一个 parent 域,则同样能方便地实现查找某结点的双亲的操作。

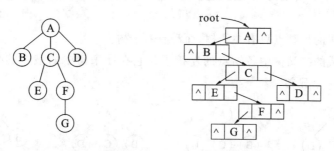

图 5-17　树及其二叉链表表示法示例

5.5.2　树、森林与二叉树的相互转换

1. 树与二叉树的相互转换

由于树和二叉树都可用二叉链表作为存储结构,则以二叉链表为媒介可导出树与二叉树之间的一一对应关系。也就是说,给定一棵树,可以找到唯一的一棵二叉树与之对应。从物理存储结构来看,它们的二叉链表是相同,只是解释不同而已。反过来,任意一棵二叉树也能够唯一地对应到一棵树上。图 5-18 展示了树与二叉树之间的这种对应关系。

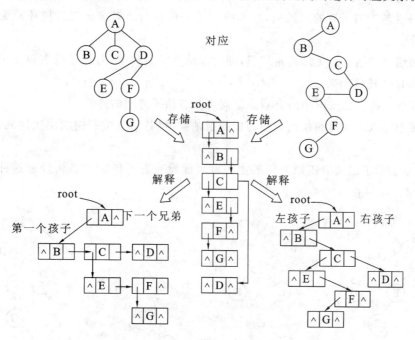

图 5-18　树与二叉树的对应关系示例

1) 树转换为二叉树

具体转换过程如下。

(1) 加线。凡是下一个兄弟就用线连起来。

(2) 抹线。对于每个结点,除了保留该结点与其最左孩子的连线外,去掉该结点与其他孩子之间的连线。

（3）调整。以树的根结点作为二叉树的根结点，将树根结点的最左孩子作为二叉树根结点的左孩子，且将各结点按照二叉树的层次排列，形成二叉树的结构。

图 5-19 展示了树转换为二叉树的过程。经过这种方法转换后对应的二叉树是唯一的，并具有以下特点。

（1）此二叉树的根结点只有左子树，而没有右子树。

（2）转换生成的二叉树中各结点的左孩子是它在原来树中的最左的孩子，右孩子是它在原来树中的下一个兄弟。

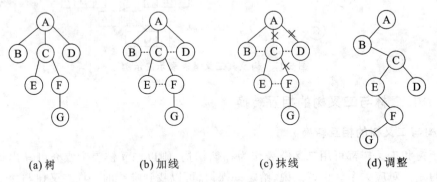

(a) 树　　　　　(b) 加线　　　　　(c) 抹线　　　　　(d) 调整

图 5-19　树转换为二叉树的过程

2）二叉树还原为树

对于一棵缺少右子树的二叉树，也有唯一的一棵树与之对应。二叉树还原为树的具体的过程如下。

（1）加线。若结点是父母的左孩子，则把该结点的右孩子，右孩子的右孩子……都与该结点的父母用线连接起来。

（2）抹线。抹去二叉树中所有双亲结点与其右孩子之间的连线。

（3）调整。以二叉树的根结点作为树的根结点，将各结点按照树的层次排列，形成树的结构。

图 5-20 展示了二叉树还原为树的过程。一棵没有右子树的二叉树经过这种方法还原后对应的树是唯一的。

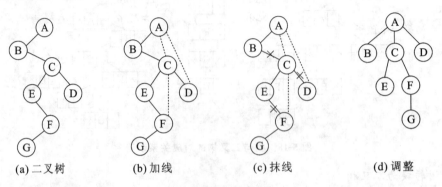

(a) 二叉树　　　　(b) 加线　　　　(c) 抹线　　　　(d) 调整

图 5-20 二叉树还原为树的过程

2. 森林与二叉树的相互转换

由于任何一棵与树对应的二叉树，其右子树必为空。若把森林中第 2 棵树的根结点看成是第 1 棵树的根结点的兄弟，则同样可导出森林与二叉树的对应关系。图 5-21 展示了森林与二叉树的对应关系。

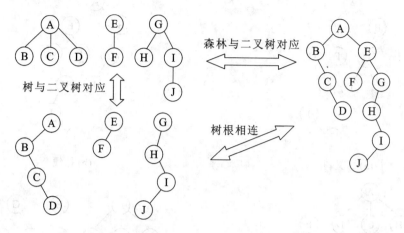

图 5-21　森林与二叉树的对应关系示例

1）森林转换为二叉树

森林转换为二叉树具体过程如下。

（1）转换。将森林中的每一棵树转换为相应的二叉树。

（2）加线。将各棵转换之后的二叉树的根结点之间加一连线。

（3）调整。第一棵二叉树不动，从第二棵二叉树开始，依次把后一棵二叉树的根结点作为前一棵二叉树根结点的右孩子，且将各结点按照二叉树的层次排列，形成二叉树的结构。

图 5-22 展示了森林转换为二叉树的过程。经过这种方法转换后对应的二叉树是唯一的。

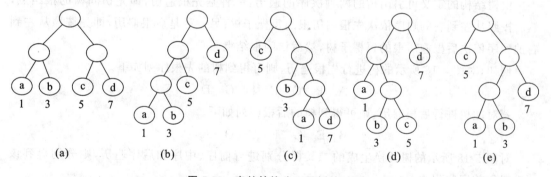

图 5-22　森林转换为二叉树的过程

2）二叉树还原为森林

二叉树还原为森林具体过程如下。

（1）抹线。抹去二叉树根结点右链上所有结点之间的连线，分成若干个以右链上的结点为根结点的二叉树。

（2）转换。将分好的各二叉树还原为树。

（3）调整。将还原后的树的根结点排列成一排。

图 5-23 展示了二叉树还原为森林的过程。一棵具有左子树和右子树的二叉树经过这种方法还原后对应的森林是唯一的。

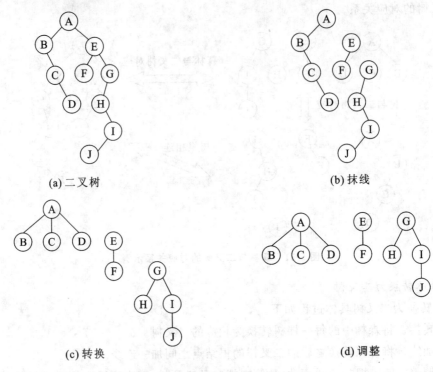

图 5-23　二叉树还原为森林的过程

5.5.3　树和森林的遍历

由树结构的定义可引出树的两种次序的遍历：一种是先根遍历，即先访问树的根结点，然后按照从左到右的顺序依次先根遍历根的每棵子树；另一种是后根遍历，即先按照从左到右的顺序依次后根遍历根的每棵子树，然后访问根结点。

例如，对图 5-18 所示的树进行先根遍历，则可得到树的先根序列如下。

$$A \quad B \quad C \quad E \quad F \quad G \quad D$$

若对此树进行后根遍历，则可得到树的后根序列如下。

$$B \quad E \quad G \quad F \quad C \quad D \quad A$$

对图 5-18 所示的树转换生成的二叉树分别进行前序、中序和后序遍历，则分别得到该二叉树的前序序列为：

A B C E F G D

中序序列为：　　B E G F C D A

后序序列为：　　G F E D C B A

可以得出：树的先根序列对应转换之后的二叉树的前序序列，树的后根序列对应转换之后的二叉树的中序序列。因此，当以二叉链表作为树的存储结构时，树的先根遍历和后根遍历可以借用二叉树的前序遍历和中序遍历算法实现。

按照森林和树相互递归的定义，我们可以推出森林的两种遍历方法。

1. 先序遍历森林

若森林非空，则可按下述规则进行遍历。

(1) 访问森林中第一棵树的根结点。

（2）先序遍历第一棵树中根结点的子树森林。

（3）先序遍历除去第一棵树之后剩余的树构成的森林。

2. 中序遍历森林

若森林非空，则可按下述规则进行遍历。

（1）中序遍历森林中第一棵树的根结点的子树森林。

（2）访问第一棵树的根结点。

（3）中序遍历除去第一棵树之后剩余的树构成的森林。

例如，对图 5-21 所示的森林进行先序遍历，则可得到此森林的先序序列如下。

$$A \quad B \quad C \quad D \quad E \quad F \quad G \quad H \quad I \quad J$$

若对图 5-21 所示的森林进行中序遍历，则可得到此森林的中序序列如下。

$$B \quad C \quad D \quad A \quad F \quad E \quad H \quad J \quad I \quad G$$

对图 5-21 所示的森林转换生成的二叉树分别进行前序、中序和后序遍历，则分别得到

该二叉树的前序序列为：　$A \quad B \quad C \quad D \quad E \quad F \quad G \quad H \quad I \quad J$

中序序列为：　　　　　　$B \quad C \quad D \quad A \quad F \quad E \quad H \quad J \quad I \quad G$

后序序列为：　　　　　　　　$D \quad C \quad B \quad F \quad J \quad I \quad H$

可以得出：森林的先序序列对应转换之后的二叉树的前序序列，森林的中序序列对应转换之后的二叉树的中序序列。因此，当以二叉链表作为树的存储结构时，森林的先序遍历和中序遍历可以借用二叉树的前序遍历和中序遍历算法实现。

5.6　二叉树的应用

5.6.1　赫夫曼树及其应用

赫夫曼（Huffman）树，又称最优二叉树，是一类带权路径长度最短的二叉树，有着广泛的应用。

1. 最优二叉树——赫夫曼树

下面先介绍几个基本概念和术语。

● 路径：从树中一个结点到另一个结点之间的分支构成这两个结点之间的路径。

● 路径长度：路径上的分支数目。

● 树的路径长度：是指由树根到每个结点的路径长度之和，同有 n 个结点的二叉树，如完全二叉树就是这种路径长度最短的二叉树。

● 结点的权：在实际应用中，人们常常给树的每个结点赋予一个具有某种实际意义的数，如单价、出现频率等，称为这个结点的权。

● 结点的带权路径长度：从树根到某一结点的路径长度与该结点的权的乘积称为该结点的带权路径长度。

● 树的带权路径长度（weighted path length，WPL）：树中所有叶子结点的带权路径长度之和，记为：

$$\text{WPL} = \sum_{k=1}^{n} W_k \cdot L_k$$

其中，n 为叶子结点的数目，W_k 为第 k 个叶子结点的权值，L_k 为第 k 个叶子结点的路径长度。

给定一组具有确定权值的叶结点,我们可以构造出若干棵形态各异的二叉树。如图 5-24 所示的五棵二叉树是由权值分别为 1,3,5,7 的四个叶子结点 a,b,c,d 构造的形态不同的二叉树。这五棵二叉树的带权路径长度分别如下。

(a) WPL＝1×2＋3×2＋5×2＋7×2＝32

(b) WPL＝1×3＋3×3＋5×2＋7×1＝29

(c) WPL＝1×3＋3×2＋5×1＋7×3＝35

(d) WPL＝1×2＋3×3＋5×3＋7×1＝33

(e) WPL＝1×3＋3×3＋5×1＋7×2＝31

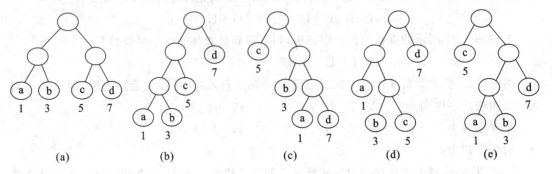

图 5-24　具有不同带权路径长度的二叉树

从带权路径长度最小这一角度来看,完全二叉树不一定是最优二叉树,图 5-24 证明了这一点。图 5-24(b)所示的二叉树的 WPL 最小。可以验证,其为赫夫曼树,即其带权路径长度在所有带权为 1,3,5,7 的四个叶子结点的二叉树中为最小。

在解某些判断问题时,利用赫夫曼树可以得到最佳判定算法。例如,要编制一个将百分制转换成五分制的程序。显然,此程序只要利用条件语句即可完成。如:

```
if(score<60) grade="bad";
else if(score<70) grade="pass";
else if(score<80) grade="general";
else if(score<90) grade="good";
else grade="excellent";
```

这个判断过程可以用如图 5-25 (a)所示的判定树来表示。如果上述程序需要反复使用,且每次的输入数据都很多,那么就应该考虑上述程序的执行效率,即操作所需要的时间。实际上,学生成绩在五个等级上的分布是不均匀的。假设其分布规律如表 5-1 所示。

表 5-1　学生成绩的分布规律

分数	0～59	60～69	70～79	80～89	00～100
比例数	0.05	0.20	0.40	0.25	0.10

由表 5-1 可知,75％的数据需进行 3 次或 3 次以上的比较才能得出结果。假定以 5,20,40,25,10 为权构造一棵有五个叶子结点的赫夫曼树,则可得到如图 5-25(b)所示的判定过程,它可使大部分的数据经过较少的比较次数得出结果。但由于每个判定框都有两次比较,将这两次比较分开,可以得到如图 5-25(c)所示的判定树,按此判定树可以写出相应的程序。假设现在有 10000 个输入数据,若按图 5-25(a)所示的判定过程进行操作,则总共需要进行

31500 次比较；而若按图 5-25（c）所示的判定过程进行操作，则总共仅需进行 22000 次比较。

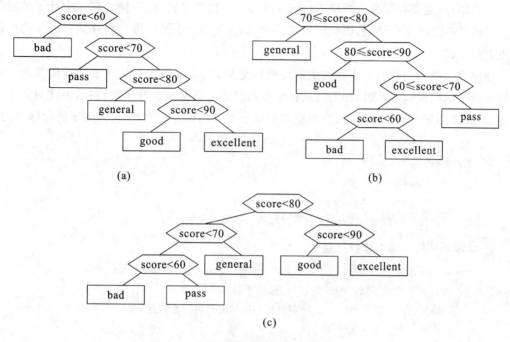

(a)

(b)

(c)

图 5-25　百分制转换成五分制的判定过程

那么，对于给定的叶结点的个数 n 及权值 $\{w_1,w_2,\cdots,w_n\}$，如何构造赫夫曼树呢？根据赫夫曼树的定义，一棵二叉树要使其 WPL 值最小，必须使权值越大的叶结点越靠近根结点，而权值越小的叶结点越远离根结点。赫夫曼依据这一特点给出了一个带有一般规律的算法，称为赫夫曼算法，具体如下。

（1）由给定的 n 个权值 $\{w_1,w_2,\cdots,w_n\}$ 构造 n 棵二叉树的集合 $F=\{T_1,T_2,\cdots,T_n\}$，其中每棵二叉树 T_i 中只有一个权值为 w_i 的根结点，其左右子树均为空。

（2）在 F 中选取根结点的权值最小和次小的两棵二叉树作为左、右子树构造一棵新的二叉树，这棵新的二叉树根结点的权值为其左、右子树根结点权值之和。

（3）在集合 F 中删除作为左、右子树的两棵二叉树，并将新建立的二叉树加入到集合 F 中。

（4）重复（2）（3）两步，当 F 中只剩下一棵二叉树时，这棵二叉树便是所要建立的赫夫曼树。

图 5-26 给出了前面提到的叶结点权值集合为 $W=\{1,3,5,7\}$ 的赫夫曼树的构造过程。可以计算出其带权路径长度为 29。从图 5-26 可以看出，对于同一组给定叶结点所构造的赫夫曼树，树的形状可能不同，但带权路径长度值是相同的，且一定是最小的。

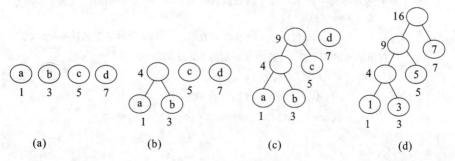

(a)　　　　　　(b)　　　　　　(c)　　　　　　(d)

图 5-26　赫夫曼树的构造过程

要在计算机上实现上述算法，首先需要选定赫夫曼树的存储表示。由于赫夫曼树没有度为 1 的结点（这类树又称为严格的（strict）或正则的）二叉树），则一棵含有 n 个叶子结点的赫夫曼树共有 $2n-1$ 个结点，因此可以用一个大小为 $2n-1$ 的一维数组存储赫夫曼树中的结点。

如何选择结点结构？由于在构造赫夫曼树之后，为求编码需要从叶子结点出发走一条从叶子到根的路径；而为求译码需要从根结点出发走一条从根到叶子的路径，因此对每个结点而言，既需要知道双亲的信息，又需要知道孩子结点的信息。由此，设定如下的存储结构。

```
/*----------赫夫曼树和赫夫曼编码的存储表示----------*/
typedef struct{
    unsigned int weight;
    unsigned int parent,lchild,rchild;
}HTNode,* HuffmanTree;/*动态分配数组存储赫夫曼树*/
```

算法 5-28 赫夫曼树算法如下。

```
void CreateHuffmanTree(HuffmanTree *HT,unsigned int *w,int n)
{/*w存放 n 个叶子结点的权值(均>0),构造赫夫曼树 HT*/
    int m;                    /*存储所构造赫夫曼树的总结点数*/
    int i,s1,s2;
    HuffmanTree p;
    if(n<=1) {printf("parameter is illegal!");return;}/*参数不合理*/
    m=2*n-1;
    *HT= (HuffmanTree)malloc((m+1)*sizeof(HTNode));
    /*动态分配数组存储赫夫曼树中的结点,0号单元未用*/
    /*该动态数组首地址存储在 HT 指针所指向的存储单元中*/
    p=*HT;/*  p指针指向动态数组首地址   */
    p++;/*由于 0 号单元未用,对指针 p 执行加 1 操作,跳过 0 号单元*/
    for(i=1;i<=m;p++,i++) /*动态数组初始化*/
    {
        p->weight=0;p->parent=0;
        p->lchild=0;p->rchild=0;
    }
    p=*HT; p++;
    for(i=1;i<=n;p++,i++)
        /*把存放在 w 中的 n 个叶子结点的权值放到动态数组的前 n 个分量中*/
    for(i=n+1;i<=m;i++){
    Select(*HT,i-1,&s1,&s2);/*从动态数组的前 i-1 个分量中选择 parent 为 0*/
    /*且权值最小的两个结点,其序号分别为 s1 和 s2。*/
    (*HT)[s1].parent=i;(*HT)[s2].parent=i;
    (*HT)[i].lchild=s1;(*HT)[i].rchild=s2;
    (*HT)[i].weight=(*HT)[s1].weight+(* HT)[s2].weight;
    }
}
```

其中，Select()函数代码如下。

算法 5-29 从 HT 数组的前 i 个分量中选择两棵根结点权值最小的二叉树的算法如下。

```
void Select(HuffmanTree HT,int i,int *s1,int *s2)
{ /*从 HT 数组的前 i 个分量中选择 parent 为 0 且权值最小的两个结点,*/
  /*其序号分别存放在指针 s1 和 s2 所指向的存储单元中。*/
  int k,j;
  HuffmanTree p;
  p=HT;
  k=1;
  while(HT[k].parent!=0) k++;
  *s1=k;
  for(j=1;j<= i;j++)/*寻找最小权值的结点序号,并存放在指针 s1 所指向的存储单元*/
  if((HT[j].parent==0) && (HT[j].weight<HT[*s1].weight)) *s1=j;
  k=1;
  while((HT[k].parent!=0)‖(k==*s1)) k++;
  *s2=k;
  for(j=1;j<= i;j++)/*寻找次小权值的结点序号,并存放在指针 s2 所指向的存储单元*/
    if((HT[j].parent==0) && (HT[j].weight<HT[*s2].weight) && (j!=*s1))
      *s2=j;
}
```

2. 赫夫曼编码

在数据通信中,经常需要将传送的文字转换成由二进制字符 0,1 组成的二进制串,此过程称为编码。例如,假设要传送的报文为 ABCCBCD,报文中只含有 A,B,C,D 四种字符,若这四种字符采用图 5-27(a)所示的编码,则报文的代码为 00011010011011,长度为 14。对方接收时,可按两位为一个单元进行译码。

字符	编码
A	00
B	01
C	10
D	11

(a)

字符	编码
A	00
B	0
C	1
D	01

(b)

字符	编码
A	000
B	01
C	1
D	001

(c)

图 5-27 字符的 3 种不同的编码方案

当然,在传送报文时,我们总是希望传送时间尽可能短,这就要求报文代码尽可能短。如果在编码时考虑字符出现的频率,让出现频率高的字符采用尽可能短的编码,出现频率低的字符采用稍长的编码,构造一种不等长编码,则报文的代码就可能更短。例如,当字符 A,B,C,D 采用如图 5-27(b)所示的编码时,上述报文的代码为 000110101,长度仅为 9。但是,这样的报文无法译码,如传送过去的字符串中前 4 个字符的子串 0001 就可以有多种译法,或是 ABC,或是 AD,或是 BBD 等。因此,这样的编码不能保证译码的唯一性,我们称之为具有二义性的译码。由此得出,若要设计长度不等的编码,则必须使任何一个字符的编码都不是另一个字符编码的前缀,这样才能保证译码的唯一性,这种编码称为前缀编码。

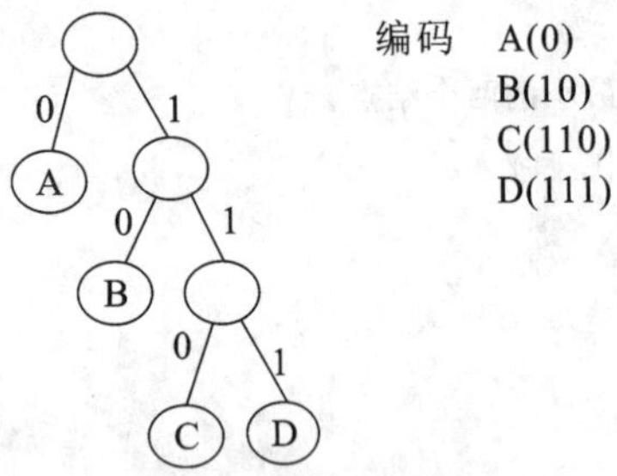

图 5-28　前缀编码示例

编码　A(0)
　　　B(10)
　　　C(110)
　　　D(111)

可以利用二叉树来设计二进制的前缀编码。假设有一棵如图 5-28 所示的二叉树,其 4 个叶子结点分别表示 A、B、C、D 这 4 个字符,若约定左分支表示字符'0',右分支表示字符'1',则可以从根结点到叶子结点的路径上分支字符组成的 0、1 字符串,作为该叶子结点字符的编码。如此得到的必为二进制前缀编码,因为在上述二叉树中,每个字符结点都是叶结点,它们不可能在根结点到其他字符结点的路径上,所以一个字符的编码不可能是另一个字符编码的前缀。在图 5-28 中,A、B、C、D 的二进制前缀编码分别为 0,10,110,111。

那么,如何得到使报文总长最短的二进制前缀编码呢?假设报文中出现的字符集合为 $\{d_1,d_2,\cdots,d_n\}$,它们在报文中出现的次数集合为 $\{w_1,w_2,\cdots,w_n\}$,其编码长度为 l_i,则报文总长为 $\sum_{i=1}^{n} w_i \cdot l_i$。对应到二叉树上,若以 $d_1,d_2,\cdots,d_n$ 作为叶子结点,$w_1,w_2,\cdots,w_n$ 作为它们的权值,l_i 恰为从根到叶子的路径长度。由此可见,设计报文总长最短的二进制前缀编码即为以 n 个字符出现的次数作为权,设计一棵赫夫曼树的问题,由此得到的二进制前缀编码便称为赫夫曼编码(它是最优的二进制前缀编码)。

下面讨论实现赫夫曼编码的算法。

实现赫夫曼编码的算法可分为如下两大部分。

(1) 构造赫夫曼树。

(2) 在赫夫曼树上求叶结点的编码。

关于构造赫夫曼树的算法在前面已经介绍过了,下面讨论在赫夫曼树上求叶结点对应字符编码的算法。

由于各字符的编码长度不等,所以应按照编码的实际长度动态分配空间。由此给出赫夫曼编码表的类型定义如下。

typedef char * * HuffmanCode;/ * 动态分配数组存储赫夫曼编码表 * /

赫夫曼编码的算法思想如下。

(1) 在已建立的赫夫曼树中,从叶结点开始,沿结点的双亲链域回退到根结点,每回退一步,就走过了赫夫曼树的一个分支,从而得到一位赫夫曼码值。回退时走左分支则生成代码 0,走右分支则生成代码 1。

(2) 由于一个字符的赫夫曼编码是从根结点到相应叶结点所经过的路径上各分支所组成的 0,1 序列,因此先得到的分支代码为所求编码的低位码,后得到的分支代码为所求编码的高位码。为此,将生成的代码先从后往前依次存放在一个临时数组 cd 中,并设一个指针 start 指示编码在临时数组 cd 中的起始位置(start 初始时指示临时数组 cd 的结束位置)。

(3) 当某个字符编码完成时,先根据编码的实际长度动态分配空间,再从临时数组 cd 的 start 处将编码复制到该存储空间。

赫夫曼编码的算法具体参见算法 5-30。

算法 5-30 　赫夫曼编码(从叶子到根逆向处理)。

```
void HuffmanCoding(HuffmanTree HT,HuffmanCode *HC,int n)
{/*从叶子结点到根结点逆向求每个字符的赫夫曼编码*/
    int i,start;
    unsigned int c,f;
    char *cd=NULL;
    *HC=(HuffmanCode)malloc(n*sizeof(char*));/*分配 n 个字符编码的头指针数组*/
                            /*该动态数组首地址存储在 HC 指针所指向的存储单元中*/
    cd=(char*)malloc(n* sizeof(char));        /*分配求编码的工作空间*/
    cd[n-1]='\0';                            /*编码结束符*/
    for(i=1;i<= n;i++)                       /*逐个字符求赫夫曼编码*/
    {   start=n-1;                           /*编码结束符位置*/
        for(c=i,f=HT[i].parent;f!=0;c=f,f=HT[f].parent)  /*从叶子到根逆向求编码*/
            if(HT[f].lchild==c) cd[--start]='0';
            else cd[--start]='1';
        (*HC)[i]=(char*)malloc((n-start)*sizeof(char)); /*为第 i 个字符编码分配空间*/
        strcpy((*HC)[i],&cd[start]);          /*从 cd 复制编码(串)到 HC*/
    }
    free(cd);                                /*释放工作空间*/
}
```

在算法 5-30 中,求每个字符的赫夫曼编码是从叶子到根逆向处理的。也可以从根出发,遍历整棵赫夫曼树,求得各个叶子结点所表示的字符的赫夫曼编码,如算法 5-31 所示。

算法 5-31 　赫夫曼编码(从根到叶子处理)。

```
void HuffmanCoding(HuffmanTree HT,HuffmanCode * HC,int n)
{/*从根结点到叶子结点求每个字符的赫夫曼编码*/
    int i;
    int m,p,cdlen;
    char *cd=NULL;
    m=2*n-1;
    *HC=(HuffmanCode)malloc(n*sizeof(char*));
    cd=(char*)malloc(n*sizeof(char));
    p=m;cdlen=0;
    for(i=1;i<=m;i++) HT[i].weight=0;       /*遍历赫夫曼树时用于结点状态标志*/
    while(p){
        if(HT[p].weight==0) {               /*向左*/
            HT[p].weight=1;
            if(HT[p].lchild!=0)
            {p=HT[p].lchild;cd[cdlen++]='0';}
            else if(HT[p].rchild==0){        /*登记叶子结点的赫夫曼编码*/
                (*HC)[p]=(char*)malloc((cdlen+1)*sizeof(char));
                cd[cdlen]='\0';strcpy((*HC)[p],cd);       /*复制编码(串)*/
            }
        }
        else if(HT[p].weight==1) {          /*向右*/
```

```
        HT[p].weight=2;
        if(HT[p].rchild!=0) {p=HT[p].rchild;cd[cdlen++]='1';}
    }else{/*HT[p].weight=2,退回*/
        HT[p].weight=0;p=HT[p].parent;--cdlen;  /*退到父结点,编码长度减1*/
    }
}//while
free(cd);/*释放工作空间*/
}
```

译码的过程是分解报文中的字符串。从赫夫曼树的根结点出发,按字符'0'或'1'确定找左孩子或右孩子,直到叶结点为止,便求得该子串相应的字符。有关算法相对比较简单,在此不再详述。

举例 已知某通信系统在通信联络中只可能出现 8 种字符,其概率分别为 0.05, 0.25,0.10,0.08,0.16,0.03,0.24,0.09,试设计赫夫曼编码。

设权 $w=(5,25,10,8,16,3,24,9)$。为求赫夫曼编码,可写如下 main( )函数。

算法 5-32 赫夫曼编码的 main( )函数。

```
int main()
{
    int n;                        /*字符个数*/
    int i;                        /*循环控制变量*/
    unsigned int *w;              /*动态分配数组存储 n 个字符的权值*/
    HuffmanTree HT=NULL;
    HuffmanCode HC=NULL;
    printf("Please Enter the leaf's total of HaffmanTree:");
    scanf("%d",&n);
      w=(unsigned int*)malloc(n*sizeof(unsigned int));
      printf("Please Enter the leaf's weight value of HaffmanTree:");
    for(i=1;i<=n;i++) scanf("%d",&w[i]);
    CreateHuffmanTree(&HT,w,n);   /*调用算法 5-28*/
    HuffmanCoding(HT,&HC,n);      /*调用算法 5-30 或算法 5-31*/
    for(i=1;i<=n;i++)             /*输出各字符的赫夫曼编码*/
    printf("%s  ",HC[i]);
    printf("\n");
      return 0;
}
```

按算法 5-32 可构造一棵赫夫曼树如图 5-29 所示。其存储结构 HT 的初始状态如图 5-29(a)所示,其终止状态如图 5-30(b)所示,所得赫夫曼编码如图 5-30(c)所示。

赫夫曼树还有许多其他的应用,例如,在当今流行的数据压缩算法中,经常采用的就是赫夫曼编码的压缩方法。对于计算机能够识别的文本字符都是采用 ASCII 字符表示,而每一个 ASCII 字符占一个字节(8 个二进制位),这种 ASCII 字符的编码方式是一种等长编码的方法。在一篇文章中,不是每一个 ASCII 字符都出现,所以对每一个字符可以按照其在文章中出现的次数(或频率)建立一棵赫夫曼树,对其重新编码,这样就可以使编码的总长度最小,从而实现压缩存储。

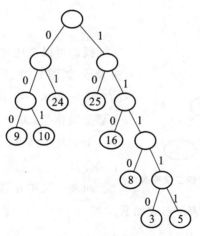

图 5-29　算法 5-32 构造的赫夫曼树

weight	parent	lchild	rchild
5	0	0	0
25	0	0	0
18	0	0	0
8	0	0	0
16	0	0	0
3	0	0	0
24	0	0	0
9	0	0	0
0	0	0	0
0	0	0	0
0	0	0	0
0	0	0	0
0	0	0	0
0	0	0	0
0	0	0	0

HT →

(a)HT的初态

weight	parent	lchild	rchild
5	9	0	0
25	14	0	0
18	11	0	0
8	10	0	0
16	12	0	0
3	9	0	0
24	13	0	0
9	11	0	0
8	10	6	1
16	12	4	9
19	13	8	3
32	14	5	10
43	15	11	7
57	15	2	12
100	0	13	14

HT →

(b) HT的终态

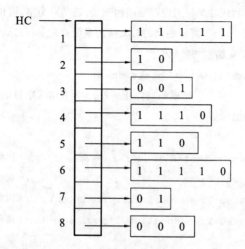

(c) 赫夫曼编码HC

图 5-30　算法 5-32 构造的赫夫曼树的存储结构及赫夫曼编码

5.6.2　表达式求值

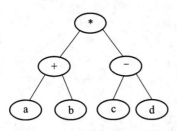

图 5-31　表达式(a＋b) * (c－d)的二叉树表示

我们可以把任意一个算术表达式用一棵二叉树表示,如图 5-31 所示为表达式(a＋b) * (c－d)的二叉树表示。在表达式二叉树中,每个叶子结点都是操作数,每个非叶子结点都是运算符。对于一个非叶子结点,它的左、右子树分别是它的两个操作数。

对该二叉树分别进行先序、中序和后序遍历,可以得到表达式的三种不同表示形式如下。

- 前缀表达式　　　* ＋ab－cd
- 中缀表达式　　　a＋b * c－d
- 后缀表达式　　　ab＋cd－ *

中缀表达式是经常使用的算术表达式,前缀表达式和后缀表达式分别称为波兰表达式和逆波兰表达式,它们在编译程序中有着非常重要的作用。

假定表达式二叉树的二叉链表存储表示如下。

```
typedef struct Node{
    char data;
    struct Node * lchild,* rchild;
}BiTNode,* BiTree;
int N;        /*N为表达式字符串的长度*/
```

下面的算法 5-33 以递归方式建立表达式二叉树的二叉链表存储结构,此算法以表达式二叉树顺序存储结构数组作为输入。算法 5-34 由表达式二叉树的二叉链表存储结构计算表达式的值。

算法 5-33　以递归方式建立表达式二叉树的二叉链表存储结构。

```
BiTree  CreateBiTree(int * nodelist,int position)
{    /*nodelist 为表达式二叉树顺序存储结构数组,若结点为空,则相应数组元素*/
     /*取 0 值,position 指示所要创建的二叉树的根结点在 nodelist 数组中的位置*/
     BiTree p; /*定义新结点指针*/
     if(nodelist[position]==0‖position>N)
                    /*递归的终止条件,N为表达式字符串的长度*/
          return NULL;
     else{
     p=(BiTree)malloc(sizeof(BiTNode));          /*申请新结点内存空间*/
     p->data=nodelist[position];                 /*新结点数据域赋值*/
     p->lchild=CreateBiTree(nodelist,2*position);   /*递归建立左子树*/
     p->rchild=CreateBiTree(nodelist,2*position+1);/*递归建立右子树*/
     return p;
     }
}
```

算法 5-34 计算表达式的值。

```
intCalculate(BiTree T)
{  /*计算表达式的值,T 为表达式二叉树的根结点指针*/
    int oper1=0; /*前操作数变量*/
    int oper2=0; /*后操作数变量*/
    if(T->lchild==NULL && T->rchild==NULL) /*如果是操作数*/
        return T->data-'0'; /*把操作数由字符转换为数字,并返回*/
    else
    {
        oper1=Calculate(T->lchild);/*计算左子树表达式的值,存入前操作数变量*/
        oper2=Calculate(T->rchild);/*计算右子树表达式的值,存入后操作数变量*/
        return Get_Value(T->data,oper1,oper2); /*根据运算符计算两操作数的值*/
    }
}
```

其中,Get_Value()函数代码如下。

算法 5-35 根据运算符 oper 计算两操作数 oper1 和 oper2 的值。

```
int Get_Value(int oper,int oper1,int oper2)
{    /*根据运算符 oper 计算两操作数 oper1 和 oper2 的值*/
    switch((char)oper)
    {
        case '*': return (oper1*oper2);
        case '/': return (oper1/oper2);
        case '+': return (oper1+oper2);
        case '-': return (oper1-oper2);
    }
}
```

如果要计算表达式(1+2)*(6-3)的值,可编写如下的 main()函数。

算法 5-36 计算上述表达式值的 main()函数。

```
int main()
{
    BiTree T=NULL;
    int cal_result;
    int nodelist[8]={' ','*','+','-','1','2','6','3'};
                            /*表达式(1+2)*(6-3)以二叉树方式存入数组*/
    N=7;                    /*表达式(1+2)*(6-3)的长度为7*/
    T=CreateBiTree(nodelist,1);    /*调用算法 5-33 创建表达式二叉链表*/
    cal_result=Calculate(T);       /*调用算法 5-34 计算表达式的值*/
    printf("\nCalculate result is [ %d ]\n",cal_result); /*输出表达式的值*/
    return 0;
}
```

二叉树的应用非常广泛。除了在数据通信、数据压缩、表达式处理方面的应用外，二叉树也应用在数据检索领域中，二叉查找树就是二叉树在数据检索领域中的应用。在大数据量的数据检索中，二叉查找树可以提供高效的检索和更新元素的操作。关于二叉查找树在本书8.3.1节将会详细介绍。

本 章 小 结

本章首先介绍树的定义、树结构的基本术语、树的常用基本操作及树的表示，然后重点介绍二叉树的定义、性质、存储结构及基本操作算法，并讨论树的存储结构，树和森林与二叉树的相互转换，最后介绍二叉树的应用。

树形结构是分支关系定义的层次结构，结构中的数据元素之间存在着"一对多"的关系。树中除根结点没有前驱外，其余每个结点只有一个前驱，所有结点都有零个或多个后继。树形结构为自然界和计算机应用中出现的具有层次关系的数据，提供了一种形象的表示方法。

二叉树是另一种树形结构。二叉树中每个结点至多有两个孩子，且有明确的左、右之分。

一棵深度为 k 的二叉树，最少含有 k 个结点，最多含有 2^{k-1} 个结点；一棵具有 n 个结点的二叉树，其最小深度为$\lfloor \log_2 n +1 \rfloor$。

二叉树具有顺序和链式两种存储结构，对于满二叉树和完全二叉树通常采用顺序存储结构，对于普通二叉树通常采用链式存储结构。

二叉树的遍历操作是二叉树各种操作的基础。二叉树的遍历有先序、中序、后序遍历及层次遍历，遍历的过程实质上是把非线性结构线性化的过程。由二叉树的先序和中序序列可唯一确定一棵二叉树，由二叉树的中序和后序序列也可唯一确定一棵二叉树，但是，由二叉树的先序和后序序列不能唯一确定一棵二叉树，因为不能确定左、右子树的大小（结点数）或者说不知其子树结束的位置。

一个具有 n 个结点的二叉树，若采用二叉链表存储结构，在 $2n$ 个指针域中只有 $n-1$ 个指针域是用来存储结点孩子的地址，而另外 $n+1$ 个指针域存放的都是 NULL。所谓线索化二叉树是指将二叉树中每个结点的空的左右孩子指针域分别修改为指向其给定顺序（先序、中序、后序）的前驱、后继结点。线索二叉树的遍历算法是不需要栈的非递归算法，算法执行效率高，若在某程序中所用二叉树经常遍历或查找结点在遍历序列中的前驱或后继，则应采用线索链表作存储结构。

树的存储结构有三种最常用的表示法：双亲表示法、孩子表示法、孩子兄弟表示法（又称二叉链表表示法）。

由于树和二叉树都可用二叉链表作为存储结构，则以二叉链表为媒介可导出树与二叉树之间的一一对应关系。也就是说，给定一棵树，可以找到唯一的一棵二叉树与之对应，反过来，任意一棵二叉树也能够唯一地对应到一棵树上。

由树结构的定义可引出树的两种次序的遍历：先根遍历和后根遍历，其中树的先根序列对应转换之后的二叉树的前序序列，树的后根序列对应转换之后的二叉树的中序序列。因此，当以二叉链表作为树的存储结构时，树的先根遍历和后根遍历可以借用二叉树的前序遍历和中序遍历算法实现。

由于任何一棵与树对应的二叉树，其右子树必为空。若把森林中第 2 棵树的根结点看成是第 1 棵树的根结点的兄弟，则同样可导出森林与二叉树的对应关系。

按照森林和树相互递归的定义，可以推出森林的两种遍历方法：先序遍历和中序遍历，其中森林的先序序列对应转换之后的二叉树的先序序列,森林的中序列对应转换之后的二叉树的中序序列。因此,当以二叉链表作为森林的存储结构时,森林的先序遍历和中序遍历可以借用二叉树的前序遍历和中序遍历算法实现。

二叉树应用广泛。其中,赫夫曼(Huffman)树,又称最优二叉树,是一类带权路径长度最短的二叉树。其在数据通信、数据压缩等方面有着广泛的应用。二叉查找树就是二叉树在数据检索领域中的又一应用。此外,二叉树也可用来计算表达式的值。

通过本章的学习,应该熟练掌握二叉树的先序、中序、后序遍历的递归和非递归算法,以及层次遍历的算法,并掌握以上二叉树遍历算法的简单应用。熟悉线索二叉树的定义、二叉树线索化的算法及对线索二叉树的遍历算法。掌握树、森林与二叉树之间相互转换的具体方法。会构造赫夫曼树,会根据构造出的赫夫曼树对叶结点进行赫夫曼编码。相信通过本章的学习,不仅能掌握二叉树在数据通信、数据压缩、表达式处理方面的应用,而且能够编写像族谱管理、各种社会组织机构管理等的管理系统。

习 题 5

一、选择题

1. 树最适合用来表示(　　　)。

A. 有序数据元素　　　　　　　　　B. 元素之间具有分支层次关系的数据

C. 无序数据元素　　　　　　　　　D. 元素之间无联系的数据

2. 在树中除根结点 T 外,其余结点分成 m($m \geqslant 0$)个(　　　)的集合 $T_1,T_2,T_3,\cdots,T_m$,每个集合又都是树,此时结点 T 称为 T_i 的父结点,T_i 称为 T 的子结点($1 \leqslant i \leqslant m$)。

A. 互不相交　　　　　　　　　　　B. 可以相交

C. 叶结点可以相交　　　　　　　　D. 树枝结点可以相交

3. 假定在一棵二叉树中,双分支结点数为 15 个,单分支结点数为 32 个,则叶子结点数为(　　　)。

A. 15　　　　　　　B. 16　　　　　　　C. 17　　　　　　　D. 47

4. 在一棵具有五层的满二叉树中,结点总数为(　　　)。

A. 31　　　　　　　B. 32　　　　　　　C. 33　　　　　　　D. 16

5. 在一棵二叉树中第 5 层(根在第 1 层)上的结点数最多为(　　　)。

A. 8　　　　　　　B. 15　　　　　　　C. 16　　　　　　　D. 32

6. 高度为 h 的完全二叉树至少有(　　　)个结点,至多有(　　　)个结点。

A. $2^h - 1$　　　　　B. h　　　　　　　C. 2^{h-1}　　　　　D. $2h$

7. 一棵具有 124 个叶结点的完全二叉树,最多有(　　　)个结点。

A. 247　　　　　　B. 248　　　　　　C. 249　　　　　　D. 250

8. 假定一棵二叉树的结点数为 18 个,则它的最小高度是(　　　)。

A. 4　　　　　　　B. 5　　　　　　　C. 6　　　　　　　D. 18

9. 在完全二叉树中,当 i 为奇数且不等于 1 时,结点 i 的左兄弟是结点(　　　),否则没有左兄弟。

A. $2i-1$　　　　　B. $i+1$　　　　　　C. $2i+1$　　　　　D. $i-1$

10. 如果结点 A 有三个兄弟,而且 B 是 A 的双亲,则 B 的度是(　　　)。

A. 3　　　　　　　B. 4　　　　　　　C. 5　　　　　　　D. 1

11. 一个深度为 L 的满 k 叉树有如下性质:第 L 层上的结点都是叶子结点,其余各层上

每个结点都有 k 棵非空子树。如果按层次顺序从 1 开始对全部结点编号，编号为 n 的结点有右兄弟的条件是（　　　）。

　　A. $(n-1) \% k == 0$　　B. $(n-1) \% k != 0$　　C. $n \% k == 0$　　　　D. $n \% k != 0$

12. 一棵度为 m 树中，有 n_1 个度为 1 的结点，有 n_2 个度为 2 的结点，…，有 n_m 个度为 m 的结点，则该树的叶结点数为（　　　）。

　　A. $n_1 + n_2 + \cdots + n_m$　　　　　　　　B. $(m-1)n_m + \cdots + n_2 + 1$

　　C. $n_1 + n_2 + 1$　　　　　　　　　　　D. $n_1 - n_2$

13. 某二叉树 T 有 n 个结点，设按某种遍历顺序对 T 中的每个结点进行编号，编号值为 $1, 2, \cdots, n$，且有如下性质：T 中任一结点 V，其编号等于左子树上的最小编号减 1，而 V 的右子树的结点中，其最小编号等于 V 左子树上结点的最大编号加 1。这是按（　　　）编号。

　　A. 中序遍历序列　　　　　　　　　　B. 前序遍历序列

　　C. 后序遍历序列　　　　　　　　　　D. 层次遍历序列

14. 在一棵二叉树的二叉链表中，空指针域等于所有非空指针域数加（　　　）。

　　A. 2　　　　　　　B. 1　　　　　　　C. 0　　　　　　　D. -1

15. 判断线索二叉树种某结点 P 有左孩子的条件是（　　　）。

　　A. $p != NULL$　　　　　　　　　　B. $p->lchild != NULL$

　　C. $p->LTag = 0$　　　　　　　　　D. $p->LTag = 1$

16. 二叉树在线索化后，仍不能有效求解的问题是（　　　）。

　　A. 先序线索化二叉树中求先序后继　　B. 中序线索化二叉树中求中序后继

　　C. 中序线索化二叉树中求中序前驱　　D. 后序线索化二叉树中求后序后继

17. 树的基本遍历策略可分为先根遍历和后根遍历；二叉树的基本遍历策略可分为先序、中序和后序三种遍历。我们把由树转化得到的二叉树称该树对应的二叉树，则下面（　　　）是正确的。

　　A. 树的先根遍历序列与其对应的二叉树先序遍历序列相同

　　B. 树的后根遍历序列与其对应的二叉树后序遍历序列相同

　　C. 树的先根遍历序列与其对应的二叉树中序遍历序列相同

　　D. 以上都不对

18. 设森林 F 对应的二叉树为 B，它有 M 个结点，B 的根为 P，P 的右子树结点个数为 N，森林 F 中第 1 棵树的结点个数是（　　　）。

　　A. $M-N$　　　　　　　　　　　　B. $M-N-1$

　　C. $N+1$　　　　　　　　　　　　D. 条件不充分，无法确定

19. 由分别带权为 9、2、5、7 的四个叶子结点构造一棵赫夫曼树，该树的带权路径长度为（　　　）。

　　A. 23　　　　　　　B. 37　　　　　　　C. 44　　　　　　　D. 46

20. 设 T 是一棵赫夫曼树，具有 5 个叶结点，树 T 的高度最高可以是（　　　）。

　　A. 2　　　　　　　B. 3　　　　　　　C. 4　　　　　　　D. 5

二、填空题

1. 在树形结构中，树根结点没有＿＿＿＿＿＿结点，其余每个结点有且仅有＿＿＿＿＿＿结点；树叶结点没有＿＿＿＿＿＿结点，其余每个结点的＿＿＿＿＿＿结点数不受限制。

2. 对于一棵具有 n 个结点的树，树中所有结点的度之和为＿＿＿＿＿＿。

3. 在一棵二叉树中，度为 0 的结点的个数为 n_0，度为 2 的结点的个数为 n_2，则：_____ ____。

4. 在二叉树的顺序存储中，对于下标为 5 的结点，它的双亲结点的下标为_____，若它存在左孩子，则左孩子结点的下标为_____，若它存在右孩子，则右孩子结点的下标为_____。

5. 假定一棵二叉树如题图 5-1 所示 A(B(,D),C(E(G),F))，则该二叉树的根结点是 _____，叶子结点是_____，度为 1 的结点是_____，度为 2 的结点是_____；D 结点的父结点是_____；G 结点的祖先结点是_____；C 结点是 A 结点的_____孩子，E 结点是 C 结点的_____孩子；该二叉树的度为_____；该二叉树的深度为_____。

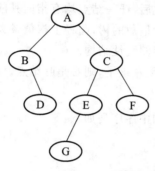

题图 5-1

6. 设一棵完全二叉树共有 500 个结点，则在该二叉树中有_____个叶子结点。

7. 在左右子树均不空的先序线索二叉树中，空链域的数目是_____。

8. 设 n_0 为赫夫曼树的叶子结点数目，则该赫夫曼树共有_____个结点。

9. 一棵完全二叉树按层次遍历的序列为 ABCDEFG，则在前序遍历中结点 E 的直接前驱是_____，后序遍历中结点 B 的直接后继是_____。

10. 已知某二叉树的中序序列为 ABCDEFG，后序序列为 BDCAFEG，则该二叉树结点的前序序列为_____，该二叉树对应的森林包括_____棵树。

11. 假定在二叉树的链表存储中，每个结点的结构为：

left	data	right

其中：data 为值域，left 和 right 分别为链接左、右孩子结点的指针域，请在下面中序遍历算法中画有横线的地方填写合适的语句。

```
void InOrderTraverse(BiTree T);
{    if(T!=NULL) {
          (1)_____
          (2)_____
          (3)_____
     }
}
```

12. 具有 n 个结点互不相似的二叉树的数目为_____。

三、判断题

1. 后序遍历树和中序遍历与该树对应的二叉树，其结果不同。（   ）

2．若有一个结点是某二叉树子树的中序遍历序列中的最后一个结点，则它必是该子树的前序遍历序列中的最后一个结点。（　　　）

3．若一个二叉树的叶子结点是某子树的中序遍历序列中的最后一个结点，则它必是该子树的前序遍历序列中的最后一个结点。（　　　）

4．已知二叉树的前序遍历和后序遍历序列并不能唯一地确定这棵树，因为不知道树的根结点是哪一个。（　　　）

5．在赫夫曼编码中，当两个字符出现的频率相同时，其编码也相同，对于这种情况应进行特殊处理。（　　　）

6．中序遍历二叉排序树的结点就可以得到排好序的结点序列。（　　　）

7．二叉树按某种顺序线索化后，任一结点均有指向其前趋和后继的线索。（　　　）

8．赫夫曼树是带权路径长度最短的树，路径上权值较大的结点离根较近。（　　　）

9．顺序存储结构只能用于存储线性结构。（　　　）

10．完全二叉树的某结点若无左孩子，则必是叶结点。（　　　）

四、操作题

1．已知一棵二叉树的后序和中序序列如下：

后序序列：ABCDEFG

中序序列：ACBGEDF

试完成下列操作：

（1）画出该二叉树的树形表示；

（2）给出该二叉树的先序序列；

（2）画出该二叉树的顺序存储结构示意图；

（3）画出该二叉树的二叉链表存储结构示意图；

（4）画出该二叉树的三叉链表存储结构示意图；

（5）画出该二叉树的中序线索二叉链表存储结构示意图。

2．已知一棵二叉树的结点数据采用顺序存储结构，存储于数组 BT 中，如题图 5-2 所示。试画出该二叉树的二叉链表存储结构示意图。数组 BT 的存放形式是相对于满二叉树中编号为数组下标值的结点值。若该结点不存在，则取 0 值。

1	2	3	4	5	6	7	8	9	10	11
E	A	F	0	D	0	G	0	0	C	J
12	13	14	15	16	17	18	19	20	21	
0	0	L	H	0	0	0	0	0	B	

题图 5-2

3．试分别找出满足下列条件的所有二叉树：

（1）先序遍历序列和中序遍历序列相同；

（2）中序遍历序列和后序遍历序列相同；

（3）先序遍历序列和后序遍历序列相同。

4．试证明已知一棵二叉树的前序序列和中序序列，则可唯一地确定一棵二叉树。

5．已知一棵树的双亲表示法如题图 5-3 所示，其中各兄弟结点是依次出现的，试画出该树及对应的二叉树，并画出对应二叉树的后序线索二叉树。

data	A	B	C	D	E	F	G	H	I	J	K	L	M	N	O
parent	0	1	1	1	2	2	3	3	4	4	5	6	6	7	8

题图 5-3

6. 画出题图 5-4 所示的各二叉树所对应的森林。

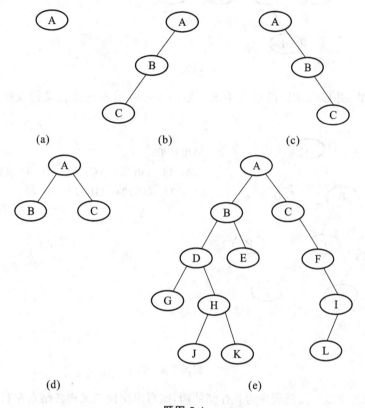

题图 5-4

7. 假设某通信报文的字符集由 A,B,C,D,E,F 六个字符组成,它们在报文中出现的次数分别为 16,5,9,20,3,1。试构造一棵赫夫曼树,并完成如下操作:

(1) 计算其带权路径长度;

(2) 写出各叶子结点对应字符的赫夫曼编码。

8. 将算术表达式(a+b*(c−d))−e/f 转化为二叉树,并写出该表达式的波兰表达式(前缀式)和逆波兰表达式(后缀式)。

五、算法设计题

1. 设一棵二叉树以二叉链表来存储,结点结构为:

left	data	right

设计算法以求二叉树上度为 1 的结点个数。

2. 已知一棵二叉树采用二叉链表存储。设计算法以输出二叉树中从根结点到每个叶子结点的路径。题图 5-5 所示为一棵二叉树及所对应的输出结果的示例。

3. 已知二叉树 T 以二叉链表作为其存储结构。设计算法按先序次序输出各结点的值

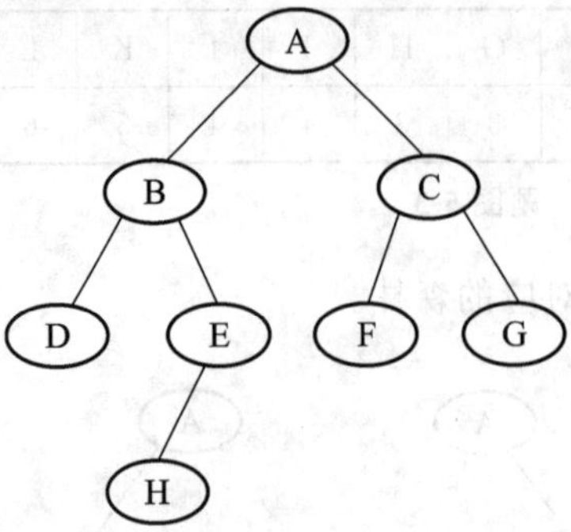

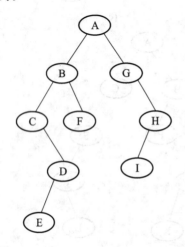

输出结果：
D：A B D
H：A B E H
F：A C F
G：A C G

题图 5-5

及相应的层次数，并以二元组的形式给出。题图 5-6 所示为一棵二叉树及所对应的输出结果的示例。

输出结果：
（A，1）（B，2）（C，3）（D，4）（E，5）
（F，3）（G，2）（H，3）（I，4）

题图 5-6

4. 已知二叉树以二叉链表作为其存储结构，试写出交换二叉树各结点左右子树的算法。

5. 设计算法以返回二叉树 T 的后序序列的第一个结点的指针。要求采用非递归算法。

6. 设计算法求先序线索二叉树中指针 p 所指结点的先序后继结点的指针，并通过该算法来写先序遍历先序线索二叉树的非递归算法。

7. 一棵树 T 采用二叉链表表示，其中指针及结点的类型说明如下。

```
typedef struct CSNode{
    TElemType    data;
    struct CSNode  *firstchild,*nextsibling;
} CSNode,*CSTree;
```

设计算法按层次遍历树 T 的各结点，并给出离根结点最远的一个结点的指针。

8. 编写算法求以孩子兄弟链表存储的树（或森林）的叶子结点数。

9. 编写算法求以孩子兄弟链表存储的树（或森林）的高度。

10. 设一棵二叉树中各结点的值互不相同，其先序序列和中序序列分别存放在两个一维数组 pre[1..n]和 mid[1..n]中，试编写算法建立该二叉树的二叉链表。

第6章 图

小时候我们都玩过"一笔画"游戏,即用一笔画成一个图形,如五角星。但有些图只用一笔是画不出来的。哪些图不能一笔而成呢? 事实上这个问题几百年前就有数学家用图解决了。

1736 年,数学家欧拉(Euler)访问哥尼斯堡(Konigsberg)时,发现当地的市民正进行一项非常有趣的消遣活动。Konigsberg 城中有一条名为 Pregel 的河流流过,河上有七座桥,如图 6-1 所示。这项有趣的消遣活动是在星期六进行一次走过所有七座桥的散步,每座桥只能经过一次而且起点与终点必须是同一地点。

问题提出后,很多人对此很感兴趣,纷纷进行试验,但在相当长的时间里,始终未能解决。每座桥均走一次,那这七座桥所有的走法一共有 5040 种,而这么多情况,若要一一试验,将是一个长期的工作。怎么才能找到成功走过每座桥而不重复的路线呢? 这就是著名的"哥尼斯堡七桥问题"。当时欧拉将河岸和桥抽象为点和边,从而形成图,如图 6-2 所示。这是最早有记载的用图来解决实际问题的记录。欧拉通过对该抽象图的研究得出结论:一笔画的重要条件是"度为奇数的顶点数不是 0 就是 2"。

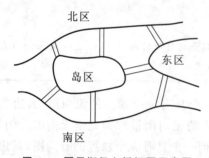 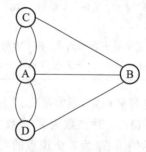

图 6-1　哥尼斯堡七桥问题示意图　　　　图 6-2　用图来表示哥尼斯堡七桥问题

日常生活中,许多类似问题都与图密切相关,如病毒传播动态过程的仿真、综合布线的最短代价、工程决策等问题,都可以通过图的相关算法来得以解决。

图(graph)是一种较线性表和树更为复杂的数据结构,其应用极为广泛。在图中结点与结点的关系可以是任意的,从逻辑结构来看,图中任意一个结点的前趋和后继个数都没有限制,元素之间的关系是"多对多"。

 ## 6.1　图的定义和术语

6.1.1　图的基本概念

图的二元组定义为:

$$G=(V,E)$$

其中,V 是一个顶点集,它是顶点的有穷非空集合;E 是 V 上的顶点所构成的偶对,即顶点之间关系的有穷集合,称为边(edge)集。

图中代表一条边的顶点的偶对如果无方向性,即无序,则称此图为无向图。在无向图中,(x,y) 与 (y,x) 表示同一条边。

图中代表一条边的顶点的偶对如果有序的,则称此图为有向图。在有向图中,用<x,y>表示一条有向边,在有向图中也称边为"弧",x称为边的弧尾或始点,称此边为顶点x的一条出边;y称为边的弧头或终点,称此边为顶点y的一条入边。

图 6-3 中的(a)图和图 6-3(b)为无向图。如图 6-3 中的(c)图和 6-3(d)图为有向图。

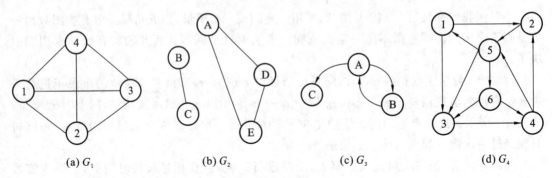

(a) G_1 (b) G_2 (c) G_3 (d) G_4

图 6-3 无向图和有向图

图 6-3 所示的图 G_1 和 G_3 可用二元组形式表示如下。

```
V(G1)={1,2,3,4}
E(G1)={(1,2),(1,3),(1,4),(2,3),(2,4),(3,4)}
V(G3)={A,B,C}
E(G1)={<A,B>,<B,A>,<A,C>}
```

注意:需要特别指出的是,在下面的讨论中都不考虑顶点到自身的边,即<v_i,v_j>或(v_i,v_j)是图 G 的一条边,则有 $v_i \neq v_j$,并且也不允许一条边在图中重复出现。

按照这样的规定,很容易得到下述结论:任何一个具有 n 个顶点的无向图,其边数小于等于 $n(n-1)/2$。顶点数为 n,边数等于 $n(n-1)/2$ 的无向图被称为完全无向图。例如,图 6-3(a)所示的图 G_1 为 4 个顶点的完全无向图。任何一个具有 n 个顶点的有向图,其边数小于等于 $n(n-1)$。顶点数为 n,边数等于 $n(n-1)$ 的有向图被称为完全有向图。这里的完全图包括了所有可能的边。

图中若顶点 v 和顶点 w 之间存在一条边,则称顶点 v 和 w 互为邻接点,连接一对邻接点 v 和 w 的边是和顶点 v 和 w 相关联的边。在图 6-3 所示的图 G_1 中,与顶点 1 相关联的边有(1,2)、(1,3)和(1,4)。

一个顶点 v 的度(degree)是和顶点 v 关联的边的数目,记作 $D(v)$。在图 6-3 所示的图 G_2 中,顶点 A 的度为 2,顶点 B 的度为 1。在有向图中,一个顶点依附的弧头数目,称为该顶点的入度,记作 $ID(v)$。一个顶点依附的弧尾数目,称为该顶点的出度,记作 $OD(v)$。某个顶点的入度和出度之和称为该顶点的度,即 $D(v)=ID(v)+OD(v)$。例如,在图 6-3 中,有向图 G_4 中顶点 1 的出度 $OD(1)=2$,入度 $ID(1)=1$,其度 $D(1)=3$。

若一个图中有 n 个顶点和 e 条边,则该图所有顶点的度和边数 e 满足如下关系。

$$e = \frac{1}{2} \sum_{i=1}^{n} D(v_i)$$

在图 G 中,从顶点 u 到顶点 w 之间存在一条路径(path)是一个序列 $v_{i1},v_{i2},\cdots,v_{im}$。其中,$u=v_{i1}$,$w=v_{im}$。若此图是无向图,则 $(v_{ij}-1,v_{ij}) \in E(G)$,$(2 \leqslant j \leqslant n)$;若此图是有向图,则 <$v_{ij}-1,v_{ij}$>$\in E(G)$,$(2 \leqslant j \leqslant n)$。路径上经过的边的数目称为该路径的路径长度。若

一条路径上除起点和终点可以相同外,其余顶点均不相同,则称此路径为简单路径。若一条路径上起点和终点相同,则称此路径为回路或环(cycle),简单路径组成的回路称为简单回路或简单环。例如,图 6-3 的 G_4 中,从顶点 2 到顶点 3 的一条路径为 2,5,6,3,其路径长度为 3,且是一条简单路径;路径 2,5,1,2 为一条简单回路,其路径长度为 3;路径 2,5,1,3,4,5 不是一条简单路径,因为存在着从顶点 5 到顶点 5 的一条回路。

设有两个图 $G=(V,E)$ 和 $G'=(V',E')$。若 $V'\subseteq V$ 且 $E'\subseteq E$,则称图 G' 是图 G 的子图。例如,图 6-4 给出了图 6-3 中 G_3 的若干子图,其中图 6-4 中的(d)图是由 G_3 的全部顶点和所有边构成的子图。

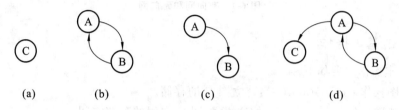

(a)　　(b)　　　　(c)　　　　　(d)

图 6-4 图 G_3 的若干子图

在无向图中,若从顶点 v_1 到顶点 v_2 有路径,则称顶点 v_1 与 v_2 是连通的。如果图中任意一对顶点 v_i 和 $v_j(v_i,v_j\in v)$ 都是连通的,则称此图是连通图,否则称此图是非连通图。无向图的极大连通子图称为此图的连通分量。显然,任何连通图的连通分量只有一个,即本身,而非连通图有多个连通分量。例如,图 6-3 中 G_1 是连通图,G_2 是非连通图,G_2 中有 2 个连通分量,如图 6-5(a)和(b)所示。

在有向图中,若对于每一对顶点 v_i 和 v_j,都存在一条从 v_i 到 v_j 的路径,同时还有一条从 v_j 到 v_i 的路径,则称此图是强连通图。有向图的极大强连通子图称为此图的强连通分量。显然,任何强连通图的强连通分量只有一个,即本身,而非强连通图有多个强连通分量。例如,图 6-3 中 G_4 是强连通图,G_3 是非强连通图,G_3 中有 2 个连通分量,如图 6-6(a)和(b)所示。

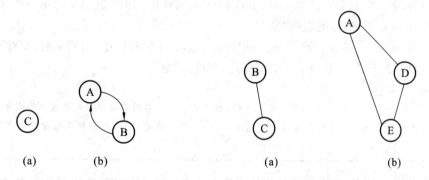

(a)　　(b)　　　　　　　　(a)　　　　　(b)

图 6-5 图 6-3 中 G_2 的连通分量　　　　**图 6-6 图 6-3 中 G_3 的强连通分量**

在一个图中,每条边或弧可以标上具有某种含义的数值,此数值称为该边的权(weight)。通常权为非负实数,权可以代表一个顶点到另一个顶点的距离、耗费等。例如,对于一个反映城市交通线路的图,边上的权可表示该条线路的长度;对于一个反映电子线路的图,边上的权可表示两端点间的电阻、电流或电压。弧或边带权的图分别称为有向网或无向网,如图 6-7 所示。

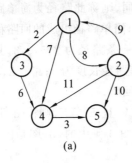
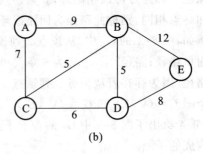

图 6-7　有向网和无向网

6.1.2　图的基本操作

图的基本操作主要如下。

（1）建图操作 CreatGraph(G)：建立图 G 的存储。

（2）销毁图操作 DestroyGraph(G)：释放图 G 占用的存储空间。

（3）取顶点运算 GetVex(G,v)：在图 G 中找到顶点 v，并返回顶点 v 的相关信息。

（4）顶点赋值运算 PutVex(G,v,value)：在图 G 中找到顶点 v，并将 value 值赋给顶点 v。

（5）插入顶点运算 InsertVex(G,v)：在图 G 中增添新顶点 v。

（6）删除顶点运算 DeleteVex(G,v)：在图 G 中，删除顶点 v 以及所有和顶点 v 相关联的边或弧。

（7）插入边或弧运算 InsertArc(G,v,w)：在图 G 中增添一条从顶点 v 到顶点 w 的边或弧。

（8）删除边或弧运算 DeleteArc(G,v,w)：在图 G 中删除一条从顶点 v 到顶点 w 的边或弧。

（9）遍历图运算 Traverse(G,v)：在图 G 中，从顶点 v 出发遍历图 G。

（10）顶点定位运算 LocateVex(G,u)：在图 G 中找到顶点 u，返回该顶点在图中存储位置。

（11）求第一个邻接点运算 FirstAdjVex(G,v)：在图 G 中，返回 v 的第一个邻接点。若顶点在 G 中没有邻接点，则返回"空"。

（12）求下一个邻接点运算 NextAdjVex(G,v,w)：在图 G 中，返回 v 的（相对于 w 的）下一个邻接点。若 w 是 v 的最后一个邻接点，则返回"空"。

> **注意**：在一个图中，顶点是没有先后次序的，但当我们在对它的存储中确定了顶点的次序后，存储中的顶点次序构成了顶点之间的相对次序。同理，对一个顶点的邻接点，也根据存储顺序决定了第 1 个、第 2 个……

图的应用广泛，在不同的软件系统中图的操作也不尽相同，这里只列出其常用的基本操作。

6.2　图的存储结构

6.2.1　邻接矩阵

邻接矩阵(adjacency matrix)是表示顶点之间相邻关系的矩阵。设 $G=(V,E)$ 是具有 n 个顶点的图，则 G 的邻接矩阵是具有如下性质的 $n \times n$ 矩阵。

$$A[i][j]=\begin{cases}1, & 若(v_i,v_j)或<v_i,v_j>是图 G 的边\\0, & 若(v_i,v_j)或<v_i,v_j>不是图 G 的边\end{cases}$$

例如,对于图 6-8 中的 G_5 和 G_6,它们的邻接矩阵分别与下面的 $\boldsymbol{A}_1$ 和 $\boldsymbol{A}_2$ 所对应。

$$\boldsymbol{A}_1=\begin{bmatrix}0 & 1 & 1 & 1\\1 & 0 & 1 & 1\\1 & 1 & 0 & 0\\1 & 1 & 0 & 0\end{bmatrix} \qquad \boldsymbol{A}_2=\begin{bmatrix}0 & 1 & 0 & 0 & 0\\1 & 0 & 1 & 0 & 0\\0 & 0 & 0 & 1 & 0\\1 & 0 & 0 & 0 & 0\\0 & 1 & 0 & 1 & 0\end{bmatrix}$$

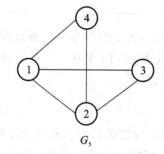 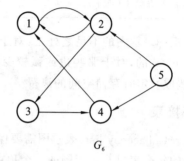

图 6-8　无向图 G_5 和有向图 G_6

对于带权的图,其邻接矩阵中值为 1 的元素的值可以用边上的权来代替,把非对角线上的 0 换为一个很大的实数,这个数通常用∞来表示,即:

$$A[i][j]=\begin{cases}边上的权值, & 若(v_i,v_j)或<v_i,v_j>是图 G 的边\\\infty, & 若(v_i,v_j)或<v_i,v_j>不是图 G 的边\end{cases}$$

例如,图 6-7 中的有向网(a)和无向网(b)的邻接矩阵分别为 $\boldsymbol{A}_3$ 和 $\boldsymbol{A}_4$:

$$\boldsymbol{A}_3=\begin{bmatrix}0 & 8 & 2 & 7 & \infty\\9 & 0 & \infty & 11 & 10\\\infty & \infty & 0 & 6 & \infty\\\infty & \infty & \infty & 0 & 3\\\infty & \infty & \infty & \infty & 0\end{bmatrix} \qquad \boldsymbol{A}_4=\begin{bmatrix}0 & 9 & 7 & \infty & \infty\\9 & 0 & 5 & 5 & 12\\7 & 5 & 0 & 6 & \infty\\\infty & 5 & 6 & 0 & 8\\\infty & 12 & \infty & 8 & 0\end{bmatrix}$$

对于无向图,(v_i,v_j) 和 (v_j,v_i) 表示同一条边,因此在邻接矩阵中 $A[i][j]=A[j][i]$,所以无向图的邻接矩阵是关于主对角线的对称矩阵。而对于有向图,$<v_i,v_j>$ 和 $<v_j,v_i>$ 表示方向不同的两条弧,$A[i][j]$ 一般不等于 $A[j][i]$,所以有向图的邻接矩阵一般不具有对称性。

采用邻接矩阵表示图,便于查找图中任一条边或边上的权。如果查找图中是否有边 (v_i,v_j) 或 $<v_i,v_j>$,则只要查找邻接矩阵中第 i 行第 j 列的元素 $A[i][j]$ 是否为一个有效值,即若该元素为 1 或非∞,则表明此边存在,否则此边不存在。

同时,采用邻接矩阵表示图,便于查找图中任一顶点的度。对于无向图,顶点 v_i 的度就是对应第 i 行或第 i 列上有效元素的个数;对于有向图,顶点 v_i 的出度就是对应第 i 行上有效元素的个数;顶点 v_i 的入度就是对应第 i 列上有效元素的个数。

用邻接矩阵表示图,需要存储一个包括 n 个结点的顺序表来保存结点的数据,另外还需要一个 $n\times n$ 的邻接矩阵来表示顶点间的邻接关系,数据类型的定义如下。

```
#define MAX_VERTEX_NUM 10 /*定义图中最大顶点个数为10*/
typedef int VertexType;/*假设图中结点的数据类型为整型*/
typedef struct  {
    VertexType v [MAX_VERTEX_NUM];/*顶点表*/
    int A[MAX_VERTEX_NUM][MAX_VERTEX_NUM]; /*邻接矩阵*/
    int vexnum,arcnum;/*图的顶点数和弧数*/
} MGraph;
```

注意：对于有向图，有 n 个顶点，需要 $n \times n$ 个单元来存储邻接矩阵；对于无向图，因为邻接矩阵是对称的，所以可以只存储上（或下）三角部分。

用邻接矩阵表示图的不足之处是：对于有 n 个顶点，无论图中有多少条边，图的存储空间花费都是 $n \times n$ 的，对于那些边或弧较少的图，其邻接矩阵的非零元素较少，属于稀疏矩阵，因此会造成一定时存储空间的浪费。

6.2.2　邻接表

用邻接表（adjacency list）表示图需要保存一个顺序存储的顶点表和 n 个链接存储的边表。顶点表的每个表目对应于图的一个顶点，每个表目包括两个域：顶点的数据域和指向此顶点的边表的指针。图的每个顶点都有一个边表，一个顶点的边表的每个表目对应于与该顶点相关联的一条边，每个表目包括两个域：一个是与此边相关联的另一个顶点的序号，另一个是指向边表的下一个表目的指针。例如，图 6-9 所示为图 6-8 中 G_5 的邻接表。

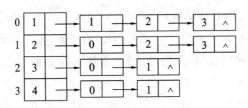

图 6-9　图 6-8 中 G_5 的邻接表

用邻接表表示无向图，每条边在它的两个顶点的边表中各占一个表目，因此，若每个表目占用一个存储单元，则存储 n 个顶点 e 条边的无向图需要 $n+2e$ 个存储单元。用邻接表表示有向图，根据需要可以保存每个顶点的出边，也可以保存每个顶点的入边，通常只需要保存出边或入边之一即可，我们通常把保存出边的邻接表称为有向图的邻接表，而把保存入边的邻接表称为有向图的逆邻接表。因为有向图只保存出边或入边，所以存储 n 个顶点 e 条边的有向图需要 $n+e$ 个存储单元。例如，图 6-10 的(a)和(b)所示分别为图 6-8 中 G_6 的邻接表和逆邻接表。

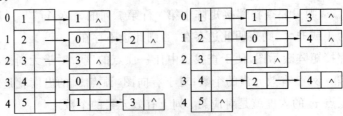

图 6-10　图 6-8 中 G_6 的邻接表

在带权图中,不但需要表示顶点之间的相邻接关系,而且要存储边上的权,这样就需在边表中添加一个域来表示相对应边上的权。例如,图 6-11 所示为图 6-7(b)的无向带权图的邻接表。

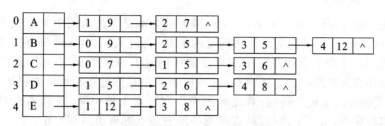

图 6-11 图 6-7(b)的邻接表

邻接表的数据类型定义如下。

```
typedef int VertexType;              /*假设图中结点的数据类型为整型*/
typedef struct ArcNode {             /*定义边表的结点*/
    int  adjvex;                     /*该弧所指向的顶点的位置*/
    struct ArcNode * nextarc;        /*指向下一条弧的指针*/
    int  info;                       /*该弧上的权值*/
} ArcNode;
typedef struct VNode {               /*定义顶点表的结点*/
    VertexType  data;                /*顶点信息*/
    ArcNode  *firstarc;              /*指向第一条依附该顶点的弧*/
    } VNode;
typedef struct {
    VNode  adjlist [MAX_VERTEX_NUM];
    int  vexnum,arcnum;              /*顶点数,弧数*/
    } ALGraph;
```

为了在图的邻接表中便于查找一个顶点的边(出边)或邻接点,只要首先从顶点表中取出对应的表头指针,然后从表头指针出发进行查找即可。

邻接表是对邻接矩阵的一种改进,它将邻接矩阵中非零元素表示的边或弧连接起来,构成单链表,从而省去了邻接矩阵中零元素占用的存储空间。当边的个数 $e \ll n \times n$ 时,用邻接表表示图不仅节省了存储单元,而且与同一顶点相关联的边在同一链表里,便于某些图的运算的实现。

 ## 6.3 图 的 遍 历

图的遍历(traversing graph)是指从图中的给定一顶点 v_0 出发,按照某种遍历方法对图中的所有顶点访问一次,且每个顶点只能访问一次。图的遍历是图的一种基本操作,图的许多其他操作都是建立在遍历操作的基础之上的。图的遍历操作和树的遍历操作功能相似,对于图有深度优先搜索图和广度优先搜索图两种方法。

在图结构中,一个顶点可以和其他多个顶点相连,所以在遍历过程中可能沿某路径搜索后重新又回到该顶点。为了避免顶点被重复访问,在图的遍历中,需要设置一个辅助数组 visited[n],用于记录每个顶点是否已被访问。算法开始时,所有顶点均未被访问过,它们的 visited 数组均为 0,当某个顶点 vi 被访问时,则改变其 visited 数组值,即使 visited[i]=1,表示顶点 vi 已被访问过,以后遇到 visited 数组值为 1 的顶点则不再访问它,这样可以避免顶点被重复访问的问题。算法结束时,可以通过检查 visited 数组的值是否都为 1 来判断是否所有顶点均被访问过,若存在 visited 数组值为 0 的顶点,可以从此顶点开始继续遍历,这样可以避免非连通图的问题。

6.3.1 深度优先搜索

深度优先搜索(depth first search,DFS)遍历的基本思想是从图中某个顶点 v_0 出发,访问此顶点,然后访问 v_0 邻接到的未被访问过的顶点 v_1,再从 v_1 出发递归地按照深度优先遍历该图。当遇到一个所有邻接于它的顶点都被访问过了的顶点 u 时,则回到已访问顶点序列中最后一个拥有未被访问的邻接顶点 w,再从 w 出发递归地按深度优先遍历,直至图中所有和 v_0 有路径的顶点都被访问到;若此时图中尚有顶点未被访问,则另选图中一个未曾被访问的顶点作起始点,重复上述过程,直至图中所有顶点都被访问到为止。

以图 6-12 所示的有向图 G_7 为例进行图的深度优先搜索。假设从顶点 A 出发进行深度优先搜索,在访问了顶点 A 之后,在与 A 邻接的顶点 B、C、E 中选择邻接点 B。因为 B 未曾访问,则从 B 出发进行深度优先搜索:即访问 B 之后,选择 B 的一个未被访问的邻接点如 F,继续从 F 出发进行深度优先搜索,…,依此类推,接着从 D、E 出发进行深度优先搜索。在访问了 E 之后,由于 E 的邻接点都已被访问,则搜索回到 D,同样理由,搜索继续回到 F,此时由于 F 有另一个邻接点未被访问,则搜索又从 F 到 C,由此得到的顶点访问序列为:A→B→F→D→E→C。

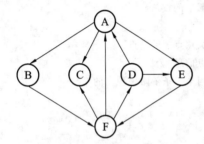 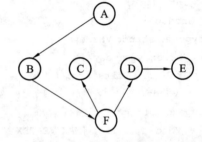

图 6-12　有向图 G_7 　　　图 6-13　图 6-12 中图 G_7 的深度优先搜索树

对于图 6-12 中所示的有向图 G_7,按照深度优先方式的生成树,如图 6-13 所示,也称此生成树为深度优先搜索树。

显然,这是一个递归的过程,前面我们曾说明过在遍历过程中便于区分顶点是否已被访问,需附设访问标志 visited 数组。在下面的算法中,选用邻接表来存储图,邻接表的数据类型定义在 6.2.2 中已说明。其算法描述如下。

算法 6-1　从顶点 v 出发深度优先搜索图。

```
int visited[MAX_VERTEX_NUM];
void DFS(ALGraph G,int v)
{
   ArcNode *p;
    printf("%5d",G.vertices[v].data); /*访问顶点 v*/
    visited[v]=1;/*标记顶点 v 已访问*/
      p= G.vertices[v].firstarc;/*取顶点 v 邻接边链表的头指针*/
      while (p)
      {
          if (!visited[p->adjvex])
          DFS(G,p->adjvex); /*若顶点 p->adjvex 尚未访问,则递归访问它*/
              p=p->nextarc;/*找顶点 v 的下一个邻接点*/
      }
}
```

算法 6-2 整个图 G 的深度优先搜索。

```
void DFSTraverse(ALGraph G)
{
    int v;
    for (v=0;v<G.vexnum;++v)/*为 visited 数组赋初值为 0*/
        visited[v]=0;
    for (v=0;v<G.vexnum;++v)
     if (!visited[v]) DFS(G,v);/*若 v 未被访问过,从 v 开始 DFS 搜索*/
}
```

分析上述算法,在遍历时,如果图是连通的,函数 DFS 只需被其调用函数调用一次,图中的各个顶点就全部得到访问。如果图是非连通的,函数 DFS 被其调用函数调用一次仅访问了包括出发点的连通分量,要想访问其他连通分量,必须找另一个连通分量上的顶点作为出发点,有几个连通分量就要调用几次 DFS 才能访问全图,因此需要函数 DFSTraverse。虽然对 DFS 的调用出现在循环中,对每个顶点都可以调用一次 DFS 函数,但一旦某个顶点被标志成已访问标志,就不再从它出发进行搜索,所以实质上是图中有几个连通分量,通过 DFSTraverse 就会几次调用 DFS 函数。

遍历图的过程实质上是对每个顶点查找其邻接点的过程,即对每一条边处理一次(无向图的每条边从两个方向处理),每个顶点访问一次。其耗费的时间则取决于所采用的存储结构。当用二维数组表示邻接矩阵图的存储结构时,查找每个顶点的邻接点所需时间为 $O(n^2)$,其中 n 为图中顶点数。而当以邻接表作图的存储结构时,找邻接点所需时间为 $O(e)$(有向图)或 $O(2e)$(无向图),其中 e 为无向图中边的数或有向图中弧的数。由此,当以邻接表为作存储结构时,深度优先搜索遍历图的时间复杂度为 $O(n+e)$(有向图)或 $O(n+2e)$(无向图)。

6.3.2 广度优先搜索

广度优先搜索(breadth first search)遍历是图的另一种遍历方法。假设从顶点 v_0 出发,在访问 v_0 之后,依次搜索访问 v_0 的各个未被访问过的邻接点 $w_1,w_2,\cdots\cdots$。然后按照访问的顺序,顺序搜索访问 w_1 的各个未被访问过的邻接点,w_2 的各个未被访问过的邻接点,$\cdots\cdots$。即从 v_0 开始,由近至远,按层次依次访问与 v_0 有路径相通且路径长度分别为 $1,2,\cdots\cdots$ 的顶点,直至图中所有已被访问的顶点的邻接点都被访问到。若此时图中尚有顶点未被访问,则另选图中一个未曾被访问的顶点作为起始点,重复上述过程,直至图中所有顶点都被访问到为止。

例如,以图 6-12 的有向图 G_7 为例进行广度优先搜索,首先访问 A,再访问 A 的邻接点 B、C 和 E,然后依次访问 B 的邻接点 F,顶点 C 和 E 没有与它们邻接且未被访问的顶点,最后访问 F 的邻接点 D,这样图中所有顶点都被访问,因此完成了图的遍历。广度优先搜索得到的顶点序列为:A→B→C→E→F→D。

对于图 6-12 中所示的有向图 G_7,按照广度优先方式的生成树,如图 6-14 所示,也称此生成树为广度优先搜索树。

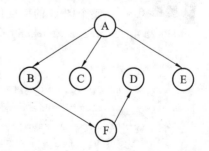

图 6-14 图 6-12 中图 G_7 的广度优先搜索树

与深度优先搜索类似,在广度优先搜索树遍历的过程中也需要一个访问标志 visited 数组,并且,广度优先搜索在搜索访问一层时,需要记住已被访问的顶点,以便在访问下层顶点时,从已被访问的顶点出发搜索访问其邻接点。所以在广度优先搜索中需要设置一个队列Queue,使已被访问的顶点顺序由队尾进入队列。在搜索访问下层顶点时,先从队首取出一个已被访问的上层顶点,再从该顶点出发搜索访问它的各个邻接点。在下面的算法中,选用邻接表来存储图,邻接表的数据类型定义在 6.2.2 中已说明。其算法描述如下。

算法 6-3 从顶点 v 出发广度优先搜索图。

```
int visited[MAX_VERTEX_NUM];
void BFS(ALGraph g,int v)
{
    ArcNode *p;
    int queue[MAX_VERTEX_NUM];               /*定义存放队列的数组*/
    int f=0,r=0,x,i;                         /*队列头指针 f 和队尾指针 r 初始化,把队列置空*/
    printf("%5d",g.vertices[v].data);        /*访问初始顶点 v*/
    visited[v]=1;                            /*置已访问标记*/
    r=(r+1)%MAX_VERTEX_NUM;
    queue[r]=v;                              /*v 进队*/
    while(f!=r)                              /*若队列不空时循环*/
    {
        f=(f+1)%MAX_VERTEX_NUM;
        x=queue[f];                          /*队头元素出队*/
        p=g.vertices[x].firstarc;            /*找与顶点 x 邻接的第一个顶点*/
        while(p!=NULL)
        {
            if (visited[p->adjvex]==0)       /*若当前邻接点未被访问*/
            {
                visited[p->adjvex]=1;
                printf("%5d",g.vertices[p->adjvex].data);  /*访问初始顶点 v*/
                r=(r+1)%MAX_VERTEX_NUM;      /*置已访问标记*/
                queue[r]=p->adjvex;          /*该顶点进队*/
            }
            p=p->nextarc;                    /*找下一个邻接点*/
        }
    }
}
```

算法 6-4 整个图 G 的广度优先搜索。

```
void BFSTraverse(ALGraph G)
{
    int v;
    for (v=0;v<G.vexnum;++v)                 /*为 visited 数组赋初值为 0*/
        visited[v]=0;
    for (v=0;v<G.vexnum;++v)
        if (! visited[v]) BFS(G,v);          /*若 v 未被访问过,从 v 开始 BFS 搜索*/
}
```

分析上述算法可知,每个顶点至多进一次队列。遍历图的过程实质是通过边或弧找邻接点的过程,因此广度优先搜索遍历图的时间复杂度与深度优先搜索遍历相同,二者的不同之处仅仅在于对顶点访问的顺序不同。

注意：若图是连通的无向图或强连通的有向图,则从其中的任一顶点出发都可以访问到图中的所有顶点;若图是有根的有向图,则从根出发可以访问到图中的所有顶点。在这种情况下,图的所有顶点和遍历过程中经过的边所构成的子图称为图的生成树。

若图是不连通的无向图或非强连通的有向图,则从任一顶点出发一般不能访问到图中的所有顶点,而只能访问到与此顶点连通的连通分量上的顶点或以此顶点为根的强连通分量上的顶点,要访问到其他顶点则需从未被访问过的顶点中找一个顶点作为起点出发再进行遍历,这样最后得到的是多棵生成树,即生成森林。

6.4 最小生成树

在 6.3 节"图的遍历"中我们讨论了图的生成树的问题,对于网络来说,边是带权的,因此类似于找出一个网络的最小生成树(即各边权的总和为最小的生成树)的问题就很有实际意义。假设要在 n 个城市之间建立通信网,如何在最节省经费的前提下建立这个通信网?这里可以把 n 个城市看成图的 n 个结点,边表示两个城市之间的线路,每条边上的权值表示铺设线路所需造价。铺设线路连通 n 个城市,至少需要修建 $n-1$ 条线路,这实际上是图的生成树,而以造价最低连接 n 个城市,实际上就是在图的生成树中选择权值之和最小的生成树。因此,对于带权的连通图 G,其最小生成树指的是一个包括 G 的所有顶点和部分边的图,这部分边满足以下条件。

(1) 这部分的边能够保证图是连通的。

(2) 这部分的边,其权的总和最小。

构造最小生成树的算法很多,下面分别介绍普里姆(Prim)算法和克鲁斯卡尔(Kruskal)算法。

6.4.1 普里姆算法

普里姆算法的基本思想为:

(1) 不断扩展子树 $T=(V,E)$,直到 V 包含图的所有顶点;

(2) 每次向子树添加一条边的时候,保证该边的一个顶点已经在子树 T 中,而另一个顶点不在子树 T 中,并且该边的权是当时满足这样条件的边中权最小的。它是按逐个将顶点连通的方式来构造最小生成树的。

具体方法为:从图中任意一个顶点开始,首先把这个顶点包括在生成树 T 中,然后从一个顶点在生成树 T 中,另一个顶点还未在生成树 T 中的边中,选择一条权最小的边,并将这条边和其不在生成树 T 中的顶点加入到生成树 T 中。如此反复进行下去,每次向生成树 T 中加入一个顶点和一条权最小的边,直到把所有的顶点都包括进生成树 T 中。当有两条具有同样的最小权的边可供选择时,任选一条即可,由此可见构造最小生成树不是唯一的。

普里姆算法的关键是:每次如何从一端在生成树 T 而另一端不在生成树 T 的边中找出一条最短边。例如,在第 k 次$(1 \leqslant k < n)$前,生成树 T 中已有 k 个顶点和 $k-1$ 条边,此时一端在生成树 T 而另一端不在生成树 T 的边数的最大值为 $k(n-k)$,当然它也包括两个顶点间没有直接边相连的、其权值被看成常量的边在内。从如此多的边中查找最短边,其时间复杂度为 $O(k(n-k))$,显然是很费时的。那么可以在进行第 k 次运算前,保存所有不在生成树 T 中的每个顶点(共 $n-k$ 个顶点)权值最小的边,并且要求这条边的一端在生成树 T 而另一端不在生成树 T。进行第 k 次时,首先从这 $n-k$ 条权最小的边中,找出其中一条权最

小的边,它就是一端在生成树 T 而另一端不在生成树 T 的所有边中的权最小的边,设为 (i, j),然后把边 (i,j) 和不在生成树的顶点 j 分别加入到最小生成树中,此步需进行 $n-k$ 次比较。然后对于不在生成树的每个顶点 p,若 (j,p) 边上的权值小于已保存的从原来最小生成树 T 中的顶点 p 的最短边的权值,则用 (j,p) 边上的权进行修改,否则保持原有最短边不变。这样,就把第 k 次后那些不在生成树 T 中的顶点的最短边都保存下来了,为进行第 $k+1$ 次运算做好了准备。

为了实现上述算法,引入一个辅助数组 T,它的大小为图中顶点的个数,它有两个域,分别是 adjvex 和 lowcost,当顶点 i 不在生成树中,用 T[i].lowcost 表示顶点 i 那些一端在生成树 T 而另一端不在生成树 T 的所有边中权值最小的边,T[i].adjvex 为拥有最小权值边的在生成树中的顶点序号。

例如,对于图 6-15(a),假设从 A 顶点出发利用普里姆算法构造最小生成树 T,图 6-15(b)~(g)为其运算过程,每次向 T 中加入一个顶点和一条边。其中,实线边和实线圈起来的顶点表示已在生成树中的边和顶点,虚线边和虚线圈起来的顶点表示尚未加入到生成树中的边和顶点。

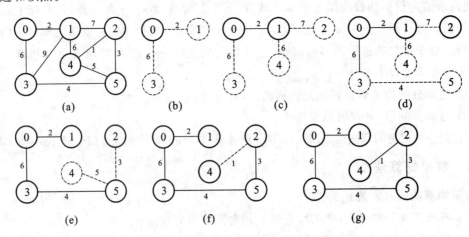

图 6-15 普里姆算法构造最小生成树的过程

带权无向图采用邻接矩阵存储,u 是开始顶点序号。由于 n 个顶点的生成树有 $n-1$ 条边,所以,选择边的过程共需要重复 $n-1$ 次。每次扫描数组 T 的 lowcost 分量,找出拥有最短边的顶点,设其为 j,则将顶点 j 和边 (T[j].adjvex,j) 加入到最小生成树中。然后令 T[j].lowcost=0(表示顶点 j 已加入到最小生成树中)。由于顶点 j 的加入会引起数组 T 的 adjvex 和 lowcost 分量的变化,因此,一旦有一个新的顶点加入到最小生成树中,就需要根据情况修改数组 T 的 adjvex 和 lowcost 分量。其数据结构描述如下。

```
#define  MAX_VERTEX_NUM  20
#define  MAXINF 32767              /*定义一个足够大的常量值*/
typedefchar VertexType;           /*定义结点的数据类型*/
struct{
    int adjvex;
    int lowcost;
}T[MAX_VERTEX_NUM];                /*定义辅助数组记录运算过程中权最小的边*/
```

算法 6-5　普里姆算法。

```
void MiniSpanTree_PRIM(MGraph G,VertexType u)
{
    int k,j,i,minCost;
    k=LocateVex(&G,u);
    for (j=0;j<G.vexnum;++j)              /*初始化辅助数组*/
        if (j!=k)
        {
            T[j].adjvex=k;
            T[j].lowcost=G.A[k][j];
        }
    T[k].lowcost=0;
    for (i=1;i<G.vexnum;++i)              /*G.vexnum-1次循环,寻找当前最小权值的边*/
    {
        minCost=MAXINF;
        for (j=0;j<G.vexnum;++j)/*求生成树下一个顶点k*/
         if (T[j].lowcost<minCost && T[j].lowcost!=0)
            { minCost=T[j].lowcost;
              k=j;}
        printf("(%c,%c),%d\n",G.v[T[k].adjvex],G.v[k],T[k].lowcost);
                                          /*输出生成树的边*/
        T[k].lowcost=0;                   /*标记顶点k已加入生成树*/
        for (j=0;j<G.vexnum;++j)          /*顶点k加入生成树后重新选择最小边*/
            if (T[j].lowcost!=0 && G.A[k][j]<T[j].lowcost)
              { T[j].adjvex=k;
                 T[j].lowcost=G.A[k][j];}
    }
}
```

表 6-1　图 6-15 中用普里姆算法构造最小生成树过程中辅助数组各分量的值

		初始	1	2	3	4	5
T[0]	adjvex	0	0	0	0	0	0
	lowcost	0	0	0	0	0	0
T[1]	adjvex	0	0	0	0	0	0
	lowcost	2	0	0	0	0	0
T[2]	adjvex	0	1	1	5	5	5
	lowcost	∞	7	7	3	0	0
T[3]	adjvex	0	0	0	0	0	0
	lowcost	6	6	0	0	0	0
T[4]	adjvex	0	1	1	5	2	2
	lowcost	∞	6	6	5	1	0
T[5]	adjvex	0	0	3	3	3	3
	lowcost	∞	∞	4	0	0	0
k			1	3	5	2	4
生成树 T 中的顶点		{0}	{0,1}	{0,1,3}	{0,1,3,5}	{0,1,2,3,5}	{0,1,2,3,4,5}
不在生成树 T 中的顶点		{1,2,3,4,5}	{2,34,5}	{2,4,5}	{2,4}	{4}	{}

表 6-1 给出了用普里姆算法在构造图 6-15(a)所示的图的最小生成树的过程中，辅助数组 T 的变化情况。

在普里姆算法中，第一个进行初始化的 for 循环语句的执行次数为 $n-1$，第二个 for 循环中又包括了两个 for 循环，执行次数为 $2(n-1)^2$，所以普里姆算法的时间复杂度为 $O(n^2)$。

6.4.2 克鲁斯卡尔算法

克鲁斯卡尔算法是一种按权值递增的次序选择合适的边来构造最小生成树的方法。假设 $G=(V,E)$ 是一个具有 n 个顶点的带权无向连通图，$T=(U, TE)$ 是 G 的最小生成树。其中，U 是 T 的顶点集，TE 是 T 的边集，U 的初值等于 V，即包含图 G 的全部顶点，TE 的初值为空集。此算法的基本思想是：按权值从小到大的顺序依次选取图 G 中的边，若选取的边未使生成树 T 形成回路，则把边加入 TE 中，作为生成树 T 的一条边，若选取的边使生成树 T 形成回路，则将其舍弃。如此进行下去，直到 TE 中包含 $(n-1)$ 条边为止，此时的 T 即为最小生成树。

对于图 6-15(a)所示的带权无向图，按照克鲁斯卡尔算法构造最小生成树的过程如图 6-16 所示。在构造过程中，带权无向图中边的权值按照从小到大的顺序排列，不断选取当前未被选取的边集中权值最小的边。依据生成树的概念，n 个结点的生成树，有 $n-1$ 条边，故重复上述过程，直到选取了 $n-1$ 条边为止，就构成了一棵最小生成树。在选取边时，先后选择了(2,4)权为 1 的边、(0,1)权为 2 的边、(2,5)权为 3 的边和(3,5)权为 4 的边，对于(4,5)权为 5 的边，若在生成树中添加这条边，则生成树形成回路，故舍弃之，对于边(0,3)和边(1,4)，边上的权均为 6，则可任选其中之一，因此所构成的最小生成树不唯一，但它们的权值总和相等。

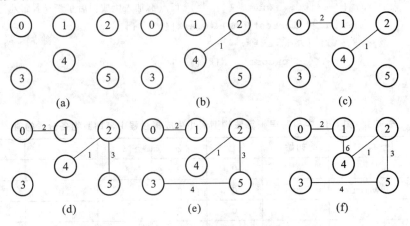

图 6-16　克鲁斯卡尔算法构造最小生成树的过程

为了实现克鲁斯卡尔算法，此图用边集数组来表示。边集数组是利用一维数组存储图中所有边的一种图的表示方法。该数组中所含元素的个数要大于等于图中边的条数，每个元素存储一条边的起点、终点(对于无向图，可选定边的任一端点为起点或终点)和权。在克鲁斯卡尔算法中，边集数组中各边是按权值从小到大的顺序排列的。如表 6-2 所示为图 6-15(a)所示的带权无向图的边集数组。

表 6-2　图 6-15(a)所示的带权无向图的边集数组

边集数组	0	1	2	3	4	5	6	7	8
v1	2	0	2	3	4	0	1	1	1
v2	4	1	5	5	5	3	4	2	3
weight	1	2	3	4	5	6	6	6	9

实现克鲁斯卡尔算法的关键在于:如何判断要加入最小生成树中的一条边是否与生成树中已有的边形成回路。这可以采用将各顶点划分为不同集合的方法来解决,每个集合中的顶点表示一个无回路的连通分量。因此,设计一个数组 int vset[MAXV],利用 vset[i],来判定各顶点是否属于同一集合中。其初值为 vset[i]=i(i=0,1,…,MAXV−1),i 为顶点所在集合的编号,表示各个顶点在不同的集合上。当从边集数组中按次序选取一条边时,若它的两个顶点分属于不同的集合,则表明此边连通了两个不同的连通分量,因每个连通分量无回路,所以连通后得到的连通分量仍不会产生回路,此边应保留作为生成树的一条边,同时把顶点所在的两个集合合并成一个,即只需使两个顶点的所在集合的编号为同一值即可;当选取的一条边的两个顶点同属于一个集合时,也就是当这两个顶点的所在集合的编号相同时,此边应放弃,因同一个集合中的顶点是连通无回路的,若再加入一条边则必产生回路。

用克鲁斯卡尔算法求图的最小生成树中,GE 是 Edge 类型的边集数组,并且数组元素是按照每条边上权值从小到大的顺序排列的;n 为图中顶点个数,e 为图中边的个数。其数据结构描述如下。

```
#define MAXE 最大边数
#define MAXV 最大顶点数
typedef struct
{
    int v1;
    int v2;              /*v1、v2 是两个顶点的序号*/
    int weight;          /*边的权值*/
}Edge;
```

算法 6-6　克鲁斯卡尔算法。

```
void kruskal(EdgeGE[],int n,int e)
{
    int i,j,m1,m2,s1,s2,k;
    int vset[MAXV];
    for(i=0;i<n;i++)              /*初始化辅助数组*/
      vset[i]=i;
    k=0;                         /*生成树中边的数目,初值为 0*/
    j=0;                         /*边集数组 GE 的下标,初值为 0*/
    while(k<=n-1)                /*生成树中的边数小于 n 条时继续循环*/
    {
        m1=GE[j].v1;
        m2=GE[j].v2;             /*从边集数组 GE 中取出一条边的两个顶点*/
        s1=vset[m1];
        s2=vset[m2];             /*分别得到两个顶点所在集合的编号*/
        if(s1!=s2)               /*两个顶点属于不同的集合,将该边加入最小生成树中*/
        {
            printf("(%d,%d),%d\n",m1,m2,GE[j].weight);
            k++;                 /*生成树的边数加 1*/
                vset[m2]=s1;     /*使两个集合编号相同*/
        }
        j++;                     /*扫描下一条边*/
    }
}
```

在克鲁斯卡尔算法中,while 循环是影响时间效率的主要操作,其循环次数最多为 e 次,所以克鲁斯卡尔算法的时间复杂度为 O(e)。

6.5 有向无环图及其应用

一个无环的有向图称为有向无环图(directed acycline graph),简称 DAG 图。图 6-17 给出了有向树、DAG 图和有向图的例子。

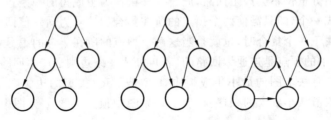

图 6-17 有向树、DAG 图和有向图

DAG 图是一类较有向树更一般的特殊有向图。有向无环图是描述含有公共子式的表达式的有效工具。例如,有如下表达式:

$$(a+b) * b * (c+d) - (a+b)/e + e/(c+d)$$

可以用第 5 章讨论的二叉树来表示,如图 6-18 所示。仔细观察该表达式,可发现有一些相同的子表达式,如(a+b)、(c+d) 和 e 等,在二叉树中它们也重复出现。若利用有向无环图,则可实现对相同子式的共享,从而节省存储空间。例如,图 6-19 所示为表示同一表达式的有向无环图。

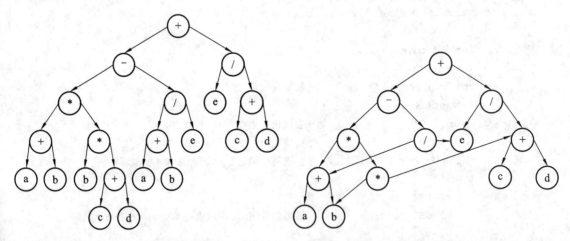

图 6-18 用二叉树描述表达式   图 6-19 描述表达式的有向无环图

有向无环图是描述一项工程或系统的进行过程的有效工具。一项工程(project)通常可分为若干个称为活动(activity)的子工程,而这些子工程之间,通常受着一定条件的约束,如其中某些子工程的开始必须在另一些子工程完成之后。对整个工程和系统,人们关心的是两个方面的问题:一是工程能否顺利进行;二是估算整个工程完成所必需的最短时间。对于有向图,这样两个问题是通过对有向图进行拓扑排序和求关键路径操作来解决的。

6.5.1 拓扑排序

在一个工程中,有些活动必须在其他相关的活动完成之后才能开始,也就是说,一个活动的开始是以它的所有前序活动的结束为先决条件的,但有些活动是没有先决条件的,可以安排在任何时间开始。为了形象地反映整个工程中各个活动之间的先后关系,可以用一个有向图来表示,若以图中的顶点来表示活动,有向边表示活动之间的优先关系,即有向边的起点活动是终点活动的前序活动,只有当起点活动完成之后,其终点活动才能进行。通常,我们把这种顶点表示活动,边表示活动间先后关系的有向图称为顶点表示活动的网(activity on vertex network),简称为 AOV 网。

AOV 网中的弧表示了活动之间存在的制约关系。例如,计算机专业的学生必须完成表6-3 所示的全部课程。这个问题可以被看成是一个大的工程,其活动就是学习每一门课程,学习每门课程的先决条件是学完它的全部先修课程。如学习"数据结构"课程就必须安排在学完它的两门先修课程"离散数学"和"算法语言"之后。学习"程序设计基础"课程则可以随时安排,因为它是基础课程,没有先修课程。若用 AOV 网来表示这种课程安排的先后关系,则如图 6-20 所示。

表 6-3　课程表

课程编号	课程名称	先修课程
C1	高等数学	无
C2	程序设计基础	无
C3	离散数学	C1,C2
C4	数据结构	C3,C5
C5	算法语言	C2
C6	编译技术	C4,C5
C7	操作系统	C4,C9
C8	普通物理	C1
C9	计算机原理	C8

一个 AOV 网应该是一个有向无环图,即不应该带有回路。因为若带有回路,则回路上的所有活动都无法进行。如图 6-21 所示是一个具有三个顶点的回路,由<2,3>边可知活动 3 必须在活动 2 完成之后开始,<3,1>边可知活动 1 必须在活动 3 完成之后开始,所以可推出活动 1 必须在活动 2 完成之后开始,但由<1,2>边可知活动 2 必须在活动 1 完成之后开始,从而出现矛盾,使每一项活动都无法进行。这种情况若在程序中出现,则会发生死循环。因此,对给定的 AOV 网应首先判定网中是否存在环。检测的办法是对有向图构造其顶点的拓扑有序序列,若网中所有顶点都在它的拓扑有序序列中,则该 AOV 网中必定不存在环。

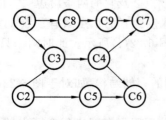

图 6-20　由表 6-3 得到的 AOV 网

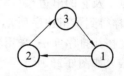

图 6-21　三个顶点的回路

在 AOV 网中,若不存在回路,则所有活动可排成一个线性序列,使得每个活动的所有前驱活动都排在该活动的前面,我们把此序列称为拓扑序列(topological order),由 AOV 网构造拓扑序列的过程称为拓扑排序(topological sort)。例如,对于图 6-20 的有向图有如下的拓扑有序序列:

(1) C1C2C8C3C5C9C4C7C6

(2) C2C1C8C3C5C9C4C7C6

(3) C1C3C2C8C5C9C4C6C7

由 AOV 网构造拓扑序列的实际意义是:如果按照拓扑序列中的顶点次序,在开始每一项活动时,能够保证它的所有前驱活动都已完成,从而使整个工程顺利进行,不会出现冲突的情况。

对 AOV 网进行拓扑排序的方法是:

① 在 AOV 网中选择一个入度为 0 的顶点,并输出它到拓扑序列中;

② 从网中删去该顶点及它的所有出边。

反复执行①②两步,直到网中所有顶点都被输出了(拓扑序列完成),或网的剩余部分中再也选不出入度为 0 的顶点(图中有环)为止。

这样操作的结果有两种:一种是网中全部顶点都被输出,这说明网中不存在回路;另一种就是网中顶点未被全部输出,且网中不存在入度为 0 的顶点,这说明网中存在回路。

下面以图 6-22 为例,来说明拓扑排序算法的执行过程。

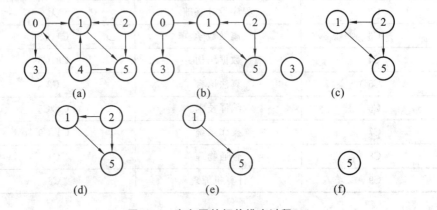

图 6-22 有向图的拓扑排序过程

在初始状态,图 6-22(a)中的顶点 2 和顶点 4 入度为 0,可以任选其一,假设选择顶点 4,将其输出,接着删除顶点 4 及它的三条出边<4,0>、<4,1>和<4,5>,得到的结果如图 6-22(b)所示。在此图中,入度为 0 的顶点有顶点 2 和顶点 0,再任选其一,设选择顶点 0,将其输出,然后删除顶点 0 及它的两条出边<0,1>和<0,3>,得到的结果如图 6-22(c)所示。在图 6-22(c)中,入度为 0 的顶点有顶点 2 和顶点 3,再任选其一,设选择顶点 3,将其输出,顶点 3 没有出边,不需进行删除出边的操作,得到的结果如图 6-22(d)所示。在图 6-22(d)中,入度为 0 的顶点只有顶点 2,将其输出,然后删除顶点 2 及它的两条出边<2,1>和<2,5>,得到的结果如图 6-22(e)所示。在图 6-22(e)中,入度为 0 的顶点只有顶点 1,将其输出,然后删除顶点 1 及它的出边<1,5>,得到的结果如图 6-22(f)所示。此时图中只有顶点 5,将其输出,这样得到了拓扑序列 4,0,3,2,1,5。

为了实现拓扑排序算法,采用邻接表作为有向图的存储结构,如对于图 6-22(a)所示的图对应的邻接表如图 6-23 所示。

在拓扑排序算法中,需要设置一个一维整型数组,用于保存图中每个顶点的入度值,假定数组用 d 表示,数组长度应为图中顶点的个数。如对于图 6-22(a)所示的图,得到数组 d

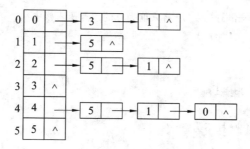

图 6-23　图 6-22(a)的邻接表

的初始值为图 6-24 所示。

0	1	2	3	4	5
1	3	0	1	0	3

图 6-24　数组 d 的初始状

　　为了方便找到入度为 0 的点,用一个栈将入度为 0 的点及时保存起来。当某一个顶点进入到拓扑列中,把由它邻接到的所有邻接点的入度都要减 1,减 1 后若该顶点的入度为 0 则将该顶点入栈,等待进入到拓扑列中。

　　拓扑排序的算法步骤如下。

　　(1) 将入度为 0 的顶点入栈。

　　(2) 从堆栈中弹出栈顶元素。

　　① 输出栈顶元素。

　　② 把该顶点发出的所有有向边删去,即将该顶点的所有后继顶点的入度减 1,若减 1 后该顶点的入度为 0,则将该顶点入栈。

　　(3) 重复第(2)步,直到栈空,或者是已经输出全部顶点,或者剩下的顶点中没有入度为 0 的顶点为止。

算法 6-7　有向图的拓扑排序算法。

```
void topsort(ALGraph G)
{
    int i,j,n;
    int m=0;                              /*m 为计数器,记录已输出的顶点数目*/
    int stack[MAX_VERTEX_NUM],top=-1;     /*stack 为一堆栈,top 为栈顶指针*/
    ArcNode *p;
    int d[MAX_VERTEX_NUM]={0};
    /* 一维整型数组 d 用于保存图中每个顶点的入度值*/
for(i=0;i<G.vexnum;i++)
{                                         /*求出每个顶点的入度并将值存入数组 d 中*/
    p=G.vertices[i].firstarc;
    while(p!=NULL)
{
        j=p->adjvex;
        d[j]++;
        p=p->nextarc;
    }
}
```

```
    for(i=0;i<G.vexnum;i++)/*将入度为 0 的顶点压入栈中*/
    if(d[i]==0)
      {
          top++;
          stack[top]=i;
      }
    while(top!=-1) /*栈不为空*/
      {
        i=stack[top];
        top--;/*顶点 i 出栈*/
          printf("%d",G.vertices[i].data); /*输出顶点 i */
          m++;/*输出的顶点个数加 1 */
          p=G.vertices[i].firstarc; /*p 指向当前输出结点的边表*/
    while(p!=NULL)
    {/*对当前输出结点的各邻接点依次处理*/
          j=p->adjvex;
          d[j]--; /*当前输出顶点邻接点的入度减 1*/
        if(d[j]==0)/*新的入度为 0 的顶点入栈*/
          {
              top++;
              stack[top]=j;
          }
        p=p->nextarc;/*找到下一个邻接点*/
      }
    }
    printf("\n");
    if(m<G.vexnum)/*图中有环路存在*/
      printf("The network has a cycle! \n");
}
```

对一个具有 n 个顶点 e 条边的网来说，整个算法的时间复杂度为 $O(e+n)$。

6.5.2 关键路径

与上节 AOV 网相对应的是 AOE 网（activity on edge network），AOE 网是指以顶点表示事件，以有向边表示活动，边上的权值表示该项活动所需时间的带权无环有向图。

如果用 AOE 网来表示一项工程，那么，仅仅考虑各个子工程之间的优先关系还不够，更多的是关心整个工程完成的最短时间是多少，哪些活动的延期将会影响整个工程的进度，而加速这些活动是否会提高整个工程的效率。因此，通常在 AOE 网中列出完成预定工程计划所需要进行的活动，每个活动计划完成的时间，要发生哪些事件以及这些事件与活动之间的关系，从而可以确定该项工程是否可行，估算工程完成的时间以及确定哪些活动是影响工程进度的关键。

AOE 网中有两个特殊的顶点（事件）：一个称为源点，是整个工程的开始点，也是最早活动的起点，其入度为 0，即只有出边，没有入边；另一个称为汇点，是整个工程的结束点，也是最后活动的终点，其出度为 0，即只有入边，没有出边。除这两个顶点外，其余顶点都既有入边，也有出边，是入边活动和出边活动的转折点。

图 6-25 所示为一个包括 11 项活动、9 个事件的 AOE 网。其中，顶点 0 为源点，顶点 8

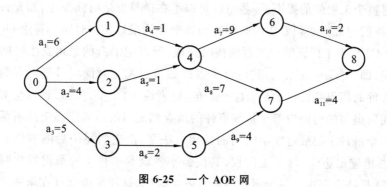

图 6-25 一个 AOE 网

为汇点;边<0,1>表示活动 a_1 持续时间(即权值)为 6,假设时间的单位为天,即 a_1 需要 6 天完成;边<1,4>和<2,4>分别表示活动 a_4 和 a_5,它们的持续时间均为 1 天,它们分别以事件 1 和事件 2 为起点,但均以事件 4 为终点;边<4,6>和<4,7>表示活动 a_7 和 a_8,它们的持续时间分别为 9 天和 7 天,它们均以事件 4 为起点,但分别以事件 6 和事件 7 为终点;事件 4 表示活动 a_4 和 a_5 已经完成,活动 a_7 和 a_8 可以开始。

利用 AOE 网进行工程管理时要需解决的主要问题是:

① 计算完成整个工程至少需要多长时间?

② 找出哪些活动是影响工程进度的关键?

由于在 AOE 网中的某些活动能够同时进行,故完成整个工程的最短时间是从源点到终点的最大路径长度(这里的路径长度是指该路径上的各个活动所需时间之和,不是路径上弧的数目)。从源点到汇点具有最大路径长度的路径称为关键路径(critical path),关键路径长度就是整个工程所需的最短工期,关键路径上的活动称为关键活动。

为了在 AOE 网中找出关键路径,需要定义下面几个参量。

(1) 事件的最早发生时间 ve[k]。

在 AOE 网中,一个顶点事件的发生必须在它的所有入边活动(或称前驱活动)都完成之后,也就是说,只要有一个入边没有完成,该事件就不可能发生,显然,一个事件的最早发生时间是它的所有入边活动,或者说最后一个入边活动刚刚完成的时间。而对于 AOE 网的源点来说,因为它没有入边,所以随时都可以发生,整个工程的开始时间就是它的发生时间,亦即最早发生时间,通常将此时间定义为 0,从此开始推出其他事件的最早发生时间。求一个事件 k 的最早发生时间(从源点 0 到顶点 k 的最长路径长度)的常用方法是:由它的每个前驱事件 j 的最早发生时间分别加上相应入边<j,k>上的权,其值最大者就是事件 k 的最早发生时间。由此可知,必须按照拓扑序列中的顶点次序来求出各个事件的最早发生时间,这样才能保证在求一个事件的最早发生时间时,它的所有前驱事件的最早发生时间都已求出。

若用 ve[k]表示事件 k 的最早发生时间,ve[j]是事件 k 的一个前驱事件 j 的最早发生时间,dut(<j,k>)为有向边<j,k>上的权值,p 表示所有到达顶点 k 的有向边的集合,则 AOE 网中每个事件 k 的最早发生时间可用式(6-1)来表示:

$$ve[k] = \begin{cases} 0 & (k=0) \\ \max\{ve[j] + dut(<j,k>)\} & (1 \leqslant k \leqslant n-1, <j,k> \in p) \end{cases} \tag{6-1}$$

(2) 事件的最迟发生时间 vl[k]。

在不推迟整个工期的前提下，一些事件可以不在最早发生时间发生，而允许向后推迟一些时间发生，我们把最晚必须发生的时间称为该事件的最迟发生时间。若用 vl[k] 表示事件 k 的最迟发生时间，为了保证整个工程的按时完成，所以把汇点的最迟发生时间定义为它的最早发生时间，即 vl[n]＝ve[n]。其他每个事件的最迟发生时间应等于汇点的最迟发生时间减去从该事件的顶点到汇点的最长路径长度，或者说，每个事件的最迟发生时间比汇点的最迟发生时间所提前的时间应等于从该事件的顶点到汇点的最长路径上所有活动的持续时间之和。求一个事件 j 的最迟发生时间的常用方法是：由它的每个后继事件 k 的最迟发生时间分别减去相应出边＜j,k＞上的权，其值最小者就是事件 j 的最迟发生时间。由此可知，必须按照逆拓扑有序求出各个事件的最迟发生时间，这样才能保证在求一个事件的最迟发生时间时，它的所有的后继事件的最迟发生时间都已求出。

若用 vl[j] 表示事件 j 的最迟发生时间，ve[k] 是事件 j 的一个后继事件 k 的最迟发生时间，dut(＜j,k＞) 为有向边＜j,k＞上的权值，s 表示顶点 j 的所有出边集合，则 AOE 网中每个事件 j 的最迟发生时间可用式(6-2)来表示：

$$vl[j]=\begin{cases} ve[n-1] & (j=n-1) \\ \min\{vl[k]-dut(<j,k>)\} & (0\leq j\leq n-2,<j,k>\in s) \end{cases} \tag{6-2}$$

3）活动 a_i 的最早开始时间 e[i]

根据 AOE 网的性质，一个活动的开始必须在它的起点事件发生之后，也就是说，一个顶点事件没有发生时，它的所有出边活动都不可能开始，显然一个活动的最早开始时间是它的起点事件的最早发生时间。若用 ve[k] 表示事件 k 的最早发生时间，用 e[i] 表示事件 k 一条出边＜j,k＞上活动 a_i 的最早开始时间，则有：

$$e[i]=ve[k] \tag{6-3}$$

（4）活动 a_i 的最晚开始时间 l[i]。

在不影响整个工期的前提下，一些活动可以不在最早开始时间发生，而允许向后推迟一些时间开始，我们把最晚必须开始的时间称为该活动的最晚开始时间。AOE 网中的任一个事件若在最迟发生时间仍没有发生或任一项活动在最晚开始时间仍没开始，则必将影响整个工程的按时完成，使工期拖延。因为活动 a_i 的最晚完成时间也就是它的终点事件 k 的最迟发生时间，所以 a_i 的最晚开始时间应等于事件 k 的最迟发生时间减去活动 a_i 的持续时间，或者说，要比事件 k 的最迟发生时间提前 a_i 所需要的时间。若用 vl[k] 是指事件 k 的最迟发生时间，用 l[i] 表示事件 k 一条入边＜j,k＞上活动 a_i 的最晚开始时间，dut(＜j,k＞) 为有向边＜j,k＞上的权值，应该有：

$$l[i]=vl[k]-dut(<j,k>) \tag{6-4}$$

根据每个活动的最早开始时间 e[i] 和最晚开始时间 l[i] 就可判定该活动是否为关键活动，也就是那些 l[i]＝e[i] 的活动就是关键活动，而那些 l[i]＞e[i] 的活动则不是关键活动，l[i]－e[i] 的值为活动的开始时间余量。有些活动的开始时间余量不为 0，表明这些活动不在最早开始时间开始，至多向后拖延相应的开始时间余量所规定的时间开始也不会延误整个工程的进展。我们把开始时间余量为 0 的活动称为关键活动，由关键活动所形成的从源点到汇点的每一条路径称为关键路径。

下面以图 6-25 所示的 AOE 网为例，求出上述参量，来确定该网的关键活动和关键路径。

（1）按照式(6-1)式求事件的最早发生时间 ve[k]。

```
ve[0]=0
ve[1]=ve[0]+dut(<0,1>)=0+6=6
ve[2]=ve[0]+dut(<0,2>)=0+4=4
ve[3]=ve[0]+dut(<0,3>)=0+5=5
ve[4]=max{ ve[1]+dut(<1,4>),ve[2]+dut(<2,4>) }=max{6+1,4+1}=7
ve[5]=ve[3]+dut(<3,5>)=5+2=7
ve[6]=ve[4]+dut(<4,6>)=7+9=16
ve[7]=max{ve[4]+dut(<4,7>),ve[5]+dut(<5,7>) }=max{7+7,7+4}=14
ve[8]=max{ ve[6]+dut(<6,8>),ve[7]+dut(<7,8>) }
     =max{16+2,14+4}=18
```

（2）按照式(6-2)求事件的最迟发生时间 $vl[j]$。

```
vl[8]=ve[8]=18
vl[7]=vl[8]-dut(<7,8>)=18-4=14
vl[6]=vl[8]-dut(<6,8>)=18-2=16
vl[5]=vl[7]-dut(<5,7>)=14-4=10
vl[4]=min{vl[6]-dut(<4,6>),vl[7]-dut(<4,7>) }=min{16-9,14-7}=7
vl[3]=vl[5]-dut(<3,5>)=10-2=8
vl[2]=vl[4]-dut(<2,4>)=7-1=6
vl[1]=vl[4]-dut(<1,4>)=7-1=6
vl[0]=min{vl[1]-dut(<0,1>),vl[2]-dut(<0,2>),vl[3]-dut(<7,8>) }
     =min{6-6,6-4,8-5}=0
```

（3）再按照式(6-3)和式(6-4)求活动 a_i 的最早开始时间 $e[i]$ 和最晚开始时间 $l[i]$ 及开始时间余量 $l[i]-e[i]$。

表 6-4　图 6-26 中各活动的 $e[i]$、$l[i]$和 $l[i]-e[i]$

活动	$e[i]$	$l[i]$	$l[i]-e[i]$
a_1	$e[1]=ve[0]=0$	$l[1]=vl[1]-dut(<0,1>)=6-6=0$	0
a_2	$e[2]=ve[0]=0$	$l[2]=vl[2]-dut(<0,2>)=6-4=2$	2
a_3	$e[3]=ve[0]=0$	$l[3]=vl[3]-dut(<0,3>)=8-5=3$	3
a_4	$e[4]=ve[1]=6$	$l[4]=vl[4]-dut(<1,4>)=7-1=6$	0
a_5	$e[5]=ve[2]=4$	$l[5]=vl[4]-dut(<2,4>)=7-1=6$	2
a_6	$e[6]=ve[3]=5$	$l[6]=vl[5]-dut(<3,5>)=10-2=8$	3
a_7	$e[7]=ve[4]=7$	$l[7]=vl[6]-dut(<4,6>)=16-9=7$	0
a_8	$e[8]=ve[4]=7$	$l[8]=vl[7]-dut(<4,7>)=14-7=7$	0
a_9	$e[9]=ve[5]=7$	$l[9]=vl[7]-dut(<5,7>)=14-4=10$	3
a_{10}	$e[10]=ve[6]=16$	$l[10]=vl[8]-dut(<6,8>)=18-2=16$	0
a_{11}	$e[11]=ve[7]=14$	$l[11]=vl[8]-dut(<7,8>)=18-4=14$	0

　　通过上述求解,可得出图 6-27 的关键活动为 a_1,a_4,a_7,a_8,a_{10},a_{11},关键路径如图 6-26所示。

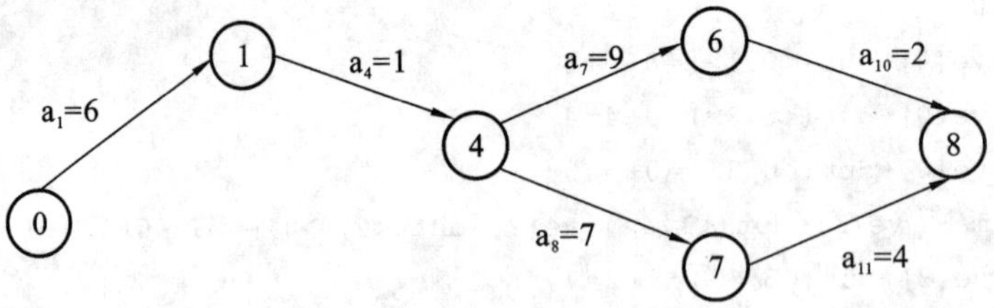

图 6-26　图 6-25 中网的关键路径

由此可知,6.5 节开始时所说的关键路径是从源点到汇点具有最大路径长度的那些路径,即最长路径,这很容易理解了,因为整个工程的工期就是按照最长路径长度计算出来的,即等于关键路径上所有活动的持续时间之和。当然一条路径上的活动只能串行进行,若最长路径上的任一活动不在最早开始时间开始,或不在规定的持续时间内完成,都必然会延误整个工期,所以每一项活动的开始时间余量为 0,故它们都是关键活动。

求出一个 AOE 网的关键路径后,可通过加快关键活动(即缩短它的持续时间)来实现缩短整个工程的工期。但并不是加快任何一个关键活动都可以缩短其整个工程的工期,只有加快那些包括在所有关键路径上的关键活动才能达到这个目的。例如,加快图 6-26 中关键活动路径 a_7 的速度,使之由 9 天完成缩减为 8 天完成,则不能使整个工程的工期由 18 天变为 17 天,因为另一条由活动 $\{a_1,a_4,a_8,a_{11}\}$ 组成的关键路径中不包括 a_7,这只能使由活动 $\{a_1,a_4,a_7,a_{10}\}$ 组成的路径变为非关键路径。而活动 a_1 和 a_4 是包括在所有的关键路径中的,若活动 a_1 由 6 天缩减为 5 天完成,则整个工程的工期可由 18 天缩减为 17 天。另一方面,关键路径是可以变化的,提高某些关键活动的速度可能使原来的非关键路径变为新的关键路径,因而关键活动的速度提高是有限度的。例如,图 6-25 中关键活动 a_1 由 6 天缩减为 4 天完成后,由活动 $\{a_2,a_5,a_7,a_{10}\}$ 和活动 $\{a_2,a_5,a_8,a_{11}\}$ 组成的路径都变为关键路径,此时,再提高活动 a_1 的速度也不能使整个工程的工期提前。

下面给出用邻接表表示一个 AOE 网的求关键路径的算法。

算法 6-8　求 AOE 网关键活动算法。

```
void CriticalPath(ALGraph G)
{
    int i,j,k,e,l;
    ArcNode * p;
    int Ve[MAX_VERTEX_NUM],Vl[MAX_VERTEX_NUM];
    for(i= 0;i<G.vexnum;i++) /*数组 ve 初始化*/
        Ve[i]= 0;
    for(i= 0;i<G.vexnum;i++) /*求数组 ve 的值*/
    {
        p= G.vertices[i].firstarc;
        while(p! = NULL)
        {k= p->adjvex;
        if(Ve[i]+p->info>Ve[k])
            Ve[k]= Ve[i]+p->info;
        p= p->nextarc;
        }
    }
```

```
for(i= 0;i<G.vexnum;i++)/*数组 vl 初始化*/
  Vl[i]= Ve[G.vexnum- 1];
for(i= G.vexnum- 2;i>= 0;i- - )/*求数组 vl 的值*/
{
  p= G.vertices[i].firstarc;
  while(p! = NULL)
  {
    k= p->adjvex;
    if(Vl[k]- p->info<Vl[i])
      Vl[i]= Vl[k]- p->info;
    p= p->nextarc;
    }
}
for(i= 0;i<G.vexnum;i++)/*求关键路径*/
{
  p= G.vertices[i].firstarc;
  while(p! = NULL)
  {
    k= p->adjvex;
    e= Ve[i];
    l= Vl[k]- p->info;
    if(l==e) /*找到一个关键路径*/
printf("(%2d,%2d),e= %d,l= %d\n",G.vertices[i].data,G.vertices[k].data,e,l);
    p=p->nextarc;
    }
  }
}
```

6.6 最短路径

在 6.1 节图的概念中介绍过,在图中,若从一个顶点到另一个顶点存在着一条路径(这里只讨论无回路的简单路径),则称该路径长度为该路径上所经过的边的数目,它也等于该路径上的顶点数减 1。由于从一个顶点到另一个顶点可能存在着多条路径,每条路径上所经过的边数可能不同,即路径长度不同,我们把路径长度最短(既经过的边数最少)的那条路径称为最短路径,其路径长度称为最短路径长度或最短距离。

上面所述的图的最短路径问题只是对无权图而言,若图是带权图,则将从一个顶点 i 到图中其余任一顶点 j 的一条路径上所经过边的权值之和定义为该路径的带权路径长度,从 vi～vj 可能不止一条路径,我们把带权路径长度最短(即其值最小)的那条路径也称为最短路径,其权值也称为最短路径长度或最短距离。例如,图 6-27 中,顶点 A 和顶点 C 间最短路径是(A,B,C),其路径长度为 5,包括两条边,而路径(A,C)虽然只包括一条边,但长度为 8,不是最短路径。

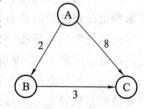

图 6-27 最短路径例图

求图的最短路径问题的用途很广。例如,若用一个图来表示一个地区的公路交通图。图的顶点表示城市,边表示城市间存在的公路段,边上的权表示从一个城市到另一个城市的交通费用或花费的时间等,如何能够使从一城市到另一城市的交通费用或所花费的时间最省呢? 这就是一个求两城市间最短的问题。

本节考虑有向图,给出求图的最短路径的两个算法:①求图中一个顶点到其余各顶点的最短路径;②求每一对顶点之间的最短路径。

6.6.1 从某个源点到其他各顶点的最短路径

设对于给定的带权图 $G=(V,E)$（不含回路和负的权值）,从顶点 v_0 出发,求从它到图中所有其他各顶点的最短路径。

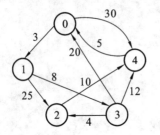

$$\begin{bmatrix} 0 & 3 & \infty & \infty & 30 \\ \infty & 0 & 25 & 8 & \infty \\ \infty & \infty & 0 & \infty & 10 \\ 20 & \infty & 4 & 0 & 12 \\ 5 & \infty & \infty & \infty & 0 \end{bmatrix}$$

图 6-28　带权有向图和其对应的邻接矩阵

如图 6-28 所示,若以顶点 0 为源点,它到其他各顶点的最短路径如表 6-5 所示。

表 6-5　从顶点 0 到其他各顶点的最短路径

源点	终点	最短路径	路径长度
顶点 0	顶点 1	(0,1)	3
顶点 0	顶点 2	(0,1,3,2)	15
顶点 0	顶点 3	(0,1,3)	11
顶点 0	顶点 4	(0,1,3,4)	23

从表 6-5 所示的最短路径可知:最短路径不一定是经过边最少的路径,但在这些最短路径中,长度最短的那一条路径上只有一条边,且它的权值在从源点出发的所有边的权值最小。由于以上特点,可按照路径长度递增的次序产生最短路径。

迪杰斯特拉(E. W. Dijkstra)提出了一个求从某个源点到其他各顶点的最短路径的方法,被称为迪杰斯特拉算法。此算法的基本思想是:把图中所有顶点分成两组,第一组包括已确定最短路径的顶点,第二组包括尚未确定最短路径的顶点,按最短路径长度递增的顺序逐个把第二组的顶点加到第一组中去,直到从顶点 v_0 出发可以到达的所有顶点都已加入到第一组中。为了实现上述的分组,设置集合 S,存放已求出其最短路径的顶点,即第一组;则尚未确定最短路径的顶点集合是 $V-S$,即第二组。其中,V 为图中所有顶点集合。按最短路径长度递增的顺序逐个以 $V-S$ 中的顶点加到 S 中,直到 S 中包含全部顶点,而 $V-S$ 为空。在这个过程中,总保持从顶点 v_0 到第一组各顶点的最短路径长度都不大于从顶点 v_0 到第二组的任何顶点的最短路径长度。另外,每个顶点对应一个距离值,第一组的顶点对应的距离值就是从顶点 v_0 到此顶点的最短路径长度,第二组的顶点对应的距离值是从顶点 v_0 到此顶点的只包括第一组的顶点为中间顶点的路径长度。

具体做法是:设源点为顶点 v_0,则一开始 S 中只包含顶点 v_0,令 $W=V-S$,则此时 W 中包含除顶点 v_0 外图中所有顶点,顶点 v_0 对应的距离值为 0,W 中顶点对应的距离值是这样规定的:若图中有弧 $<v_0,v_j>$ 则顶点 v_j 的距离为此弧上的权值,否则为 ∞（一个很大的数）,然后每次从 W 的顶点中选一个其距离值为最小的顶点 v_m 加入到 S 中,每往 S 中加入一个顶点 v_m,就要对 W 中的各个顶点的距离值进行一次修改。若加入 v_m 做中间顶点,使 $<v_0$,

$v_m>+<v_m,v_j>$ 的值小于 $<v_0,v_j>$ 值,则用 $<v_0,v_m>+<v_m,v_j>$ 的值代替原来 v_j 的距离值,修改后再在 W 中选距离值最小的顶点加入到 S 中,如此进行下去,直到 S 中包含了图中所有顶点,或再也没有可加入到 S 的顶点存在为止。

选用邻接矩阵表示带权图,邻接矩阵的数据类型定义在 6.2.1 中已说明。设置一维辅助数组 s[MAX_VERTEX_NUM](MAX_VERTEX_NUM 为常量,表示图中最大顶点个数),用于标记顶点是否加入到集合 S 中,规定:

$$s[i]=\begin{cases}1 & \text{已求出从源点 } v_0 \text{ 到 } v_i \text{ 的最短路径}\\ 0 & \text{尚未求出从源点 } v_0 \text{ 到 } v_i \text{ 的最短路径}\end{cases}$$

设置数组 dist[MAX_VERTEX_NUM],其中每个元素包括两个域,length 域的值为顶点的距离值,pre 域的值为从 v_0 到该顶点的最短路径上该顶点的前一顶点的序号,算法结束时,沿着顶点 v_i 对应元素的 pre 域追溯,就能确定 v_0 到 v_i 的最短路径,而此最短路径的长度在 length 域里。算法 6-9 为 Dijkstra 算法的实现。

算法 6-9　　求从某个源点到其他各顶点的最短路径(Dijkstra 算法)。

```
#define  MAX_VERTEX_NUM  20
#define  MAXINF 32767
typedef struct  {
   int pre;
   int length;
   }path;
path dist[MAX_VERTEX_NUM];
void dijkstra(MGraph G,int v0)
{
   int s[MAX_VERTEX_NUM];
   int mindis;
   int i,j,k,p;
   for(i=0;i<G.vexnum;i++){
      dist[i].length=G.A[v0][i];          /*距离初始化*/
      s[i]=0;                             /*s[]初始化*/
      if (dist[i].length<MAXINF)          /*路径初始化*/
          dist[i].pre=v0;
      else
         dist[i].pre=-1;
   }
   s[v0]=1;                               /*源点 v0 放入 s 集*/
   for(i=1;i<G.vexnum;i++)
   {  /*开始主循环,每次求得源点到某个顶点 k 的最短路径,并加 k 到 S 集*/
      mindis=MAXINF;                      /*为了将没有路径的点最后选中,初始化为
      ∞*/
      k=v0;
      for(j=1;j<G.vexnum;j++)             /*从未进入 s 的点中找最小的 dist
      [j]*/
      if(s[j]==0 && dist[j].length<mindis) /*顶点 j 没进入 s 中且当前的路径更短*/
         {
            k=j;                          /*具有更小路径的点存储在 k 中*/
            mindis=dist[j].length;
         }
```

```
                if(k==v0) break;
                s[k]=1;/*将 k 加入 s 集合*/
                for(j=1;j<G.vexnum;j++) /*更新其他没进入 s 的点的当前最短路径及长度*/
                    if(s[j]==0 && G.A[k][j]<MAXINF &&
                        dist[k].length+G.A[k][j]<dist[j].length)
                    {
                        dist[j].length=dist[k].length+G.A[k][j];
                /*将 D[j]修改为更短路径长度 */
                        dist[j].pre=k;/*记忆对应的路径,将 j 的前驱结点改为 k*/
                    }
                }
                for(i=0;i<G.vexnum;i++)/*输出各最短路径的长度及路径上的结点*/
                    if(s[i]==1)
                    {
                        printf("%d 到 %d 的最短路径长度为:%d,最短路径的顶点序列为:%d",v0,i,
                        dist[i].length,i);
                        p=dist[i].pre;
                          while(p>v0)
                          {
                            printf("<- %d",p);
                            p=dist[p].pre;
                          }
                        printf("<- %d\n",v0);
                    }
                    else
                    printf("%d<- %d不存在路径! \n",i,v0);
                }
```

例如,若对图 6-28 中的带权有向图执行迪杰斯特拉算法,则所得从顶点 0 到其余各顶点的最短路径的运算过程如下。

（1）一开始集合 S 中只包含顶点 0,在算法中用 s[0]等于 1 表示,顶点 1、顶点 2、顶点 3 和顶点 4 不在 S 集合中,用 s[0]等于 0 表示。顶点对应的距离值为:顶点 0 对应的距离值为 0,即 dist[0].length=0,对于其他顶点,若图中有弧<v_0,v_j>则顶点 v_j 的距离值为此弧上的权值,否则为∞（一个很大的数）,由于从顶点 0 到顶点 1 和顶点 4 有边存在,那么边上的权即为它们的距离值,分别是 3 和 30,即 dist[1].length=3 和 dist[4].length=30,且有 dist[1].pre=0 和 dist[4].pre=0,而从顶点 0 到顶点 2 和顶点 3 没有边存在,则它们的距离值为∞。即 dist[2].length=MAXINF 和 dist[3].length=MAXINF（MAXINF 是定义的常量,为最大的整数）,且有 dist[2].pre=-1 和 dist[3].pre=-1。

（2）接着从不在集合 S（即 s[i]=0）中的顶点选一个其距离值最小的顶点 1 加入到 S 中,即修改 s[1]为 1 表示顶点 1 已加入集合 S 中。然后对不在集合 S 中的各个顶点的距离值进行一次修改,因为加入顶点 1 做中间顶点,使<0,1>+<1,2>的值小于<0,2>值,则用<0,1>+<1,2>的值代替原来顶点 2 的距离值,即 dist[2].length 的值由 MAXINF 修改为 dist[2].length=28;修改 dist[2].pre 的值为 1,同样将顶点 1 做中间顶点,使顶点 0 到顶点 3 的距离值变短,因此对顶点 3 的距离值进行修改,即 dist[3].length 的值由 MAXINF 修改为 dist[3].length=11;修改 dist[3].pre 的值为 1,而对于顶点 4,若加进顶点 1 做中间顶点,不能使顶点 0 到顶点 4 的距离值变短,所以顶点 4 的距离值仍为 dist[4].length=30,

其 dist[4]. pre 仍为 0。

（3）从不在集合 S 中的顶点选一个其距离值最小的顶点 3 加入到 S 中，即修改 s[3] 等于 1。然后对不在集合 S 中的各个顶点（顶点 2 和顶点 4）的距离值进行一次修改，因为加入顶点 3 做中间顶点，使顶点 0 到顶点 2 的距离值变短，因此对顶点 2 的距离值进行修改，即 dist[2]. length 的值由 28 修改为 dist[3]. length＝15，修改 dist[3]. pre 的值为 3，同样，将顶点 3 做中间顶点，使顶点 0 到顶点 4 的距离值变短，所以也对顶点 4 的距离值进行修改，即 dist[4]. length 的值由 30 修改为 dist[4]. length＝23，修改 dist[3]. pre 的值为 3。

（4）再从不在集合 S 中的顶点选一个其距离值最小的顶点 2 加入到 S 中，即修改 s[2] 等于 1。然后对不在集合 S 中顶点 4 的距离值进行一次修改，因为加入顶点 2 做中间顶点，不能使顶点 0 到顶点 4 的距离值变短，因此不对顶点 4 的距离值进行修改。

（5）最后，将不在集合 S 中的顶点 4 加入到 S 中，即修改 s[4] 等于 1。这样集合 S 中包含了图中所有顶点，算法结束。

可用表 6-6 来表示图 6-28 从顶点 0 到其余各顶点的最短路径的运算过程及 dist 数组的变化情况。

表 6-6　用 Dijkstra 算法构造单源点最短路径过程中各参数的变化示意

终点	从顶点 0 到其他各顶点的 dist 数组变化情况和最短路径的求解过程							
	i＝1		i＝2		i＝3		i＝4	
	length	pre	length	pre	length	pre	length	pre
顶点 1	3　　0 (0,1)							
顶点 2	∞　　−1		28　　1 (0,1,2)		15　　3 (0,1,3,2)			
顶点 3	∞　　−1		11　　1 (0,1,3)					
顶点 4	30　　0 (0,4)		30　　0 (0,4)		23　　3 (0,1,3,4)		23　　3 (0,1,3,4)	
v_m	顶点 1		顶点 3		顶点 2		顶点 4	
集合 S	{0,1}		{0,1,3}		{0,1,3,2}		{0,1,3,2,4}	

对一个具有 n 个顶点的图来说，算法共有三个 for 循环，第一个和第三个 for 循环均为单层循环，时间复杂度是 $O(n)$。最复杂的部分是第二个 for 循环，它是一个双层循环。外层循环共执行 $n-1$ 次，内层循环中有两个 for 循环，都运行 $n-1$ 次，因此这个双层 for 循环的时间复杂度是 $O(n^2)$。所以总的时间复杂度仍是 $O(n^2)$。

6.6.2　每一对顶点之间的最短路径

显然求每一对顶点之间的最短路径的一个方法是：依次以每一个顶点为源点，重复调用迪杰斯特拉算法 n 次。这样，便可求得每一对顶点之间的最短路径，总的时间复杂度为 $O(n^3)$。

弗洛伊德（Floyd）提出了另一个求出图中任意两顶点之间最短路径的算法，虽然其时间复杂度也是 $O(n^3)$，但算法的形式更简单，易于理解和编程。

弗洛伊德算法中用邻接矩阵来存储有向图 G。需要设置一个二维辅助数组 A 用于存放当前各顶点之间的最短路径长度。算法的基本思想是：按照顶点 $v_0, v_1, \cdots, v_{n-1}$ 的次序，分别以每个顶点 $v_k (0 \leqslant k \leqslant n-1)$ 作为中间顶点，递推地产生矩阵序列 $\boldsymbol{A}^{(0)}, \boldsymbol{A}^{(1)}, \cdots, \boldsymbol{A}^{(n-1)}$。这里用 $\boldsymbol{A}^{(-1)}$ 表示原始矩阵，$A^{(-1)}[i][j]$ 等于从顶点 v_i 到顶点 v_j 不经过任何中间顶点的最短路径长度，当没有有向边时，路径长度为 ∞。矩阵 $\boldsymbol{A}^{(k)}$ 是在第 $k-1$ 次运算得到的 $\boldsymbol{A}^{(k-1)}$ 的基础上，加入顶点 $v_k (0 \leqslant k \leqslant n-1)$ 作为新的中间顶点，如果增加中间顶点后，得到的路径比原来的路径长度减少了，则以此新路径代替原路径，修改矩阵元素，否则保持原值不变。其计算公式为：

$$A^{(k)}[i][j] = \min(A^{(k-1)}[i][j], A^{(k-1)}[i][k] + A^{(k-1)}[k][j])$$
$$(0 \leqslant i \leqslant n-1, 0 \leqslant j \leqslant n-1)$$

其中，min 函数表示取其参数表中的较小值，参数表中的前项表示在第 $k-1$ 次运算后得到的从顶点 v_i 到顶点 v_j 目前最短路径长度，后项表示考虑以 v_k 作为中间顶点所得到的从顶点 v_i 到顶点 v_j 的最短路径长度。若后项小于前项，则表明以 v_k 作为中间顶点（不排除已经以 $v_0, v_1, \cdots, v_{k-1}$ 中的一部分或全部作为其中间顶点）使得从顶点 v_i 到顶点 v_j 的路径长度变短，所以应把它的值赋给 $A^{(k)}[i][j]$，否则把 $A^{(k-1)}[i][j]$ 的值赋给 $A^{(k)}[i][j]$。总之，使 $A^{(k)}[i][j]$ 保存第 k 次运算后得到的从顶点 v_i 到顶点 v_j 目前最短路径长度。当 k 从 0 取到 $n-1$ 后，矩阵 $\boldsymbol{A}^{(n-1)}$ 就是最后得到的结果，其中每个元素 $A^{(n-1)}[i][j]$ 就是从顶点 v_i 到顶点 v_j 的最短路径长度。

算法中还用到一个 $n \times n$ 的矩阵 path，在算法的每一步中，path$[i][j]$ 是从顶点 v_i 到顶点 v_j 中间顶点序号不大于 k 的最短路径上 v_j 的前一个顶点的序号，算法结束时，由 path$[i][j]$ 的值追溯，可以得到从 v_i 到 v_j 的最短路径。弗洛伊德算法具体如下。

算法 6-10 求每一对顶点之间的最短路径（Floyd）算法。

```
#define  MAX_VERTEX_NUM  20
#define  MAXINF 32767
void floyd(MGraph G)
{
    int A[MAX_VERTEX_NUM][MAX_VERTEX_NUM] ;
    int path[MAX_VERTEX_NUM][MAX_VERTEX_NUM];
    int i,j,k,p;
    for(i=0;i<G.vexnum;i++)/* 为 A⁰[i][j]和 path⁰[i][j]赋值*/
      for(j=0;j<G.vexnum;j++)
        {
            A[i][j]=G.A[i][j];
            if (i==j)
               path[i][j]=-1;
            else
              if(A[i][j]<MAXINF)
                path[i][j]=i;
              else
                path[i][j]=-1;
        }
    for(k=0;k<G.vexnum;k++) /*向 vi 与 vj 之间 n 次加入中间顶点 vk*/
      for(i=0;i<G.vexnum;i++)
        for(j=0;j<G.vexnum;j++)
          if(i!=k&&i!=j&&j!=k)
```

```
            {
                if(A[i][j]>(A[i][k]+A[k][j]))
                {
                    A[i][j]=A[i][k]+A[k][j];
                    path[i][j]=path[k][j];
                }
            }
    for(i=0;i<G.vexnum;i++)/*输出各最短路径的长度及路径上的结点*/
      for(j=0;j<G.vexnum;j++)
        if(i!=j)
        {
            printf("从顶点%d到顶点%d的最短路径长度为:%d,最短路径的顶点序列为:%
d",i,j,A[i][j],j);
            p=path[i][j];
            while(p!=i)
            {
                printf("<-%d",p);
                p=path[i][p];
            }
            printf("<-%d\n",i);
        }
}
```

弗洛伊德算法包含一个三重循环,其时间复杂度为 $O(n^3)$ 。

例如,对于图 6-29 所示带权有向图,其原始矩阵 $A^{(-1)}$ 如图 6-30(a)所示,矩阵 path 保存了最短路径上终点的前一个中间顶点。$\text{path}^{(-1)}$ 表示没有任何顶点作中间顶点时的最短路径。其值为当从顶点 v_i 到顶点 v_j 不存在边或 i 等于 j 时 $\text{path}^{(-1)}[i][j]$ 的取值为 -1,当从顶点 v_i 到顶点 v_j 有边存在时 $\text{path}^{(-1)}[i][j]$ 的取值为 i,矩阵 $\text{path}^{(-1)}$ 如图 6-30(b)所示。

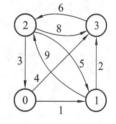

图 6-29 带权有向图

当 $k=0$ 时,即以顶点 0 作为中间顶点,因 $A^{(-1)}[2][0]+A^{(-1)}[0][1]=3+1=4$,较原来的 $A^{(-1)}[2][1]=5$ 小,故使 $A^{(0)}[2][1]=4$,同时使 $\text{path}^{(0)}[2][1]=\text{path}^{(-1)}[0][1]=0$。又因 $A^{(-1)}[2][0]+A^{(-1)}[0][3]=3+4=7$,较原来的 $A^{(-1)}[2][3]=8$ 小,故使 $A^{(0)}[2][3]=7$,同时保存 $\text{path}^{(0)}[2][3]=\text{path}^{(-1)}[0][3]=0$,矩阵 $A^{(0)}$ 和矩阵 $\text{path}^{(0)}$ 如图 6-30(c)和(d)所示。

当 $k=1$ 时,即以顶点 1 作为中间顶点,因 $A^{(0)}[0][1]+A^{(0)}[1][2]=1+9=10$,较原来的 $A^{(0)}[0][2]=\infty$ 小,故使 $A^{(1)}[0][2]=10$,同时使 $\text{path}^{(1)}[0][2]=\text{path}^{(0)}[1][2]=1$。同样因 $A^{(0)}[0][1]+A^{(0)}[1][3]=1+2=3$,较原来的 $A^{(0)}[0][3]=4$ 小,故使 $A^{(1)}[0][3]=3$,保存 $\text{path}^{(1)}[0][3]=\text{path}^{(0)}[1][3]=1$。又因 $A^{(0)}[2][0]+A^{(0)}[0][3]=3+3=6$,较原来的 $A^{(0)}[2][3]=7$ 小,故使 $A^{(1)}[2][3]=6$,保存 $\text{path}^{(1)}[2][3]=\text{path}^{(-1)}[1][3]=1$,矩阵 $A^{(1)}$ 和矩阵 $\text{path}^{(1)}$ 如图 6-30(e)和(f)所示。

当 $k=2$ 时,即以顶点 2 作为中间顶点,因为 $A^{(1)}[1][2]+A^{(1)}[2][0]=9+3=12$,较原来的 $A^{(1)}[1][0]=\infty$ 小,故使 $A^{(2)}[1][0]=12$,同时使 $\text{path}^{(2)}[1][0]=\text{path}^{(1)}[2][1]=2$。同理因 $A^{(1)}[3][2]+A^{(1)}[2][0]=6+3=9$,较原来的 $A^{(1)}[3][0]=\infty$ 小,故使 $A^{(2)}[3][0]=$

9，保存 $path^{(2)}[3][0]=path^{(1)}[2][0]=2$。又因 $A^{(1)}[3][2]+A^{(1)}[2][1]=6+4=10$，较原来的 $A^{(1)}[3][1]=\infty$ 小，故使 $A^{(2)}[3][1]=10$，保存 $path^{(2)}[3][1]=path^{(1)}[2][1]=0$，矩阵 $A^{(2)}$ 和矩阵 $path^{(2)}$ 如图 6-30(g) 和(h)所示。

当 $k=3$ 时，即以顶点 3 作为中间顶点，因为 $A^{(2)}[0][3]+A^{(2)}[3][2]=3+6=9$，较原来的 $A^{(2)}[0][2]=10$ 小，故使 $A^{(3)}[0][2]=9$，同时使 $path^{(3)}[0][2]=path^{(2)}[3][2]=3$。同理因 $A^{(2)}[1][3]+A^{(2)}[3][0]=2+9=11$，较原来的 $A^{(2)}[1][0]=12$ 小，故使 $A^{(3)}[1][0]=11$，保存 $path^{(3)}[1][0]=path^{(2)}[3][0]=2$。又因 $A^{(2)}[1][3]+A^{(2)}[3][2]=2+6=8$，较原来的 $A^{(2)}[1][2]=9$ 小，故使 $A^{(3)}[1][2]=8$，保存 $path^{(3)}[1][2]=path^{(2)}[3][2]=3$，矩阵 $A^{(3)}$ 和矩阵 $path^{(3)}$ 如图 6-30(i) 和(j)所示。

通过以上分析可知，在每次运算中，对 $i=k$ 或 $j=k$ 或 $i=j$ 的那些元素无需进行计算，因为它们不会被修改，对于其余元素，只有满足 $A^{(k-1)}[i][k]+A^{(k-1)}[k][j]<A^{(k-1)}[i][j]$ 的元素才会被修改，即把小于号左边的两个元素之和赋给 $A^{(k)}[i][j]$。

$$A^{(-1)}=\begin{bmatrix} 0 & 1 & \infty & 4 \\ \infty & 0 & 9 & 2 \\ 3 & 5 & \infty & 8 \\ \infty & \infty & 6 & 0 \end{bmatrix}\qquad path^{(-1)}=\begin{bmatrix} -1 & 0 & -1 & 0 \\ -1 & -1 & 1 & 1 \\ 2 & 2 & -1 & 2 \\ -1 & -1 & 3 & -1 \end{bmatrix}$$

(a)   (b)

$$A^{(0)}=\begin{bmatrix} 0 & 1 & \infty & 4 \\ \infty & 0 & 9 & 2 \\ 3 & \underline{4} & 0 & \underline{7} \\ \infty & \infty & 6 & 0 \end{bmatrix}\qquad path^{(0)}=\begin{bmatrix} -1 & 0 & -1 & 0 \\ -1 & -1 & 1 & 1 \\ 2 & \underline{0} & -1 & \underline{0} \\ -1 & -1 & 3 & -1 \end{bmatrix}$$

(c)   (d)

$$A^{(1)}=\begin{bmatrix} 0 & 1 & \underline{10} & \underline{3} \\ \infty & 0 & 9 & 2 \\ 3 & 4 & 0 & \underline{6} \\ \infty & \infty & 6 & 0 \end{bmatrix}\qquad path^{(1)}=\begin{bmatrix} -1 & 0 & \underline{1} & \underline{1} \\ -1 & -1 & 1 & 1 \\ 2 & 0 & -1 & \underline{1} \\ -1 & -1 & 3 & -1 \end{bmatrix}$$

(e)   (f)

$$A^{(2)}=\begin{bmatrix} 0 & 1 & 10 & 3 \\ \underline{12} & 0 & 9 & 2 \\ 3 & 4 & 0 & 6 \\ \underline{9} & \underline{10} & 6 & 0 \end{bmatrix}\qquad path^{(2)}=\begin{bmatrix} -1 & 0 & 1 & 1 \\ \underline{2} & -1 & 1 & 1 \\ 2 & 0 & -1 & 1 \\ \underline{2} & \underline{0} & 3 & -1 \end{bmatrix}$$

(g)   (h)

$$A^{(3)}=\begin{bmatrix} 0 & 1 & \underline{9} & 3 \\ \underline{11} & 0 & \underline{8} & 2 \\ 3 & 4 & 0 & 6 \\ 9 & 10 & 6 & 0 \end{bmatrix}\qquad path^{(3)}=\begin{bmatrix} -1 & 0 & \underline{3} & 0 \\ \underline{2} & -1 & \underline{3} & 1 \\ 2 & 0 & -1 & 1 \\ 2 & 0 & 3 & -1 \end{bmatrix}$$

(i)   (j)

图 6-30　图 6-29 中有向图的各对顶点间的最短路径及路径长度

6.7 图的应用举例

6.7.1 案例一:"畅通工程"问题

案例描述 省政府"畅通工程"的目标是使全省任何两个村庄间都可以实现公路交通(但不一定有直接的公路相连,只要能间接通过公路可达即可)。经过调查评估,得到的统计表中列出了有可能建设公路的若干条道路的成本。现请你编写程序,计算出全省畅通需要的最低成本(2007 年浙江大学计算机研究生复试上机考试题)。

案例说明 (1)村庄数目 MAX＿VERTEX＿NUM＝20,村庄从 0 到 MAX＿VERTEX_NUM −1进行编号。

(2)村庄间道路成本(单位为万元)使用下面的矩阵表示,MAXINF(32767,表示无穷大)表示两个村庄无直接相通的道路。其矩阵如下。

$$\begin{pmatrix} 0 & 16 & 20 & 19 & \infty & \infty \\ 16 & 0 & 11 & \infty & 6 & 5 \\ 20 & 11 & 0 & 22 & 14 & \infty \\ 19 & \infty & 22 & 0 & 18 & \infty \\ \infty & 6 & 14 & 18 & 0 & 9 \\ \infty & 5 & \infty & \infty & 9 & 0 \end{pmatrix}$$

案例分析 从单一顶点开始,根据普里姆算法,逐步扩大最小生成树中所含顶点的数目,直到遍及连通图的所有顶点,输出生成树中所有顶点的信息。

图采用邻接矩阵存储,其数据结构描述如下。

```
#define  MAX_VERTEX_NUM  20
#define  MAXINF 32767                    /*定义一个足够大的常量值*/
typedef char VertexType;                 /*定义结点的数据类型*/
typedef struct
{
    VertexType v[MAX_VERTEX_NUM];        /*顶点表*/
    int A[MAX_VERTEX_NUM][MAX_VERTEX_NUM]; /*邻接矩阵*/
    int vexnum,arcnum;                   /*图的顶点数和弧数*/
}MGraph;
struct
{
    int adjvex;
    int lowcost;
}T[MAX_VERTEX_NUM];                      /*定义辅助数组记录运算过程中权最小的边*/
```

主要算法的实现如下。

(1) 构建无向带权图。

```
int LocateVex(MGraph *G,char v)
{
    int i;
    for(i=0;i<G->vexnum;i++)
        if(v==G->v[i])
            return i;
}
void CreateMGraph(MGraph *G)
{
    int i,j,k,w;
    char v1,v2;
    printf("请输入顶点个数(vexnum):");
    scanf("%d",&G->vexnum);
    printf("请输入边的个数(arcnum):");
    scanf("%d",&G->arcnum);
    getchar();
    printf("请输入图结点的值:\n");
    for (i=0;i<G->vexnum;i++)
    {
        scanf("%c",&G->v[i]);
    }
    getchar();
    for (i=0;i<G->vexnum;i++)
        for (j=0;j<G->vexnum;j++)
            if(i==j)
                G->A[i][j]=0;
            else
                G->A[i][j]= MAXINF;
    printf("请输入边的信息,输入格式为(v1,v2,w):\n");
    for (k=0;k<G->arcnum;k++)
    {
        scanf("%c,%c,%d",&v1,&v2,&w);
        i=LocateVex(G,v1);
        j=LocateVex(G,v2);
        G->A[i][j]= w;
        G->A[j][i]= w;
        getchar();
    }
}
```

（2）输出无向带权图。

```
void PrintMGraph(MGraph G)
{
    int i,j;
    printf("各结点的值为:\n");
```

```
        for(i=0;i<G.vexnum;i++)
        printf("%7c",G.v[i]);
            printf("\n");
        printf("图的矩阵如下:\n");
        for (i= 0;i<G.vexnum;i++)
        {
            for (j= 0;j<G.vexnum;j++)
                printf("%7d",G.A[i][j]);
            printf("\n");
        }
    }
```

（3）使用 Prim 算法求最小生成树。

```
    void MiniSpanTree_PRIM(MGraph G,char u){
        int k,j,i,minCost;
        k=LocateVex(&G,u);
        for (j=0;j<G.vexnum;++j)
            if (j!=k)
            {
                T[j].adjvex=k;
                T[j].lowcost=G.A[k][j];
            }
        printf("求到的最低成本的道路如下:\n");
        T[k].lowcost=0;
        for (i=1;i<G.vexnum;++i)
        {
            minCost=MAXINF;
            for (j=0;j<G.vexnum;++j)
                if (T[j].lowcost<minCost && T[j].lowcost!=0)
                {
                    minCost=T[j].lowcost;
                    k=j;
                }
            printf("(%c,%c),%d\n",G.v[T[k].adjvex],G.v[k],T[k].lowcost);
            T[k].lowcost=0;
            for (j=0;j<G.vexnum;++j)
                if (T[j].lowcost!=0 && G.A[k][j]<T[j].lowcost)
                {
                    T[j].adjvex=k;
                    T[j].lowcost=G.A[k][j];
                }
        }
    }
```

其运行结果如图 6-31 所示。

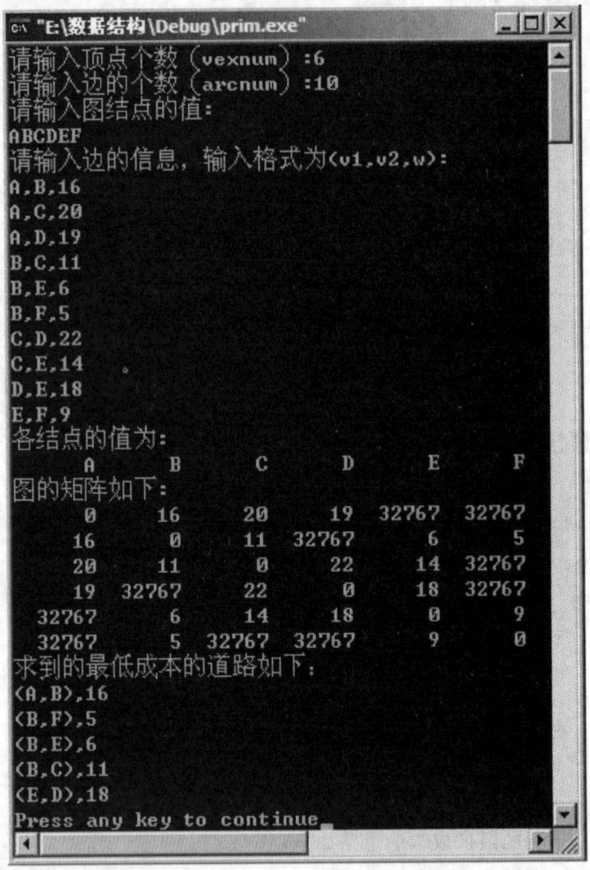

图 6-31 "畅通工程"问题运行结果图

6.7.2 案例二:校园导航问题

案例描述 校园可以用图来表示,校园中的场所可以用图的结点来表示,场所之间的道路可以用边来表示。每两个场所间可以有不同的路,且路长也不同,试根据输入的两个场所,找出两个场所间的最佳路径(最短路径)。

案例分析 图采用邻接矩阵存储,其数据结构描述如下。

```
#define   MAX_VERTEX_NUM   20
#define   MAXINF 32767
typedef char VertexType;/*定义结点的数据类型*/
typedef struct{
VertexType v[MAX_VERTEX_NUM];
int A[MAX_VERTEX_NUM][MAX_VERTEX_NUM];
int vexnum,arcnum;
}MGraph;
typedef struct  {
   int pre;
   int length;
}path;
```

主要算法的实现如下。

```
voidDijkstra (MGraph G,int v0,int v1)
{
    int s[MAX_VERTEX_NUM];
    int c[MAX_VERTEX_NUM];
    int mindis;
    int i,j,k,p;
    for(i=0;i<G.vexnum;i++)
    {
        dist[i].length=G.A[v0][i];
        s[i]=0;
        if (dist[i].length<MAXINF)
            dist[i].pre=v0;
        else
            dist[i].pre=-1;
    }
    s[v0]=1;
    for(i=1;i<G.vexnum;i++)
    {
        mindis=MAXINF;
        k=v0;
        for(j=1;j<G.vexnum;j++)
            if(s[j]==0 && dist[j].length<mindis)
            {
                k=j;
                mindis=dist[j].length;
            }
            if(k==v0)
                break;
        s[k]=1;
        for(j=1;j<G.vexnum;j++)
            if(s[j]==0 && G.A[k][j]<MAXINF && dist[k].length+G.A[k][j]<
    dist[j].length)
            {
                dist[j].length=dist[k].length+G.A[k][j];
                dist[j].pre=k;
            }
    }
        if(s[v1]==1)
        {
    printf("从顶点%c 到顶点 %c 的最短距离是:%d,路径是:",G.v[v0],G.v[v1],
    dist[v1].length);
            i=0;
            c[i++]=v1;
            p=dist[v1].pre;
```

```
                    while(p!=v0)
                    {
                        c[i]=p;
                        p=dist[p].pre;
                        i++;
                    }
                    j=i;
                    c[i]=v0;
                    for(i=j;i>0;i- - )
                    {
                        printf("%c->",G.v[c[i]]);
                    }
                    printf("%c\n",G.v[c[v0]]);
            }
            else
            printf("从顶点%c到顶点 %c没有最短距离！\n",G.v[v0],G.v[v1]);
        }
```

其运行结果如图 6-32 所示。

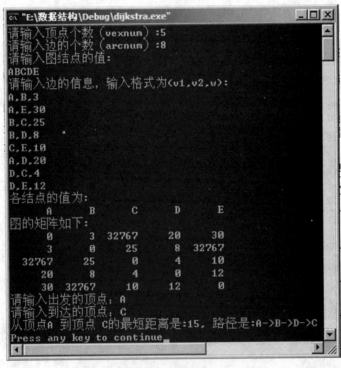

图 6-32   校园导航问题运行结果图

本 章 小 结

图是一种非线性数据结构。一个图由两部分组成，一部分是顶点，另一部分是顶点之间的偶对，称之为边或弧。在图中任意两顶点之间都有可能有相关联关系的一种结构，它不同于线性结构，也不同于树形结构，它是数据结构中四类基本逻辑结构中最为复杂的，也是表达能力最强的一类结构。

本章主要介绍了图的相关概念、图的存储表示、图的遍历方法及图上典型应用问题的实现。

图的存储结构有邻接矩阵、邻接表(或逆邻接表)、十字链表和邻接多重表。前两种是最常用的图的存储方式,既适于存放有向图,也可以存放无向图,但需注意,采用邻接表存放无向图时,在插入、删除边时,应有两个边表结点被插入或删除。十字链表用于存放有向图,十字链表可以看成是将有向图的邻接表和逆邻接表结合起来的一种存储结构。邻接多重表是由邻接表进一步改进而来的无向图的一种存储结构。在邻接多重表中,无向图的每条边只对应一个结点,它克服了在邻接表中无向图的每条边对应两个结点而带来的不便于处理的缺点。不论以何种方式存储,对于网图,还要存储边或弧的权值。

在图的基本运算中,最重要的仍是遍历操作,图的遍历方法有两种:深度优先遍历和广度优先遍历。

本章还重点介绍了图上的一些典型应用问题,如图的连通性问题、图的生成树和最小生成树问题、最短路径、拓扑排序和关键路径等问题的解决思路、算法步骤及时空效率。可以从中看到图的基本知识在解决实际问题中的运用,并感受到图的应用方式是非常灵活的。

通过本章的学习,应了解有关图的基本术语,特别是无向图、有向图、网、顶点、顶点的度、子图、连通图、非连通图及非连通图的连通分量等。掌握图的几种存储结构。能够由给定的图写出与其对应的某种存储结构,由一个图的某种存储结构能画出这个图。了解不同存储结构的优缺点和适用于哪类问题。能够使用图的遍历算法、Prim 算法、Kruskal 算法、拓扑算法、关键路径算法、Dijkstra 算法和 Floyd 算法等解决实际问题。

习 题 6

一、单项选择题

1. 图 G 是一个非连通无向图,共有 28 条边,则该图至少有(   )个顶点。

A. 6 　　　　　B. 7 　　　　　C. 8 　　　　　D. 9

2. 在一个有向图中,所有顶点的入度之和等于所有顶点的出度之和的(   )倍。

A. 1/2 　　　　B. 1 　　　　　C. 2 　　　　　D. 4

3. 在无向图 G 的邻接矩阵 A 中,若 $A[i][j]$ 等于 1,则 $A[j][i]$ 等于(   )。

A. $i+j$ 　　　B. $i-j$ 　　　C. 1 　　　　　D. 0

4. 连通图 G 中有 n 个顶点,G 的生成树是(   )的连通子图。

A. 包含 G 的所有顶点 　　　　　B. 不必包含 G 的所有顶点

C. 包含 G 的所有边 　　　　　　D. 包含 G 的所有顶点和所有边

5. 在有向图 G 的拓扑序列中,若顶点 v_i 在顶点 v_j 之前,则下列情形不可能出现的是(   )。

A. G 中有弧 $<v_i,v_j>$ 　　　　B. G 中有一条从 v_i 到 v_j 的路径

C. G 中没有弧 $<v_i,v_j>$ 　　　D. G 中有一条从 v_j 到 v_i 的路径

6. 下面不正确的说法是(   )。

（1）在 AOE 网中，减少任一关键活动上的权值后整个工期也就相应减小。

（2）AOE 网工程工期为关键活动上的权之和。

（3）在关键路径上的活动都是关键活动，而关键活动也必在关键路径上。

    A.（1）   B.（2）   C.（3）   D.（1）、（2）

7. 对于一个有向图，若一个顶点的入度为 k_1，出度为 k_2，则对应邻接表中该顶点单链表中的结点数为（　　）。

    A. k_1 B. k_2 C. k_1+k_2 D. k_1-k_2

8. 关键路径是事件结点网络中（　　）。

    A. 从源点到汇点的最长路径   B. 从源点到汇点的最短路径

    C. 最长的回路   D. 最短的回路

9. 下面（　　）可以判断出一个有向图中是否有环（回路）。

    A. 广度优先遍历   B. 拓扑排序

    C. 求最短路径   D. 求关键路径

10. 有 10 个结点的无向图至少有（　　）条边才能确保其是连通图。

    A. 8   B. 9   C. 10   D. 11

二、填空题

1. 有向图 G 有 n 个结点，则图 G 最多能有_____条边；若 G 为无向图，则图 G 最多能有_____条边，此图至少应有_____条边才能确保是一个连通图。

2. 已知一个无向图的邻接矩阵如题图 6-1 所示，则从顶点 A 出发按深度优先搜索遍历得到的顶点序列为_____，按广度优先搜索遍历得到的顶点序列为_____。

3. 遍历图的基本方法有_____优先搜索和_____优先搜索两种。

4. 连通分量是无向图中的_____连通子图。

5. 任何连通图的连通分量只有一个，即_____。

6. 对无向图，其邻接矩阵是一个关于_____对称的矩阵。

7. 在有向图的邻接矩阵上，由第 i 行可得到第_____个结点的出度，而由第 j 列可得到第_____个结点的入度。

8. 若连通图 G 的顶点个数为 n，则 G 的生成树的边数为_____。如果 G 的一个子图 G′ 的边数_____，则 G′ 中一定有环。相反，如果 G′ 的边数_____，则 G′ 一定不连通。

9. 已知一个图如题图 6-2 所示，在该图的最小生成树中，各边的权值之和为_____。

$$
\begin{array}{c}
\begin{array}{cccccc} A & B & C & D & E & F \end{array} \\
\begin{bmatrix}
0 & 1 & 1 & 0 & 1 & 0 \\
1 & 0 & 1 & 0 & 1 & 1 \\
1 & 1 & 0 & 1 & 1 & 0 \\
0 & 0 & 1 & 0 & 0 & 1 \\
1 & 1 & 0 & 0 & 0 & 1 \\
0 & 1 & 0 & 1 & 1 & 0
\end{bmatrix}
\begin{array}{c} A \\ B \\ C \\ D \\ E \\ F \end{array}
\end{array}
$$

题图 6-1   题图 6-2

10. 对无向图,若它有 n 顶点 e 条边,则其邻接表中需要_____个结点。其中,_____个结点构成邻接表,_____个结点构成顶点表。

11. 对有向图,若它有 n 顶点 e 条边,则其邻接表中需要_____个结点。其中,_____个结点构成邻接表,_____个结点构成顶点表。

12. _____的有向图,其全部顶点有可能排成一个拓扑序列。

三、判断题

1. 无向图的邻接矩阵是对称的,有向图的邻接矩阵一定是不对称的。(　　)

2. 图的最小生成树的形状可能不唯一。(　　)

3. 用邻接矩阵法存储一个图时,在不考虑压缩存储的情况下,所占用的存储空间大小只与图中结点个数有关,而与图的边数无关。(　　)

4. 邻接表法只用于有向图的存储,邻接矩阵对于有向图和无向图的存储都适用。(　　)

5. 任何有向网络(AOV-网络)拓扑排序的结果是唯一的。(　　)

6. 连通分量是无向图中的极小连通子图。(　　)

7. 在 n 个结点的无向图中,若边数大于 $n-1$,则该图必是连通图。(　　)

8. 缩短关键路径上活动的工期一定能够缩短整个工程的工期。(　　)

9. 一个图的广度优先搜索树是唯一的。(　　)

10. 对于有向图,除了拓扑排序方法外,还可以通过对有向图进行深度优先遍历的方法来判断有向图中是否有环。(　　)

四、操作题及应用题

1. 设无向图 G 如题图 6-3 所示,试给出:
(1)该图的邻接矩阵;
(2)该图的邻接表。

2. 对于如题图 6-4 所示的有向图,试给出:
(1)每个顶点的入度和出度;
(2)该图的邻接矩阵;
(3)该图的邻接表;
(4)该图的逆邻接表。

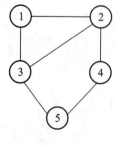

题图 6-3

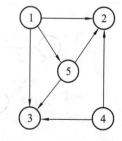

题图 6-4

3. 分别给出题图 6-5 中从顶点 1 出发按深度优先搜索和广度优先搜索算法遍历得到的顶点序列及相对应的生成树。

4. 求出题图 6-6 的连通分量。

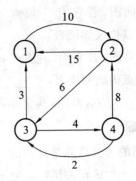

题图 6-5　　　　　　　　　题图 6-6

5. 已知有带权图如题图 6-7 所示，则：

(1) 画出该图的邻接矩阵；

(2) 画出该图的邻接表；

(3) 求出该图的最小生成树。

6. 拓扑排序的结果不是唯一的，对题图 6-8 进行拓扑排序，试写出其中任意 5 个不同的拓扑排序列。

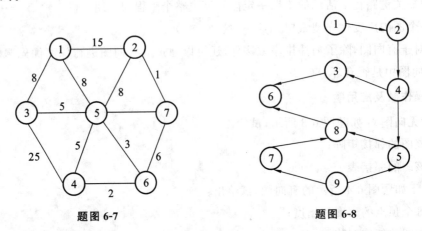

题图 6-7　　　　　　　　　题图 6-8

7. 有向图如题图 6-9 所示，试用迪杰斯特拉(Dijkstra)算法求从顶点 1 到其他各结点的最短路径，要求给出整个计算过程。

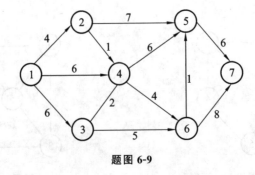

题图 6-9

8. 有向图如题图 6-10 所示，试用弗洛伊德(Floyd)算法求出各顶点之间的最短路径，要求写出其相应的矩阵序列。

9. 如题图 6-11 所示 AOE 网，求：

(1) 列出各事件的最早、最迟发生时间；

（2）列出各活动的最早、最迟发生时间；

（3）哪些活动是该 AOE 网的关键活动，画出其关键路径。

（4）完成整个工程需要的最短时间是多少？

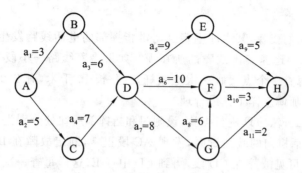

题图 6-11

10. 请对题图 6-12 所示的无向带权图，求：

（1）用 Prim 算法求解其最小生成树的求解过程；

（2）用 Kruskal 算法求解其最小生成树的求解过程。

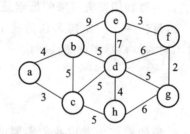

题图 6-12

五、算法设计

1. 对于含有 n 个顶点的有向图，编写算法由其邻接表构造相应的逆邻接表。

2. 试写一个算法，判别以邻接表方式存储的有向图中是否存在由顶点 v_i 到顶点 v_j 的路径（$i \neq j$）。假设分别基于下述策略：

（1）图的深度优先搜索；

（2）图的广度优先搜索。

3. 以邻接表作为存储结构实现求从源点到其余各顶点的最短路径的 Dijkstra 算法。

4. 利用拓扑排序算法的思想写一个算法判别有向图中是否存在有向环，当有向环存在时，输出构成环的顶点。

5. 假设以邻接矩阵作为图的存储结构，编写算法判断在给定的有向图中是否存在一个简单有向回路，若存在，则以顶点序列的方式输出该回路（找到一条路即可）。

第7章　查　找

在一个风雨交加的夜晚，某水库闸房到防洪指挥部的电话线路发生了故障。这是一条10千米长的线路，如何迅速查出故障的所在呢？如果沿着线路一小段一小段查找，将会花费较长时间。而且每查一个点要爬一次电线杆，线路长10千米，有200多根电线杆。想一想，维修线路的工人师傅怎样工作最合理？

此问题可利用二分法原理进行查找，设闸门和指挥部所在处分别为A、B，维修工从中点C查起，用随身带的话机向两端测试时，发现AC段正常，断定故障在BC段，再到BC中点D，发现BD段正常，可见故障在CD段，再到CD中点E，这样每查一次，就可以把待查线路长度缩减为一半，故经过7次查找，就可以将故障发生的范围缩小到50～100m，即在一两根电线杆附近。

对于生活中的一些故障排查、人员查询等问题，都可以通过二分法的思想来处理，其过程比较省事，速度比较快。网络时代出现了一个新的名词——SEO（search engine optimization，搜索引擎优化），它是一种利用搜索引擎的搜索规则来提高目标网站在有关搜索引擎内的排名的方式。如今，如何让一个网站排名在前成了一个职业，正如孙膑赛马一样，小企业可以利用SEO，通过不同的策略避实就虚，以弱胜强。所以，与查找与搜索相关的研究是非常重要的一项工作。

7.1　基本概念

查找，又称查询、检索，是在大量的数据中获取我们需要的、满足特定条件的信息或数据。在本书中，查找是指在一组数据集合中找关键字值等于给定值的某个元素或记录。

关键字是指数据元素（或记录）中的某个数据项，用它可以标识一个数据元素（或记录）。若此关键字可以唯一地标识一个记录，则称此关键字为主关键字；反之，把可以识别若干记录的关键字称为次关键字。例如，"学号"可以看成学生的主关键字，"姓名"则应视为次关键字。

查找表（search table）是由具有同一类型（属性）的数据元素（记录）组成的集合。即查找表是一种以集合为逻辑结构、以查找为核心的数据结构。

由于集合中的数据元素之间是没有"关系"的，因此在查找表的实现时就不受"关系"的约束，而是根据实际应用对查找的具体要求去组织查找表，以便实现高效率的查找。

对查找表中常做的运算有：建立查找表、查找、读取表元，以及对表进行修改操作（如插入、删除元素）等。

若对查找表的查找过程不包括对表的修改操作，则此类查找称为静态查找（static search），若在查找的同时插入表中不存在的数据元素，或从查找表中删除已存在的指定元素，则此类查找称为动态查找（dynamic search）。简言之，静态查找仅对查找表进行查找操作，而不能改变查找表本身；动态查找除了对查找表进行查找操作外，还可以向表中插入数据元素或删除表中数据元素。

查找（searching）是指在含有n个元素的查找表中，找出关键字等于给定值的数据元素（或记录）。

由于查找表的范围和给定的关键字值的不同，查找有两种可能的结果：①当要查找的关键字是主关键字时,查找结果是唯一的,一旦找到,则称为查找成功,查找过程结束并给出找到的数据元素的信息,或指示该数据元素的位置;②若是整个表检索完,还没有找到,称为查找失败,此时查找结果应给出一个"空"记录或"空"指针。

当关键字是次关键字时,查找结果可能不唯一,要想查得表中所有的相关数据元素需要查遍整个表,或在可以肯定查找失败时,才能结束查找过程。

采用何种查找方法,取决于使用哪种数据结构来表示"表"。即表中的记录是按何种方式组织的,根据不同的数据结构采用不同的查找方法,以便实现高效率的查找。

由于查找运算的主要操作是关键字的比较,所以,通常把查找过程中对关键字的比较次数的平均值作为衡量一个查找算法效率优劣的标准,称为平均查找长度(average search length),通常用 ASL 表示。平均查找长度 ASL 是指在查找过程中所进行的关键字比较次数的期望值。

对一个含 n 个数据元素的查找表,查找成功时,有:

$$ASL = \sum_{i=1}^{n} p_i c_i \qquad (7-1)$$

其中,n 为结点的个数;c_i 为查找第 i 个数据元素所需要的比较次数;p_i 为查找第 i 个结点的概率,且 $\sum_{i=1}^{n} p_i = 1$,通常情况下,若没有特别声明,可认为在查找表中查找每个记录的概率是相等的,即 $p_1 = p_2 = \cdots = p_n = 1/n$。

用上述平均查找长度公式很难求出查找失败时的平均查找长度。因为当查找失败时,要查找的数据元素不在查找表中,其查找概率很难确定,此时通常用平均比较次数来表示平均查找长度。

本章讨论中,涉及的数据元素(记录)类型及关键字类型将统一定义如下:

```
typedef  int  KeyType;
typedef  struct{
    KeyType  key;          /*关键字字段*/
    ……                     /*其他信息*/
}DataType;
```

7.2　静态查找

线性表查找属于静态查找,是将查找表视为一个线性表,将其顺序或链式存储,再进行查找,因此查找思想较为简单,效率不高。如果查找表中的数据元素有一定的规律(如按关键字有序),可以利用这些信息获得较好的查找效率。

在本节中,定义线性查找表的顺序存储结构如下。

```
#define  MAXNUM  100              /*查找表的容量*/
typedef struct{
    DataType  data[MAXNUM];       /*查找表存储空间*/
    int n;                        /*查找表中元素的个数*/
}SeqList;
```

线性查找表链式存储的结点结构类型定义如下。

```
typedef  struct  node{
    DataType  data;               /*元素的数据域 */
    struct  node  *next;          /*下一个元素的指针域 */
}LSNode,*LSTable;
```

7.2.1 顺序表上的查找

顺序查找又称线性查找，即依次对每一个记录进行查找，是最基本的查找方法之一。其查找方法为：从表的一端开始，向另一端逐个按给定的关键字与每个元素的关键字进行比较，若找到，查找成功，并给出数据元素在表中的位置；若整个表检索完之后，仍未找到与给定关键字相同的关键字，则查找失败，给出失败信息。

顺序查找既适合于顺序存储的查找表，又适合于链式存储的查找表。

1. 顺序表上的查找

与顺序表一样，查找表中的数据元素依次顺序存储。顺序查找简单，很容易按下列算法实现：

算法 7-1 顺序查找算法。

```
int Seq_Search_1 (SeqList list,keytype kx)
{/*数据存放在 list.data[1] 至 list.data[n]中,在表 list 中查找关键字为 kx 的数据元素*/
/*若找到,返回该元素在查找表中的位置,否则返回 0*/
    int i=1;
    while(i<=list.n && list.data[i].key!=kx)
        i++;/*从表头端向后查找 */
    if (i>list.n)
        return 0;
    else
        return  i;
}
```

在上述查找中，每次循环条件要进行两次比较，如果稍加修改，会使比较次数减少一半，下面是改进后的算法，是从表尾端向表前端查找，注意 list.data[0]的使用。

算法 7-2 加监视哨后的顺序查找。

```
int Seq_Search_2(SeqList list,KeyType kx)
{ /*数据存放在 list.data[1] 至 list.data[n]中,在表 list 中查找关键字为 kx 的数据元素*/
/*若找到,返回该元素在查找表中的位置,否则返回 0 */
    int i;
    list.data[0].key=kx;
    i=list.n;
    while(list.data[i].key!=kx)
        i--;/*从表尾端向前查找 */
    return i;
}
```

本算法中，在进行查找之前，list.data[0]分量的关键字被赋值为 kx，这样在查找过程中就不必每一次都去检测整个表是否查找完毕。如果查找是成功的，那么 i 会停在找到的那个元素的位置，这时 $1 \leqslant i \leqslant n$；如果查找失败，查找也会停在 list.data[0]分量，即 $i=0$。因此，list.data[0]分量起到了监视哨的作用。这样一个小小的设计技巧，会大大提高查找效率。

性能分析 对于 n 个数据元素的查找表,若给定值 kx 与表中第 i 个元素关键字相等,即定位第 i 个记录时,需进行 $n-i+1$ 次关键字比较,即 $c_i = n-i+1$。所以查找成功时,顺序查找的平均查找长度为:

$$\text{ASL} = \sum_{i=1}^{n} p_i(n-i+1) \tag{7-2}$$

设每个数据元素的查找概率相等,即 $p_i = 1/n$,则等概率情况下有:

$$\text{ASL} = \sum_{i=1}^{n} \frac{1}{n}(n-i+1) = \frac{n+1}{2} \tag{7-3}$$

查找不成功时,查找表中每个关键字都要比较一次,直到监测哨单元,因此关键字的比较次数总是 $n+1$ 次。

显然,算法的时间复杂度为 $O(n)$。

2. 单链表上的查找

设查找表组织为带头结点的单链表,在单链表上的顺序查找算法如下。

算法 7-3 单链表上的顺序查找。

```
LSNode * Link_Search (LSTable LT,KeyType kx)
{/*在表 LT 中查找关键字为 kx 的数据元素*/
/*若找到,返回该元素所在结点的地址,否则 NULL */
    LSNode * p;
    p=LT->next;/*p 指向第一个结点*/
    while(p&&p->data.key!=kx)
        p=p->next;
    return(p);
}
```

该算法从查找表的第一个结点开始,判断当前结点的值是否等于 kx,若等于,返回该结点的地址,否则继续查找下一个,直至找到值为 kx 的结点,或者表结束都没有找到,此时返回 NULL。算法的时间复杂度为 $O(n)$。

许多情况下,查找表中各数据元素的查找概率是不相等的。为了提高查找效率,查找表中的数据存放需依据查找概率越高,则其比较次数越少,查找概率越低,则比较次数就较多的原则来存储数据元素。例如,顺序结构的查找表可将查找概率高的元素尽量放在表尾,而链式结构的查找表可将查找概率高的元素尽量放在表头。

注意:顺序查找的优点是思路简单,且对表中数据元素的存储方式、是否按关键字有序均无要求;缺点是平均查找长度较大,效率低,当 n 很大时,不宜采用顺序查找。

7.2.2 有序表查找

有序表是指查找表中的元素按关键字大小有序存储。很多情况下,查找表中各元素关键字之间可能构成某种次序关系,如英汉字典中,字典序就是一种次序关系;学生信息表中学号也是一种次序关系。如果查找表采用顺序结构存储且按关键字有序,那么查找时可采用效率较高的算法实现。本节的讨论中假设查找表是按关键字递增有序的。

折半查找也称二分查找,它是一种效率较高的查找方法。

折半查找的思想为:在有序表中,取中间元素作为比较对象,若给定值与中间元素的关键字相等,则查找成功;若给定值小于中间元素的关键字,则在中间元素的左半区继续查找;若给定值大于中间元素的关键字,则在中间元素的右半区继续查找。不断重复上述查找过程,直到查找成功,或所查找的区域无数据元素,查找失败。

例 7-1 顺序存储的有序表关键字排列如下:

$$7,14,18,21,23,29,31,35,38,42,46,49,52$$

使用折半查找法在表中查找关键字为 14 和 22 的数据元素。

(1) 设 low 和 high 指示查找区间的上下限,查找关键字为 14 的过程如图 7-1 所示。

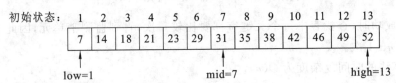

14<31, 调整到左半区: high=mid-1

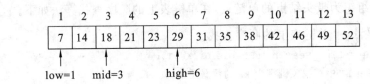

14<18, 调整到左半区: low=mid-1

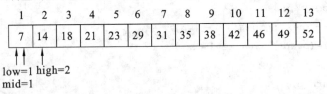

14>7, 调整到右半区: low=mid+1

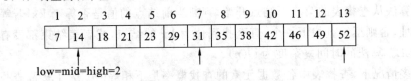

图 7-1 有序表查找成功的过程

此时,14 与 mid 所指元素的关键字相等,查找成功,返回位置。

(2) 查找关键字为 22 的过程如图 7-2 所示。

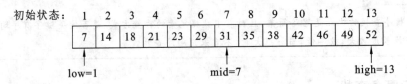

22<31, 调整到左半区: high=mid-1

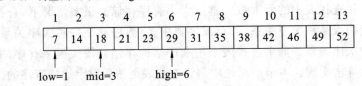

图 7-2 有序表查找失败的过程

22 >18，调整到右半区：low=mid+1

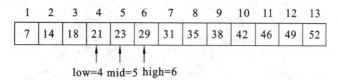

low=4 mid=5 high=6

22 >23，调整到左半区：high=mid-1

low=mid=high=4

22 >21，调整到右半区：low=mid+1

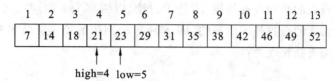

high=4 low=5

续图 7-2

此时，low＞high，即查找区间为空，说明查找失败，返回查找失败信息。

算法 7-4 有序表上的折半查找。

```
int Binary_Search(SeqList list,KeyType kx)
{ /*数据存放在 list.data[1] 至 list.data[n]中,在表 list 中查找关键字为 kx 的数据元素*/
/*若找到,返回该元素在表中的位置,否则返回 0*/
    int mid,low=1,high=list.n;              /*设置初始区间 */
    while(low<= high)                        /*当查找区间非空*/
    {
        mid= (low+high)/2;                   /*取区间中点 */
        if(kx==list.data[mid].key)
            return mid;                      /*查找成功,返回 mid */
        else if (kx<list.data[mid].key)
            high=mid-1;                      /*调整到左半区 */
        else
            low=mid+1;                       /*调整到右半区 */
    }
    return  0;                               /*查找失败,返回 0 */
}
```

性能分析 从折半查找过程看，以表的中点为比较对象，并以中点将表分割为两个子表，对定位到的子表继续这种操作。所以，对表中每个数据元素的查找过程，可用二叉树来描述，称这个描述查找过程的二叉树为判定树。例 7-1 中折半查找过程的判定树如图 7-3 所示。

可以看出，查找表中任一元素的过程，既是判定树中从根到该元素结点路径上各结点关键字的比较次数，也是该元素结点在树中的层次数。对于 n 个结点的判定树，树高为 k，则有 $2^{k-1}-1<n\leqslant 2^k-1$，即 $k-1<\log_2(n+1)\leqslant k$，所以 $k=\lceil\log_2(n+1)\rceil$。因此，折半查找在查

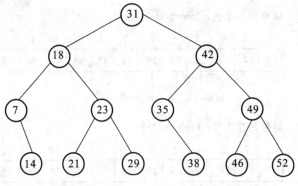

图 7-3　描述例 7-1 折半查找过程的判定树

找成功时,所进行的关键字比较次数至多为 $\lceil \log_2(n+1) \rceil$。

讨论折半查找的平均查找长度,为便于讨论,以树高为 k 的满二叉树($n=2^k-1$)为例。假设表中每个元素的查找是等概率的,即 $p_i=1/n$,则树的第 i 层最多有 2^{i-1} 个结点,因此,折半查找的平均查找长度为:

$$\text{ASL} = \sum_{i=1}^{n} p_i c_i = \left[1 \times 2^0 + 2 \times 2^1 + \cdots + k \times 2^{k-1} \right]/n$$

$$= (n+1)(\log_2(n+1)-1)/n \approx \log_2(n+1)-1 \tag{7-4}$$

所以,折半查找的时间复杂度为 $O(\log_2 n)$。

7.2.3　分块查找

若查找表中的数据元素的关键字是按块有序的,则可以进行分块查找。分块查找又称索引顺序查找,是对顺序查找的一种改进。其基本思想是:首先把表长为 n 的线性表分成 m 块,前 $m-1$ 块记录个数为 $t=n/m$,第 m 块的记录个数小于等于 t。在每一块中,结点的存放不一定有序,但块与块之间必须分块有序的(假设按结点的递增有序),即指后一块中所有记录的关键字值都应比前一个块中所有记录的关键字值大。为了实现分块查找,还需对每个子表建立一个索引项,再将这些索引项顺序存储,形成一个索引表。每个索引项包括两个字段:关键字字段(存放对应子表中的最大关键字值)和指针字段(存放指向对应子表的指针),这样索引表则是按关键字有序的。查找时,分成两步进行:先根据给定值 kx 在索引表中查找,以确定所要查找的数据元素属于查找表中的哪一块,由于索引表按关键字有序,因此可用顺序查找或折半查找,然后,再进行块内查找,因为块内无序,只能进行顺序查找。

例 7-2　设关键字集合为:

88,43,14,31,78,8,62,49,35,71,22,83,18,52

按关键字值 31,62,88 分为三块建立的查找表及其索引表如图 7-4 所示。

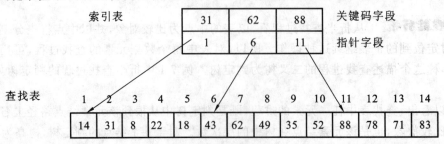

图 7-4　分块查找示例

性能分析 分块查找由索引表查找和子表查找两步完成。设 n 个数据元素的查找表分为 m 个子表,且每个子表均为 t 个元素,则: $t = \dfrac{n}{m}$。

设在索引表上的检索也采用顺序查找,这样,分块查找的平均查找长度为:

$$\text{ASL} = \text{ASL}_{索引表} + \text{ASL}_{子表} = \frac{1}{2}(m+1) + \frac{1}{2}\left(\frac{n}{m}+1\right) = \frac{1}{2}\left(m+\frac{n}{m}\right)+1 \quad (7\text{-}5)$$

可见,平均查找长度不仅和表的总长度 n 有关,而且和所分的子表个数 m 有关。可以证明,对于表长 n 确定的情况下,m 取 $\sqrt{n}$ 时,$\text{ASL} = \sqrt{n}+1$ 达到最小值。

7.3 动态查找

树表查找是将查找表按照某种规律建构成树形结构。因为建构的树形结构是按某种规律建立的,因此查找过程也遵循这种规律,可以获得较高的查找效率。

7.3.1 二叉排序树

1. 二叉排序树的定义

二叉排序树(binary sort tree)或者是一棵空树,或者是具有下列性质的二叉树。

(1)若左子树不空,则左子树上所有结点的值均小于根结点的值;若右子树不空,则右子树上所有结点的值均大于根结点的值。

(2)左右子树也分别是二叉排序树。

图 7-5 就是一棵二叉排序树。可以看出,对二叉排序树进行中序遍历,得到一个按关键字有序的序列。

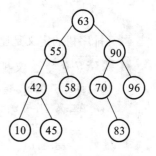

图 7-5 二叉排序树示例

下面以二叉链表作为二叉排序树的存储结构,二叉链表结点的类型定义如下。

```
typedef struct bistnode{
    DataType data;
    struct bistnode *lchild,*rchild;
}BiSTNode,*BiSTree;
```

2. 二叉排序树中的查找

若将查找表组织为一棵二叉排序树,则根据二叉排序树的特点,查找过程如下。

(1)若查找树为空,查找失败。

(2)若查找树非空,将给定关键字 kx 与查找树根结点的关键字进行比较:

① 若相等,查找成功,结束查找过程;

② 若给定关键字 kx 小于根结点关键字,查找将在左子树上继续进行,转(1);

③ 若给定关键字 kx 大于根结点关键字,查找将在右子树上继续进行,转(1)。

二叉排序树上的查找算法如下。

算法 7-5 二叉排序树上的查找。

```
BiSTNode* BST_Search1(BiSTree t,KeyType kx,BiSTNode * * parent)
{/*在二叉排序树 t 上查找关键字为 kx 的元素,若找到,返回所在结点的地址,否则返回空指针*/
```

```
        /*为配合算法 7-9 的删除运算,通过形参 parent 返回待查找结点 kx 的父结点地址*/
        BiSTNode *p=t,*q=NULL;
        while(p)                        /*从根结点开始查找*/
        {
            if (kx==p->data.key)        /*kx 等于当前结点 p 的关键字,查找成功*/
            {
                *parent=q;
                return(p);
            }
            q=p;
            if(kx<p->data.key)
                p=p->lchild;            /*kx 小于 p 的关键字,在左子树继续查找*/
            else
                p=p->rchild;            /*kx 大于 p 的关键字,在左子树继续查找*/
        }
        *parent=q;
        return p;                       /*查找失败*/
    }
```

二叉排序树的定义是递归的,在二叉树上的查找过程也可以用递归的算法实现。

算法 7-6　二叉排序树上的查找(递归)。

```
BiSTNode*BST_Search2 (BiSTree t,KeyType kx)
{/*在二叉排序树 t 上查找关键字为 kx 的元素,若找到,返回所在结点的地址,否则返回空指针*/
    if (t==NULL‖t->data.key==kx)
        return(t);                      /*若树空,或者根结点的关键字等于 kx,返回 t*/
    else if(kx<t->data.key)
    BST_Search2(t->lchild,kx);          /*kx 小于 p 的关键字,在左子树继续查找*/
    else
    BST_Search2(t->rchild,kx);          /*kx 大于 p 的关键字,在右子树继续查找*/
}
```

在二叉排序树上查找元素的过程是从根结点开始的。例如,在图 7-5 所示的二叉排序树中查找关键字为 83 的结点,首先以 kx=83 与根结点的关键字 63 比较,而 kx>63,所以在以 90 为根的右子树上继续查找;此时 kx<90,所以在以 70 为根的左子树上继续查找;kx>70,继续在以 83 为根的右子树上查找,这时 kx=83,查找成功,返回结点 83 的指针值。若查找关键字为 56 的结点,查找过程为 kx=56 与根结点的关键字 63 比较,kx<63,在左子树上继续查找;kx>55,在右子树上继续查找;kx<58,在左子树上继续查找,此时 58 的左子树为空,查找失败,返回空指针。

显然,在二叉排序树上进行查找时,若查找成功,是从根结点出发走一条从根到待查结点的路径;若查找失败,是从根结点出发走了一条从根到某个叶子结点的路径。因而,无论查找成功或失败,关键字的比较次数不超过树的高度。当查找成功时,找到一个元素所需要的比较次数与其所在结点的层次数有关。例如,在图 7-6(a)所示的二叉排序树中查找关键字为 10 的结点,需要进行 4 次比较;查找关键字为 25 的结点,需要进行 2 次比较。

二叉排序树上的查找与折半查找类似,但是在长度为 n 的有序表上进行折半查找的判定树是唯一的,而含有 n 个结点的二叉排序树却不唯一,如图 7-6(a)、(b)和(c)所示的三棵二叉排序树都是由关键字集合 $\{8,10,12,16,25\}$ 构成,但其形态不同,在查找成功的情况下它们的平均查找长度也不同。对于图 7-6(a),第 1、2、3、4 层分别有 1、2、1、1 个结点,而查找第 k 层上的结点恰好需要进行 k 次比较,因此等概率情况下,查找成功的平均查找长度为:

$$\text{ASL}_{(a)} = \sum_{i=1}^{n} p_i c_i = \frac{1}{5}(1 \times 1 + 2 \times 2 + 3 \times 1 + 4 \times 1) = \frac{12}{5} = 2.4$$

同样,图 7-6(b)、(c)在查找成功时的平均查找长度为:

$$\text{ASL}_{(b)} = \sum_{i=1}^{n} p_i c_i = \frac{1}{5}(1 \times 1 + 2 \times 2 + 3 \times 2) = \frac{11}{5} = 2.2$$

$$\text{ASL}_{(c)} = \sum_{i=1}^{n} p_i c_i = \frac{1}{5}(1 \times 1 + 2 \times 1 + 3 \times 1 + 4 \times 1 + 5 \times 1) = \frac{15}{5} = 3$$

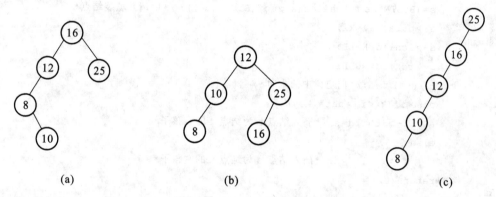

图 7-6 相同关键字构成的不同形态二叉排序树

由此可见,二叉排序树的查找性能与树的形态有关,最坏情况下,二叉排序树是一棵单支树,如图 7-6(c)所示,这时树的高度最大,平均查找长度与顺序查找相同,为 $(n+1)/2$。在最好情况下,二叉排序树的形态比较匀称,与折半查找的判定树类似,其平均查找长度大约为 $O(\log_2 n)$。

3. 二叉排序树中插入一个结点

二叉排序树是一种动态的查找表,排序树的结构是在查找的过程中逐渐生成的,当遇到树中不存在的关键字时,生成新结点并将其插入到树中。

先讨论向二叉排序树中插入一个结点的过程:设待插入结点的关键字为 kx,为将其插入,先要在二叉排序树中进行查找,若查找成功,按二叉排序树定义,待插入结点已存在,不用插入;查找不成功时,则插入之。因此,新插入结点一定是作为叶子结点添加上去的。

向二叉排序树中插入一个结点的算法如下。

■**算法 7-7** 在二叉排序树中插入结点。

```
BiSTree BST_InsertNode (BiSTree t,KeyType kx)
{/*在二叉排序树上插入关键字为 kx 的结点*/
    BiSTNode *f,*p,*s;
    p=t;
    while(p)                                    /*寻找插入位置*/
    {
        if (kx==p->data.key)
```

```
        {
            printf("kx 已存在,不需插入");
            return(t);
        }
    else {
        f=p;/*结点 f 指向结点 p 的双亲*/
        if(kx<p->data.key)
            p=p->lchild;
        else
            p=p->rchild;
        }
    }
    s=(BiSTNode * )malloc(sizeof(BiSTNode)); /*申请并填装结点*/
    s->data.key=kx;
    s->lchild=NULL;
    s->rchild=NULL;
    if (!t) t=s;/*向空树中插入时*/
    else if(kx<f->data.key)
        f->lchild=s;/*插入结点 s 为结点 f 的右孩子*/
    else
        f->rchild=s;/*插入结点 s 为结点 f 的左孩子*/
    return(t);
}
```

在二叉树上插入一个结点的过程也可用递归算法实现,读者不难写出。

4. 构造一棵二叉排序树

构造一棵二叉排序树是由空树开始逐个插入结点的过程。

例 7-3 设关键字序列为:63,90,70,55,67,42,98,83,10,45,58,则构造一棵二叉排序树的过程如图 7-7 所示。

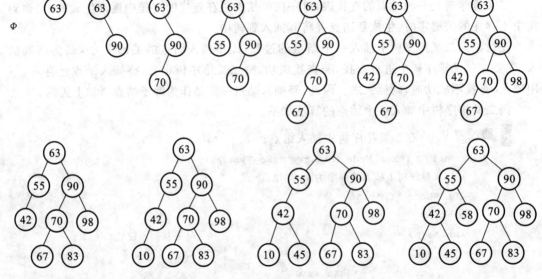

图 7-7 从空树开始建立二叉排序树的过程

按照读入的关键字序列,构造一棵二叉排序树的算法如下。

算法 7-8　构造一棵二叉排序树。

```
BiSTree  BST_Creat()                /*生成二叉排序树*/
{
    BiSTree t=NULL;
    KeyType kx;
    scanf("%d",&kx);                /*假设关键字是整型的*/
    //scanf(…);                     /*读入其他信息*/
    while(kx!=0)                     /*假设读入 0 结束*/
    {
        t=BST_InsertNode(t,kx);     /*向二叉排序树 t 中插入关键字为 kx 的结点*/
        scanf("%d",&kx);            /*输入下一关键字*/
        //scanf(…);
    }
    return(t);
}
```

5. 二叉排序树中删除一个结点

在二叉排序树中删除一个结点,首先进行查找,查找失败则无法删除;查找成功的情况下,必须保证删除该结点后仍然能保持二叉排序树的特性。

二叉排序树中删除的结点可能是叶子结点,也可能是非叶子结点。当删除非叶子结点时,就会破坏原有结点的链接关系,需要重新修改指针,使得删除后仍为一棵二叉排序树。

假设在查找结束时,已经保存了待删除结点及其双亲结点的地址。指针变量 q 指向待删除的结点,指针变量 p 指向待删除结点 * q 的双亲结点。删除的基本思想如下。

(1) 若待删除的结点是叶结点,由于删去叶结点后不影响整棵树的特性,所以直接删去该结点,如图 7-8(a)所示。

(2) 若待删除的结点只有左子树而无右子树。根据二叉排序树的特点,可以直接将其左子树的根结点放在被删结点的位置,如图 7-8(b)所示。

(3) 若待删除的结点只有右子树而无左子树。与(2)情况类似,可以直接将其右子树的根结点放在被删结点的位置,如图 7-8(c)所示。

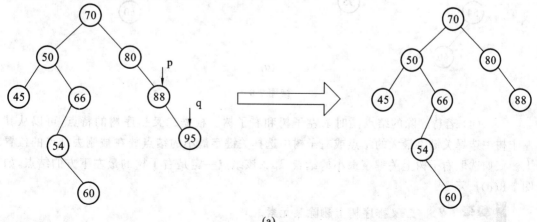

(a)

图 7-8　删除结点

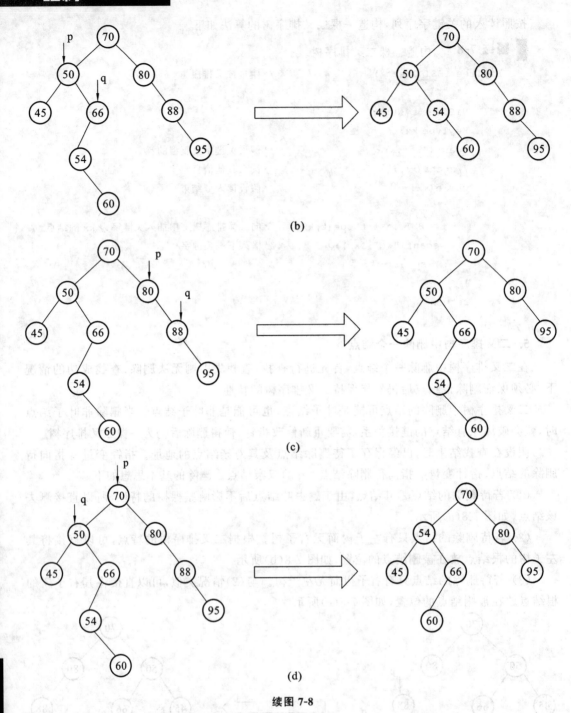

(b)

(c)

(d)

续图 7-8

（4）若待删除的结点同时有左子树和右子树。根据二叉排序树的特点，可以从其左子树中选择关键字最大的结点或右子树中选择关键字最小的结点放在被删去结点的位置上。假如选取右子树上关键字最小的结点，那么该结点一定是右子树的最左下方的结点，如图 7-8(d)所示。

算法 7-9　二叉排序树上删除某元素。

```
void BST_Del(BiSTree t,KeyType kx)
{/*在二叉排序树中删除关键字为 kx 的结点*/
/*查找被删除结点,q指向待删除的结点,p指向待删除结点的双亲结点*/
    BiSTNode *p,*q,*s,*r;
    q=BST_Search1(t,kx,&p);
    if(q)
      {                                         /*查找成功*/
        if(q->lchild==NULL && q->rchild==NULL)  /*待删除的是叶子结点*/
          {
            if(p)                               /*待删除结点有双亲*/
                if(p->lchild==q)
                    p->lchild=NULL;
                else
                    p->rchild=NULL;
                else
                    t=NULL;                     /*原来的树只有一个根结点*/
          }
    /*不是叶子结点,且待删除结点的左子树为空*/
    else if(q->lchild==NULL)
    {
        if(p)
            if(p->lchild==q)
                p->lchild=q->rchild;
            else
                p->rchild=q->rchild;
        else
            t= q->rchild;
    }
    else if(q->rchild==NULL)
      {                                         /*待删除结点的右子树为空*/
        if(p)
            if(p->lchild==q)
                p->lchild= q->lchild;
            else
                p->rchild= q->lchild;
        else t=q->lchild;
      }
    else
      {
        s=q;
        r=s->rchild;
        while(r->lchild!=NULL)                  /*找右子树关键字值最小的结点*/
          {
            s=r;
            r=r->lchild;
          }
```

```
            r->lchild=q->lchild;   /*把待删除结点的左子树作为* r 的左子树*/
            if(q!=s)
            {
                s->lchild=r->rchild;      /*把* r 的右子树作为其父结点* s 的左子树*/
                r->rchild=q->rchild;      /*把待删除结点的右子树作为* r 的右子树*/
            }
            if(p)                         /*待删除结点有父结点*/
                if(p->lchild==q)
                    p->lchild=r;
                else
                    p->rchild=r;
            else
                t=r;
        }
        free(q);
    }
}
```

7.3.2　平衡二叉树

1. 平衡二叉树的定义

由上节可知,二叉排序树的查找效率取决于二叉树的形态,而二叉排序树的形态与生成树时结点的插入次序有关。而结点的插入次序往往不能预先确定,这就需要在生成树时进行动态的调整,以构造形态匀称的二叉树,本节将要讨论的平衡二叉树就是这样一种匀称的二叉排序树。

平衡二叉树(balanced binary tree),又称 AVL 树。它或者是一棵空树,或者是具有下列性质的二叉排序树:它的左子树和右子树都是平衡二叉树,且左子树和右子树高度之差的绝对值不超过 1。

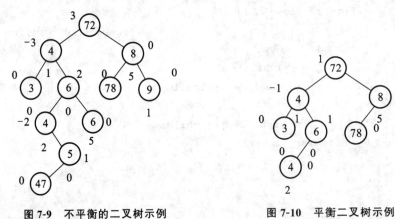

图 7-9　不平衡的二叉树示例　　　　图 7-10　平衡二叉树示例

图 7-9 和图 7-10 给出了两棵二叉排序树,每个结点旁边所注数字是以该结点为根的二叉树中左子树与右子树高度之差,这个数字称为结点的平衡因子。由平衡二叉树定义,所有结点的平衡因子只能取-1,0,1 三个值之一。若二叉排序树中存在这样的结点,其平衡因子的绝对值大于 1,这棵树就不是平衡二叉树。图 7-9 所示的二叉排序树就不是平衡的。而图 7-10 所示的二叉排序树每个结点的平衡因子的取值都在-1,0,1 范围内,因此是一棵平衡二

叉树。

对于平衡二叉树的定义如下。

```
typedef  struct  avlnode
{
        datatype data;/*数据元素*/
        int bf; /*平衡因子*/
        struct avlnode * lchild,* rchild;/*左右孩子指针*/
}AVLNode,* AVLTree;
```

2. 平衡二叉树的插入及平衡调整

在平衡二叉树上插入或删除结点后,可能使二叉树失去平衡,因此,需要对失去平衡的树进行平衡化调整。调整后的二叉树除了各结点的平衡因子绝对值不超过1,还必须保持二叉排序树的特性。设 a 结点为结点插入后失去平衡的最小子树根结点,对该子树进行平衡化调整归纳起来有以下四种情况。

1）LL 型

这种失衡是因为在失去平衡的最小子树根结点 a 的左孩子的左子树上插入结点造成的。如图 7-11(a)所示的树为插入前的二叉树,是一棵平衡的二叉树。其中,a_R 为结点 a 的右子树,b_L、b_R 分别为结点 b 的左、右子树,a_R、b_L、b_R 三棵子树的高均为 h。

在图 7-11(a)所示的二叉排序树上插入结点 x,如图 7-11（b）所示。结点 x 插入在结点 b 的左子树 b_L 上,导致结点 a 的平衡因子绝对值大于 1,以结点 a 为根的子树失去平衡。

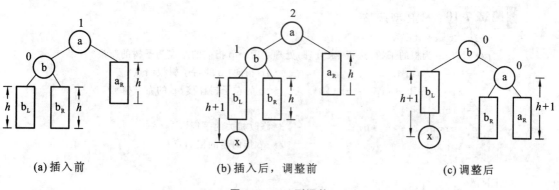

(a)插入前　　　　　　　(b)插入后,调整前　　　　　　(c)调整后

图 7-11　LL 型调整

调整策略　　对失衡的子树做右旋转,即将结点 b 作为新的根结点,结点 a 作为结点 b 的右孩子,a 的右子树 a_R 不变,将 b 的右子树 b_R 作为 a 的左子树,b 的左子树 b_L 不变。调整后的二叉树如图 7-11（c）所示。

算法 7-10　LL 型调整。

```
void LL_rotate(AVLTree *p)
{   /*对* p 为根的子树,作 LL 处理,处理之后,p 指向结点为子树的新根*/
        lp= * p->lchild;/*lp 指向* p 左子树根结点*/
            * p->lchild= lp->rchild;/*lp 的右子树挂接* p 的左子树*/
        lp->rchild= * p;
        * p->bf= 0; lp->bf= 0;/*修改相关的平衡因子*/
        * p= lp; /** p 指向新的根结点*/
}
```

2）RR 型

这种失衡是因为在失去平衡的最小子树根结点 a 的右孩子的右子树上插入结点造成的。图 7-12(a)所示的树为插入前的二叉树。其中，a_L 为结点 a 的左子树，b_L、b_R 分别为结点 b 的左右子树，a_L、b_L、b_R 三棵子树的高均为 h。

在图 7-12(a)所示的二叉排序树上插入结点 x，如图 7-12（b）所示。结点 x 插入在结点 b 的右子树 E 上，导致结点 a 的平衡因子绝对值大于 1，以结点 a 为根的子树失去平衡。

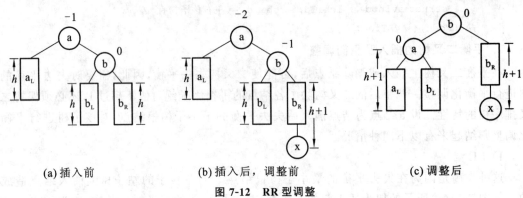

(a) 插入前　　　　　　　(b) 插入后，调整前　　　　　　(c) 调整后

图 7-12　RR 型调整

调整策略　对失衡的子树做左旋转，即将结点 b 作为新的根结点，结点 a 作为结点 b 的左孩子，a 的左子树 a_L 不变，将 b 的左子树 b_L 作为 a 的右子树，b 的右子树 b_R 不变。调整后的二叉树如图 7-12（c）所示。

算法 7-10　RR 型调整。

```
void RR_rotate(AVLTree *p)
{/*对以*p为根的子树,进行 RR 处理,处理之后,*p指向的结点为子树的新根*/
    lp=*p->rchild;              /*lp指向*p的右子树根结点*/
        *p->rchild=lp->lchild;  /*lp的左子树挂接*p的右子树*/
    lp->lchild=*p;
    *p->bf=0; lp->bf=0;        /*修改相关的平衡因子*/
    *p=lp;                     /**p指向新的根结点*/
}
```

3）LR 型

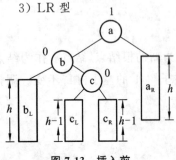

图 7-13　插入前

这种失衡是因为在失去平衡的最小子树根结点 a 的左孩子的右子树上插入结点造成的。如图 7-13 所示为插入前的二叉树，根结点 a 的左子树比右子树高度高 1，待插入结点 x 将插入到结点 b 的右子树上（无论插入到 c 的左子树还是右子树），并使结点 b 的右子树高度增 1，从而使结点 a 的平衡因子的绝对值大于 1，导致结点 a 为根的子树平衡被破坏，如图 7-14(a)、图 7-15(a)所示。

调整策略　无论将结点 x 插入到 c 的左子树还是右子树，只要使得 c 的高度增加，调整的方法都是一样的。先对以 b 为根的子树进行 RR 型调整，然后再对以 a 为根的树进行 LL 型调整。即将结点 c 作为新的根结点，结点 b 作为结点 c 的左孩子，结点 a 作为结点 c 的右孩子，b 的左子树 b_L 不变，a 的右子树 a_R 不变，将 c 的左子树 c_L 做为 b 的右子树，将 c 的右子树 c_R 做为 a 的左子树。调整过程及调整后的二叉树如图 7-14（b）、(c)和图 7-15（b）、(c)所示。

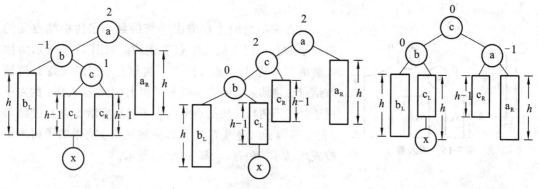

(a) 插入后，调整前　　　　　　　　(b) 先进行RR调整　　　　　　　　(c) 再进行LL调整

图 7-14　LR I 型调整

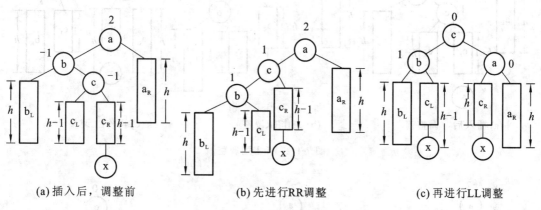

(a) 插入后，调整前　　　　　　　　(b) 先进行RR调整　　　　　　　　(c) 再进行LL调整

图 7-15　LR II 型调整

算法 7-11　LR 型调整。

```
voidLR_rotate (AVLTree *p)
{/*对以*p指向的结点为根的子树作 LR 处理,处理之后*p指向的结点为子树的新根*/
 lp=*p->lchild;                /*lp 指向失衡结点 a 的左孩子 b*/
 rlp=lp->rchild;              /*rlp 指向 lp 的右孩子 c*/
 if(rlp->bf==-1)  r=1;
 else  r=0;                   /*记忆是 LR I 还是 LR II*/
 RR_rotate (&(*p->lchild));   /*对*p 的左子树进行 RR 处理*/
    LL_rotate (p);            /*对*p 进行 LL 处理*/
    if(r==1)                  /*改变相关结点的平衡因子*/
     {
      *p->bf=0;
      lp->bf=1;
     }
    else{
       *p->bf=-1;
       lp->bf=0;
       }
    *p=rlp;
    *p->bf=0;
 }
```

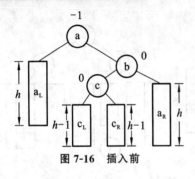

图 7-16　插入前

4）RL 型

这种失衡是因为在失去平衡的最小子树根结点 a 的右孩子的左子树上插入结点造成的。如图 7-16 所示为插入前的二叉树，根结点 a 的右子树比左子树高度高 1，待插入结点 x 将插入到结点 b 的右子树上（无论插入到 c 的左子树还是右子树），并使结点 b 的右子树高度增 1，从而使结点 a 的平衡因子的绝对值大于 1，导致结点 a 为根的子树平衡被破坏，如图 7-17(a)、图 7-18(a) 所示。

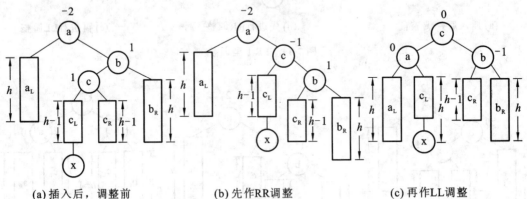

(a) 插入后，调整前　　　(b) 先作RR调整　　　(c) 再作LL调整

图 7-17　RL Ⅰ型调整

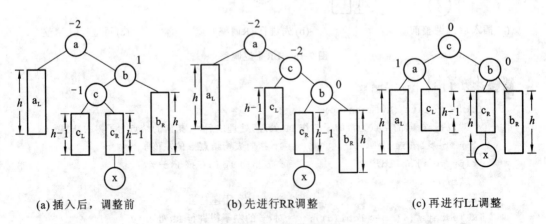

(a) 插入后，调整前　　　(b) 先进行RR调整　　　(c) 再进行LL调整

图 7-18　RL Ⅱ型调整

调整策略　无论将结点 x 插入到 c 的左子树还是右子树，只要使得 c 的高度增加，调整的方法相同。先对以 b 为根的子树进行 LL 型调整，然后再对以 a 为根的树进行 RR 型调整。即将结点 c 作为新的根结点，结点 a 作为结点 c 的左孩子，结点 b 作为结点 c 的右孩子，a 的左子树 a_L 不变，b 的右子树 b_R 不变，将 c 的左子树 c_L 作为 a 的右子树，将 c 的右子树 c_R 作为 b 的左子树。调整后的二叉树如图 7-17 (b)、(c) 和图 7-18 (b)、(c) 所示。

算法 7-12　RL 型调整。

```
voidLR_rotate (AVLTree *p)
{/*对以*p指向的结点为根的子树作 RL 处理,处理之后*p指向的结点为子树的新根*/
   rp=*p->rchild;                      /*rp指向失衡结点 a 的右孩子 b*/
   lrp=lp->rchild;                     /*lrp指向 rp 的左孩子 c*/
```

```
if(lrp->bf==-1)  lh=1;
else      lh=0;/*记忆是 RLⅠ还是 RLⅡ*/
LL_rotate (&(*p->rchild));/*对*p 的左子树进行 RR 处理*/
RR_rotate (p); /*对* p 进行 LL 处理*/
if(lh==1)/*改变相关结点的平衡因子*/
    {
      *p->bf=0;
      rp->bf=-1;
    }
else{
      *p->bf=1;
      rp->bf=0;
    }
  *p=lrp;*p->bf=0;
}
```

3. 平衡二叉树的构造

平衡二叉树是平衡的二叉排序树,也是一种动态的查找表。树的结构不是一次生成的,而是在查找的过程中,当遇到树中不存在的关键字时,生成新结点再将其插入到树中;同样要删除结点时,也要先进行查找,找到结点时,将其从树中删除。

无论是在平衡二叉树中进行插入还是删除,都要求其仍能保持平衡二叉排序树的特性。

平衡二叉树的插入和向二叉排序树中插入一个结点的过程类似,先要在平衡二叉树中进行查找,查找失败时,将待插入结点作为叶子结点添加到树中,然后判断此时二叉树是否是平衡的,若平衡则插入结束,否则,根据具体情况进行平衡调整。

在平衡二叉树中删除结点,与删除二叉排序树一个结点一样,先要在平衡二叉树中进行查找,查找成功时,首先按照普通的二叉排序树的删除策略进行结点的删除,删除后判断二叉树是否是平衡,若平衡则删除结束,否则,根据具体情况进行平衡调整。

例 7-4 已知长度为 11 的表为{20,12,6,28,16,36,32,10,2,30,8}。请按表中元素的顺序构造一棵平衡二叉排序树,并求其在等概率的情况下查找成功的平均查找长度。

平衡二叉排序树的构造过程如图 7-19 所示。

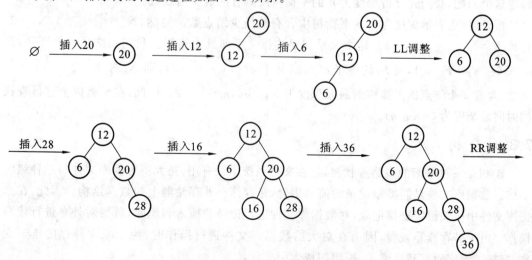

图 7-19　建立平衡二叉树的过程

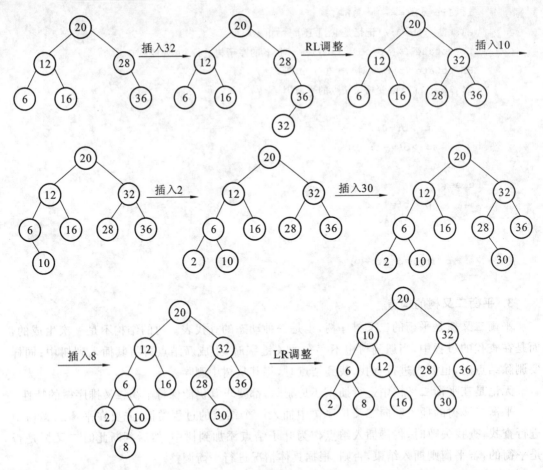

续图 7-19

等概率的情况下查找成功的平均查找长度为：$(1×1+2×2+3×4+4×4)/11=3$。

4. 平衡二叉树的查找分析

在平衡树上进行查找的过程和二叉排序树相同，因此，在查找过程中和给定值进行比较的关键字个数不超过树的深度。那么，含有 n 个关键字的平衡树的最大深度是多少呢？为解答这个问题，我们先分析深度为 h 的平衡树所具有的最少结点数。

假设以 N_h 表示深度为 h 的平衡树中含有的最少结点数。显然，$N_0=0,N_1=1,N_2=2$，并且 $N_h=N_{h-1}+N_{h-2}+1$。这个关系和斐波那契序列极为相似。利用归纳法容易证明：当 $h≥0$ 时，$N_h=F_{h-2}-1$，而 F_k 约等于 $\varphi^h/\sqrt{5}$（其中 $\varphi=(1+\sqrt{5})/2$），则 N_h 约等于 $\varphi^{h+2}/\sqrt{5}-1$。反之，含有 n 个结点的平衡树的最大深度为 $\log_\varphi(\sqrt{5}(n+1))-2$。因此，在平衡树上进行查找的时间复杂度为 $O(\log_2 n)$。

7.3.3 B_树

B_树是一种平衡的多路查找树，它在文件系统中很有用，是大型数据库文件的一种组织结构。数据库文件是同类型记录的值的集合，是存储在外存储器上的数据结构。因此，在数据库文件中按关键字查找记录，对数据库文件进行记录的插入和删除，就要对外存进行读写操作。由于外存读写较慢，因而在对大的数据库文件进行操作时，为了减少外存的读写次数，应按关键字对其建立索引，即组织成索引文件。

索引文件由索引表和数据区两部分组成。索引表是按关键字建立的记录的逻辑结构，并与数据区的物理记录建立对应关系的表。索引表也是文件，是以索引项为记录的集合，其数据结构按关键字可以是线性的或是树形的。

1. B_树的定义

一棵 m 阶的 B_树，或者为空树，或者为满足下列特性的 m 叉树：

(1) 树中每个结点至多有 m 棵子树；

(2) 若根结点不是叶子结点，则至少有两棵子树；

(3) 除根结点之外的所有非终端结点至少有 $\lceil m/2 \rceil$ 棵子树；

(4) 所有的非终端结点中包含以下信息数据：$(n, A_0, K_1, A_1, K_2, \cdots, K_n, A_n)$。

其中：$K_i(i=1,2,\cdots,n)$ 为关键字，且 $K_i < K_{i+1}$；A_i 为指向子树根结点的指针 $(i=0,1,\cdots,n)$，且指针 A_i 所指子树中所有结点的关键字均大于 K_i，小于 $K_{i+1}(i=1,2,\cdots,n-1)$，$A_0$ 所指子树中所有结点的关键字均小于 K_1，A_n 所指子树中所有结点的关键字均大于 K_n，n 为关键字的个数且 $\lceil m/2 \rceil - 1 \leqslant n \leqslant m-1$。在实际上，结点中还包含指向父结点的指针和指向关键字对应数据区记录的指针。

(5) 所有的叶子结点都出现在同一层次上，并且不带信息（可以看成是外部结点或查找失败的结点，实际上这些结点不存在，指向这些结点的指针为空）。

如图 7-20 所示为一棵 5 阶的 B_树，其深度为 4。

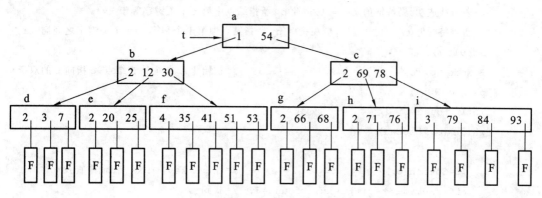

图 7-20　一棵 5 阶的 B_树

根据以上讨论，对 B_树结点的类型定义如下。

```
#define m 5 /*B-树的阶,暂设为 5*/
typedef struct b_node
  {
    int keynum;                    /*结点中关键字的个数,即结点的大小*/
    struct b_node * parent;        /*指向双亲结点*/
    keytype key[m+1];              /*关键字向量,key[1]...key[m],0 分量未用*/
    struct b_node * nptr[m+1];     /*子树指针向量 nptr[0]...nptr[m]*/
    datatype * eptr[m+1];          /*记录指针向量,eptr[1]...eptr[m]*/
  }B_Node,* B_Tree;                /*B_树结点类型*/
```

2. B_树的查找过程

B_树的查找类似二叉排序树的查找，所不同的是 B_树每个结点上是多关键字的有序表，在到达某个结点时，先在有序表中查找，若找到，则查找成功；否则，到按照对应的指针信息指向的子树中去查找,当到达叶子结点时,则说明树中没有对应的关键字,查找失败。

在 B_树上的查找过程是一个顺指针查找结点和在结点中查找关键字交叉进行的过程。例如,在图 7-20 中查找关键字为 93 的元素。首先,从 t 指向的根结点 a 开始,结点 a 中只有一个关键字,且 93 大于它,因此,按 a 结点指针域 A_1 到结点 c 去查找,结点 c 有两个关键字,而 93 也都大于它们,应按 c 结点指针域 A_2 到结点 i 去查找,在结点 i 中顺序比较关键字,找到关键字 K_3 等于 93。

返回的查找结果类型定义如下。

```
typedefstruct
   {B_Node *pt;/*指向找到的结点*/
    int i; /*在结点中的关键字序号,结点序号区间[1…m]*/
    int tag; /*1:查找成功,0:查找失败*/
    }Result; /*B_树的查找结果类型*/
```

查找算法如下。

算法 7-13　B_树上的查找。

```
Result SearchBTree(B_Tree t,keytype kx)
{/*在 m 阶 B_树 t 上查找关键字 kx,返回(pt,i,tag)。*/
/*若查找成功,则特征值 tag= 1,指针 pt 所指结点中第 i 个关键字等于 kx*/
/*否则特征值 tag=0 没查到,应在指针 pt 所指结点中第 i 个和第 i+1 个关键字之间插入*/
Result rs;
B_Node *p,*q;                        /*初始化,p指向待查结点,q指向 p 的双亲*
p=t; q=NULL;
int i,found=0;
while (p&&! found)
   {
     i=Search(p,kx);                 /*在 p->key[1…keynum]中查找*/
     if(i>0&&p->key[i]==kx)  found=1; /*找到*/
       else {
          q=p;
          p=p->nptr[i];
       }
   }
   rs.tag=found;
   if(! found) p=q;                   /*查找不成功,返回 kx 的插入位置信息*/
   rs.pt=p; rs.i=i;                   /*查找成功,返回指向 kx 位置的信息*/
   returnrs;
   }
```

性能分析:B_树的查找是由两个基本操作交叉进行的过程,即:

(1) 在 B_树上找结点;

(2) 在结点中找关键字。

因为通常 B_树是存储在外存上的,操作(1)就是通过指针在磁盘相对定位,将结点信息读入内存,之后,再对结点中的关键字有序表进行顺序查找或折半查找。因为在磁盘上读取结点信息比在内存中进行关键字查找耗时多,所以,在磁盘上读取结点信息的次数,即 B_树的层次数是决定 B_树查找效率的首要因素。

对含有 n 个关键字的 m 阶 B_树,最坏情况下达到多深呢?可按二叉平衡树进行类似分析。首先,讨论 m 阶 B_树各层上的最少结点数。

由 B_树定义:第 1 层至少有 1 个结点;第 2 层至少有 2 个结点;由于除根结点外的每个非终端结点至少有 $\lceil m/2 \rceil$ 棵子树,则第 3 层至少有 $2(\lceil m/2 \rceil)$ 个结点……依此类推,第 $k+1$ 层至少有 $2(\lceil m/2 \rceil)^{k-1}$ 个结点;而 $k+1$ 层的结点为叶子结点。若 m 阶 B_树有 n 个关键字,则叶子结点即查找不成功的结点为 $n+1$,由此有:

$$n+1 \geqslant 2 \times (\lceil m/2 \rceil)^{k-1} \quad 即: \quad k \leqslant \log_{\lceil m/2 \rceil} \left(\frac{n+1}{2} \right) + 1 \tag{8-6}$$

这就是说,在含有 n 个关键字的 B_树上进行查找时,从根结点到关键字所在结点的路径上涉及的结点数不超过:

$$\log_{\lceil m/2 \rceil} \left(\frac{n+1}{2} \right) + 1 \tag{8-7}$$

3. B_树的插入

在 B_树上插入关键字与在二叉排序树上插入结点不同,关键字的插入不是在叶结点上进行的,而是在最底层的某个非终端结点中添加一个关键字。添加分以下两种情况。

(1) 若添加后,结点上关键字个数小于等于 $m-1$,则插入结束。

(2) 若添加后,该结点上关键字个数为 m 个,因而使该结点的子树超过了 m 棵,这与 B_树定义不符,所以要进行调整,即结点的"分裂"。结点的"分裂"方法为:关键字加入结点后,将结点中的关键字分成三部分,使得前后两部分关键字个数均大于等于 $(\lceil m/2 \rceil - 1)$,而中间部分只有一个结点。前后两部分成为两个结点,中间的一个结点将其插入到父结点中。若插入父结点而使父结点中关键字个数为 m 个,则父结点继续分裂,直到插入某个父结点,其关键字个数小于 m。可见,B_树是从底向上生长的。

构建一棵 B_树是在空树的基础上,按照 B_树插入结点的规则,反复向树中插入结点。

例 7-5 按以下关键字序列:
$\{20,54,69,84,71,30,78,25,93,41,7,76,51,66,68,53,3,79,35,12,15,65\}$,建立一棵 5 阶 B_树。

(1) 向空树中插入 20,得图 7-21(a)。

(2) 插入 54,69,84,得图 7-21(b)。

(3) 插入 71,索引项达到 5,则分裂成三部分:$\{20,54\}$,$\{69\}$ 和 $\{71,84\}$,并将 69 上升到该结点的父结点中,如图 7-21(c)。

(4) 插入 30,78,25,93 得图 7-21(d)。

(5) 插 41 又分裂,得图 7-21(e)。

(6) 7 直接插入。

(7) 76 插入,分裂,得图 7-21(f)。

(8) 51,66 直接插入,当插入 68 后,需分裂,得图 7-21(g)。

(9) 53,3,79,35 直接插入,到 12 插入时,需分裂,当中间关键字 12 插入父结点时,又需要分裂,则 54 上升为新根。

(10) 15,65 直接插入得图 7-21(h)。

B_树的建立过程如图 7-21 所示。

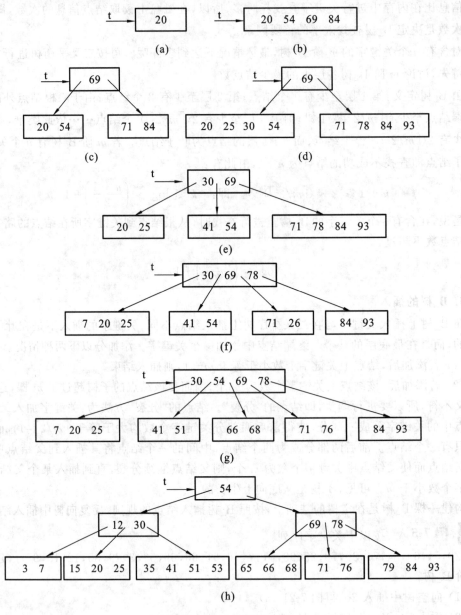

图 7-21　建立 B_树的过程

4. B_树的删除

B_树的删除分以下两种情况。

（1）删除最底层结点中的关键字。

若结点中关键字个数大于$\lceil m/2 \rceil - 1$，则直接删去。

否则，若结点中关键字个数等于$\lceil m/2 \rceil - 1$，删除后结点中关键字个数小于$\lceil m/2 \rceil - 1$，不满足 B_树定义，需调整。也有如下两种情况。

① 该结点与左兄弟（无左兄弟，则找右兄弟）合起来项数之和大于等于$2(\lceil m/2 \rceil - 1)$，就与它们父结点中的有关项一起重新分配。设 p 为待删关键字所在的结点，f 为 p 结点的父结点，p 为 f 的第 i 棵子树的根结点，即 f—>nptr[i]。删去关键字后，p 结点中关键字个数小

于⌈$m/2$⌉-1,若与 p 的左兄弟(f—>nptr[i-1])结合起来调整,则以左兄弟中的最后一个关键字替换 f—>key[i-1],再将 f—>key[i-1]插入到 p 结点中即可;若无左兄弟,而与右兄弟(f—>nptr[i+1])结合起来调整,则以右兄弟中的第一个关键字替换 f—>key[i+1],再将 f—>key[i+1]插入到 p 结点中即可。

例如,删去图 7-21 (h)中的 76 得图 7-22。

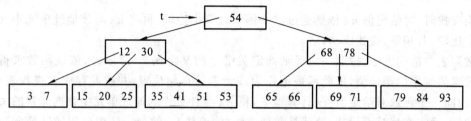

图 7-22 B_树中的删除

② 该结点与左、右兄弟合起来项数之和均小于 2(⌈$m/2$⌉-1),就将该结点与左兄弟(无左兄弟时,与右兄弟)合并。由于两个结点合并后,父结点中相关项不能保持,把相关项也一同并入。若此时父结点被破坏,则继续调整,直到根。

例如,图 7-21 (h)中删去 15 后再删去 7,得到图 7-23。

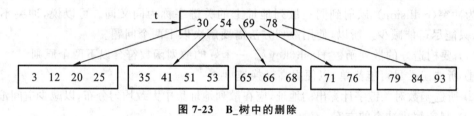

图 7-23 B_树中的删除

(2) 删除为非底层结点中关键字。

若所删除关键字非底层结点中的 K_i,则可以指针 A_i 所指子树中的最小关键字 X 替代 K_i,然后,再删除关键字 X,直到这个 X 在最底层结点上,即转为(1)的情形。

删除算法不再详述,感兴趣读者可参照以上过程自己写出。

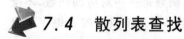

7.4 散列表查找

散列是一种存储策略,散列表也称为哈希(hash)表、杂凑表,是基于散列存储策略建立的查找表。其基本思想是确定一个函数,求得每个关键字相应的函数值并以此作为存储地址,直接将该数据元素存入到相应的地址空间去,因此它的查找效率很高。

7.4.1 散列表查找的基本概念

以上讨论的查找方法,由于数据元素的存储位置与关键字之间不存在确定的关系,因此,查找时,需要进行一系列对关键字的查找比较,即"查找算法"是建立在比较的基础上的,查找效率由比较一次缩小的查找范围决定。理想的情况是依据关键字直接得到其对应的数据元素位置,即要求关键字与数据元素间存在一一对应关系,通过这个关系,能很快地由关键字得到对应的数据元素位置,如例 7-6 所示。

例 7-6   11 个元素的关键字分别为 18,27,1,20,22,6,10,13,41,15,25。选取关键字与元素位置间的函数为 f(key)=key%11,通过这个函数,求得每一个关键字的函数值作为其存储地址,对 11 个元素建立查找表如图 7-24 所示。

0	1	2	3	4	5	6	7	8	9	10
22	1	13	25	15	27	6	18	41	20	10

图 7-24　按散列方法建立的一个查找表

当查找时,对给定值 kx 依然通过这个函数计算出地址,再将 kx 与该地址单元中元素的关键字比较,若相等,查找成功。

散列表与散列方法:按照一定规则确定关键字的某个函数 $f(key)$,依该函数求得每个数据元素关键字的函数值,依此函数值作为该元素的存储位置,并按此存放在查找表中;查找时,由同一个函数对给定值 kx 计算地址,将 kx 与计算出的地址单元中数据元素的关键字进行比较,确定查找是否成功,这就是散列方法(哈希法)。散列方法中使用的转换函数称为散列函数(哈希函数),按这个思想构造的查找表称为散列表(哈希表)。

对于 n 个数据元素的集合,总能找到关键字与存放地址一一对应的函数。若最大关键字为 m,可以分配 m 个数据元素存放单元,选取函数 $f(key)=key$ 即可,但这样会造成存储空间的很大浪费,甚至不可能分配这么大的存储空间。通常关键字的范围比散列地址范围大得多,因而经过散列函数变换后,可能将不同的关键字映射到同一个散列地址上,这种现象称为冲突(collision),映射到同一散列地址上的关键字称为同义词。可以说,冲突不可能避免,只能尽可能减少。所以,使用散列方法需要解决以下两个问题。

(1) 要构造好的散列函数 Hash(key)。一个好的散列函数符合以下两个原则。

① 所选函数尽可能简单,以便提高转换速度。

② 所选函数对关键字计算出的地址,应在散列地址集中大致均匀分布,以减少空间浪费。

(2) 制定解决冲突的方案。

7.4.2　构造散列函数的方法

1. 直接定址法

$$Hash(key)=a×key+b　(a、b 为常数)$$

上述公式即取关键字的某个线性函数值为散列地址,这类函数是一一对应的函数,不会产生冲突,但要求地址集合与关键字集合大小相同,因此,对于码值范围较大的关键字集合不适用。

例 7-7　关键字集合为{100,300,500,700,800,900},选取散列函数为:
Hash(key)=key/100,则可直接存放如图 7-25 所示。

0	1	2	3	4	5	6	7	8	9
	1000		300		500		700	800	900

图 7-25　直接定址建立的散列表

2. 除留余数法

$$Hash(key)=key\%p　(p 是一个整数)$$

上述公式即取关键字除以 p 的余数作为散列地址。使用除留余数法,选取合适的 p 很重要,若散列表表长为 m,则要求 $p\leqslant m$,且接近 m 或等于 m。p 一般选取为小于 m 的最大的质数,也可以是不包含小于 20 质因子的合数。

3. 数字分析法

设关键字集合中,每个关键字均由 m 位组成,每位上可能有 r 种不同的符号(基数)。若关键字是 4 位十进制数,则每位上可能有十个不同的数符 0~9,所以 r=10。若关键字是仅由英文字母组成的字符串,不考虑大小写,则每位上可能有 26 种不同的字母,所以 r=26。

数字分析法根据 r 种不同的符号,在各位上的分布情况,选取某几位,组合成散列地址。所选的位应具有各种符号在该位上出现的频率大致相同的特性。

如图 7-26 所示的是一组关键字。可以看出,第①、②位均是"3 和 4",第③位也只有" 7、8、9",因此,这几位不能用,余下四位分布较均匀,可作为散列地址选用。若散列地址是两位,则可取这四位中的任意两位组合成散列地址,也可以取其中两位与其他两位叠加求和后,取低两位作为散列地址。

3	4	7	0	5	2	4
3	4	9	1	4	8	7
3	4	8	2	6	9	6
3	4	8	5	2	7	0
3	4	8	6	3	0	5
3	4	9	8	0	5	8
3	4	7	9	6	1	1
3	4	7	3	9	1	9
①	②	③	④	⑤	⑥	⑦

图 7-26　一组关键码

4. 平方取中法

对关键字平方后,按散列表大小,取中间的若干位作为散列地址。

5. 折叠法

此方法将关键字自左到右分成位数相等的几部分,最后一部分位数可以短些,然后将这几部分叠加求和,并按散列表表长,取后几位作为散列地址。这种方法称为折叠法。

叠加方法有以下两种。

(1) 移位法:将各部分的最后一位对齐相加。

(2) 间界叠加法:从一端向另一端沿各部分分界来回折叠后,最后一位对齐相加。

设关键字为 key=25346358705,设散列表长为三位数,则可对关键字每三位一部分来分割。关键字分割为如下四组:253　463　587　05

用上述方法计算散列地址,如图 7-27 所示。

```
移位法:                    间界叠加法:
    253                       253 ⌉
    463                     ⌈ 364 ⌋
    587                     ⌊ 587
  +  05                     +  50 ⌋
  ------                    ------
   1308                      1254
Hash(key)=308             Hash(key)=254
```

图 7-27　折叠法

对于位数很多的关键字,且每一位上符号分布较均匀时,可采用此方法求得散列地址。

7.4.3 散列冲突的解决方法

1. 开放定址法

开放定址法解决冲突的思想是:由关键字得到的散列地址一旦产生了冲突,也就是说该地址已经存放了数据元素,就按照一个探测序列去寻找下一个空的散列地址空间,只要散列表足够大,空的散列地址总能找到,并将数据元素存入。

形成探测序列的方法有很多种,下面介绍常用的三种方法。

1) 线性探测法

发生冲突后,从该地址开始顺序向下一个地址探测,直到找到一个空的单元,即探测序列为:

$$H_i=(\text{Hash}(key)+d_i)\ \%\ m(1\leqslant i< m) \tag{7-8}$$

式中:Hash(key)——散列函数;

m——散列表的长度;

d_i——增量序列 $1,2,\cdots,m-1$,且 $d_i=i$。

例 7-8 关键字集为 $\{47,7,29,11,16,92,22,8,3\}$,散列表表长为 11,选取散列函数:Hash(key)=key % 11,用线性探测法处理冲突,构造散列表,并求其查找长度。

由给定的散列函数得到对应的散列地址(若有冲突则为非最终的存放地址)对应如下。

关键字	47	7	29	11	16	92	22	8	3
散列地址	3	7	7	0	5	4	0	8	3

由以上求得的散列地址可知,关键字为 47 的第 1 个元素和关键字为 7 的第 2 个元素的散列地址没有冲突,直接存入对应的空间;第 3 个元素的关键字为 29,因为 Hash(29)=7,该地址以被第 2 个元素占据,发生冲突,需寻找下一个空的散列地址:根据探测序列,由 $H_1=(\text{Hash}(29)+d_i)\%11=8$,即从下一个存储空间(分量 8)探测,因为散列地址 8 为空,将 29 存入;接下来的第 4 个元素、第 5 个元素、第 6 个元素的散列地址没有冲突而直接存入对应的空间;第 7 个元素、第 8 个元素和第 9 个元素都有冲突,关键字为 22 的第 7 个元素应该在 0 单元,实际存入了 1 单元;关键字为 8 的第 8 个元素应该在 8 单元,实际存入了 9 单元;关键字为 3 的第 9 个元素应该在 3 单元,实际存入了 6 单元,它是经过 3 次探测存入的:

- Hash(3)=3,散列地址上冲突,下一个探测空间;
- $H_1=(\text{Hash}(3)+1)\ \%\ 11=4$,仍然冲突,下一个探测空间;
- $H_2=(\text{Hash}(3)+2)\ \%\ 11=5$,仍然冲突,下一个探测空间;
- $H_3=(\text{Hash}(3)+3)\ \%\ 11=6$,找到空的散列地址,存入。

构建的散列表如图 7-28 所示。

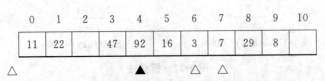

图 7-28 线性探测法解决冲突建立的散列表

求其平均查找长度如下。

对关键字为47、7、11、16、92的查找只需1次比较,对关键字为29、8、22的查找需2次比较,对关键字3的查找需4次比较,故平均查找长度为:

$$WPL = (1 \times 5 + 2 \times 3 + 4 \times 1)/8 = 15/9$$

线性探测法可能使第i个散列地址的同义词存入第$i+1$个散列地址,这样本应存入第$i+1$个散列地址的元素变成了第$i+2$个散列地址的同义词……因此,可能出现很多元素在相邻的散列地址上"堆积"起来,大大降低了查找效率。为此,可采用二次探测法,或双散列函数探测法,以改善"堆积"问题。

2)二次探测法

$$H_i = (Hash(key) + d_i) \% m \tag{7-9}$$

式中:Hash(key)——散列函数;

m——散列表长度;

d_i——增量序列$1^2, -1^2, 2^2, -2^2, \cdots, q^2, -q^2$且$q \leqslant (m-1)$。

例 7-9 仍以上例用二次探测法处理冲突,建立散列表。

对关键字寻找空的散列地址只有关键字3与上例不同。

Hash(3)=3,散列地址上冲突,则:

● $H_1 = (Hash(3) + 1^2) \% 11 = 4$,仍然冲突;

● $H_2 = (Hash(3) - 1^2) \% 11 = 2$,找到空的散列地址,存入。

构建的散列表如图7-29所示。

10	0	1	2	3	4	5	6	7	8	9
11	22	3	47	92	16		7	29	8	
	△	▲						△	△	

图 7-29 二次探测法解决冲突建立的散列表

其平均查找长度如下。

对关键字为47、7、11、16、92的查找只需1次比较,对关键字为29、8、22的查找需2次比较,对关键字3的查找需3次比较,故平均查找长度为:

$$ASL = (1 \times 5 + 2 \times 3 + 3 \times 1)/9 = 14/9$$

3)双散列函数探测法

$$H_i = (Hash(key) + i \times ReHash(key)) \% m \quad (i = 1, 2, \cdots, m-1) \tag{7-10}$$

式中:Hash(key)、ReHash(key)为两个散列函数;m为散列表长度。

双散列函数探测法,先用第一个函数Hash(key)对关键字计算散列地址,一旦产生地址冲突,再用第二个函数ReHash(key)确定移动的步长因子,最后,通过步长因子序列由探测函数寻找空的散列地址。

比如,Hash(key)=a时产生地址冲突,就计算ReHash(key)=b,则探测的地址序列为:

$$H_1 = (a+b) \% m, \quad H_2 = (a+2b) \% m, \cdots, H_{m-1} = (a+(m-1)b) \% m$$

下面给出用线性探测法解决冲突的算法,算法有关的数据结构说明如下。

```
#define SUCCESS 1              /*查找成功的标志*/
#define UNSUCCESS 0            /*查找不成功的标志*/
#define MAXSIZE11              /*散列表的最大长度*/
#define NULL_KEY -2            /*-2为无记录标志*/
typedef int KeyType;          /*设关键字为整形*/
#define DUPLICATE -1           /*表中已有相同关键字的元素返回标志*/
typedef struct {
    KeyType key;
    /*其他相关字段*/
}Node;
typedef struct {
    Node elem[MAXSIZE];        /*数据元素存储地址*/
    int count;                 /*当前数据元素个数*/
    int sizeindex;             /*当前容量*/
}HashTable;
```

算法 7-14 以线性探测法处理冲突检索散列表的算法。

```
int FindHash(HashTable H,KeyType K,int *p)
{/*在开放定址散列表中查找关键字为K的元素,若查找成功,以p指示待查找数据元素在表中
位置,并返回SUCCESS;否则,以p指示插入位置,并返回UNSUCCESS*/
  /*Hash()为散列函数*/
    int c=0;
    *p=Hash(K); /*求得哈希地址*/
    while(H.elem[*p].key!=NULL_KEY && K!=H.elem[*p].key)
    { /*该位置中填有记录,并且与关键字不相等*/
        c++;
        if(c<H.sizeindex)
        {
            *p=(Hash(K)+c)%P;/*求得下一探查地址 p*/
        }
        else
            break;
    }
    if(K==H.elem[*p].key)
    {
        return SUCCESS; /*查找成功,p返回待查数据元素下标*/
    }
    else
    {
        return UNSUCCESS; /*若查找不成功,p返回插入位置*/
    }
}
```

散列表的插入操作是在查找失败的基础上进行的,因此下面的插入算法调用了算法 7-14 的查找算法。

算法 7-15 以线性探测法处理冲突检索和插入散列表的算法。

```
int InsertHash(HashTable *H,Node e)
{ /*查找不成功时插入数据 e 到开放定址哈希表 H 中*/
    int p;
    if(H->count==H->sizeindex)
    {
        printf("哈希表已满!\n") ; /*哈希表已满*/
    }
    if(FindHash(*H,e.key,&p))
{ /*表中已有与 e 有相同关键字的元素*/
        printf("表中已有相同关键字的元素!\n") ;
        return DUPLICATE;
    }
    else
    {
        H->elem[p]=e; /*插入 e*/
        ++H->count;
        return 1;
    }
}
```

4. 拉链法

拉链法解决冲突的思想是：将同义词结点拉成一个链表，将各链表的头指针按散列地址顺序存储在数组中。

例 7-10　设关键字序列为 $47,7,29,11,16,92,22,8,3,50,37,89,95,21$，散列函数为：$Hash(key)=key\%11$，请按拉链法构造散列表，并求其查找长度。

根据散列函数得到各关键字的散列地址如下：

关键字	47	7	29	11	16	92	22	8	3	50	37	89	95	21
散列地址	3	7	7	0	5	4	0	8	3	6	4	1	7	10

将所有的同义词拉成一个单链表，再将单链表的头指针根据散列地址顺序组织起来。用拉链法处理冲突构造的散列表如图 7-30 所示。

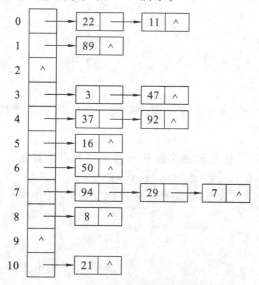

图 7-30　拉链法处理冲突时的散列表

显然，对以上构造的散列表等概率情况下，查找成功的平均查找长度为：

$$ASL=(1\times9+2\times4+3\times1)/14=10/7$$

根据以上分析，拉链法处理冲突所构造的散列表的结点类型定义如下。

```
#defineM 11                      /*M为散列表的容量*/
#define DUPLICATE - 1            /*表中已有相同关键字的元素返回标志*/
typedef int KeyType;             /*设关键字为整型*/
typedef struct hnode{
    KeyType key;                 /*关键字*/
    struct hnode *next;          /*指向下一个同义词的指针*/
...                              /*其他信息*/
}HNode;
typedef struct {
    HNode *elem[M];              /*存储数据元素*/
    int count;                   /*散列表的当前数据元素个数*/
}LHashTable;
```

在拉链法处理冲突的散列表中检索元素的算法如下。

算法 7-16　以拉链法处理冲突检索散列表的算法。

```
HNode *FindHash(LHashTable H,KeyType K)
{/*在用拉链法处理冲突建立散列表 H 中查找关键字为 K 的元素,成功返回其地址,否则返回 NULL */
/*Hash()为散列函数*/
    int p;
    HNode *q;
    p=Hash(K); /*求得哈希地址*/
    q=H.elem[p]; /*同义词链表的头指针*/
    while(q)
    {
        if(q->key==K)
        {
            break;
        }
        else
            q= q->next;
    }
    return q;
}
```

用拉链法处理冲突构造散列表的过程就是将一个个数据元素插入到散列表中，其算法如下。

算法 7-17　以拉链法处理冲突查找和插入散列表的算法。

```
int InsertHash(LHashTable *H,HNode e)
{/*查找不成功时插入数据 e 到以拉链法处理冲突的哈希表 H 中*/
    int p;
    HNode *q,*s;
    q=FindHash(*H,e.key);
    if(q!=NULL) {                                /*表中已有与 e 有相同关键字的元素*/
      printf("表中已有相同关键字的元素!\n") ;
```

```
                return DUPLICATE;
            }
        else {
            p=Hash(e.key);
            s=(HNode *)malloc(sizeof(HNode)); /*申请新的一个结点空间*/
            s->key=e.key;/*填装结点信息*/
                    s->next=H->elem[p];/*插入到同义词的链表*/
                H->elem[p]=s;
            ++H->count;
            return 1;
            }
        }
```

3. 公共溢出区法

设散列函数产生的散列地址集为$[0,m-1]$，则分配以下两个表。

(1) 基本表：datatype BaseTbl[m]。其每个单元只能存放一个元素。

(2) 溢出表：datatype OverTbl[k]。只要关键字对应的散列地址在基本表上产生冲突，则所有这样的元素一律存入该表中。

查找时，对给定关键字 kx 通过散列函数计算出散列地址 i，先与基本表的 BaseTbl[i] 单元比较，若相等，查找成功；否则，再到溢出表中进行查找。

7.4.4 散列表的查找分析

在散列表的查找中，一些关键字可通过散列函数转换的地址直接找到，另一些关键字在散列函数得到的地址上产生了冲突，需要按处理冲突的方法进行查找。

在介绍的三种处理冲突的方法中，产生冲突后的查找仍然是给定值与关键字进行比较的过程。所以，对散列表查找效率的量度，依然用平均查找长度来衡量。

根据散列表的构造过程可知，查找效率取决于产生冲突的多少，产生的冲突少，查找效率就高，产生的冲突多，查找效率就低。因此，影响产生冲突多少的因素，也就是影响查找效率的因素。影响产生冲突的多少有以下三个因素。

(1) 散列函数是否均匀。

(2) 处理冲突的方法。

(3) 散列表的装填因子。

散列表的装填因子定义为：

$$\alpha = \frac{\text{表中元素的个数}}{\text{哈希表的长度}} \tag{7-11}$$

分析这三个因素，尽管散列函数的"好坏"直接影响冲突产生的频度，但一般情况下，我们总认为所选的散列函数是"均匀的"，因此，可不考虑散列函数对平均查找长度的影响。

处理冲突的方法直接影响着平均查找长度，就线性探测法和二次探测法处理冲突的例子来看，如例 7-8 和例 7-9 中有相同的关键字集合、同样的散列函数，但在数据元素查找等概率情况下，它们的平均查找长度却不同。

装填因子是散列表装满程度的标志因子，显然装填因子 $\alpha \leqslant 1$，一般选择在 $0.65\sim0.85$ 范围。由于表长是定值，α 与"填入表中的元素个数"成正比，所以，α 越大，填入表中的元素较多，产生冲突的可能性就越大；α 越小，填入表中的元素较少，产生冲突的可能性就越小。实际上，散列表的平均查找长度是装填因子 α 的函数，只是不同处理冲突的方法有不同的函数。表 7-1 中给出几种不同处理冲突方法的平均查找长度和 α 的关系，可供参考。

表 7-1　平均查找长度与填装因子的关系

处理冲突的方法	平均查找长度	
	查找成功时	查找不成功时
线性探测法	$S_{nl} \approx \dfrac{1}{2}\left(1+\dfrac{1}{1-\alpha}\right)$	$U_{nl} \approx \dfrac{1}{2}\left(1+\dfrac{1}{(1-\alpha)^2}\right)$
二次探测法与双散列法	$S_{nr} \approx -\dfrac{1}{\alpha}\ln(1-\alpha)$	$U_{nr} \approx \dfrac{1}{1-\alpha}$
拉链法	$S_{nc} \approx 1+\dfrac{\alpha}{2}$	$U_{nc} \approx \alpha + e^{-\alpha}$

散列方法存取速度快,也较节省空间,静态查找、动态查找均适用,但由于存取是随机的,因此,不便于顺序查找。

7.5　应用举例

7.5.1　案例一:电子词典的折半查找

案例描述:

　有一个简单的电子词典,是一个英汉对照的词典,现在这个词典中使用折半查找算法查找某个单词。

案例分析　电子词典的数据结构描述如下。

```
#define  MAXNUM  100
typedef  char*   KeyType;
typedef  struct{
    KeyType  key;                    /*关键字字段,本题为单词*/
    char*meaning;                    /*单词的中文解释*/
}DataType;
typedef struct{
    DataType   data[MAXNUM];         /*查找表存储空间*/
    int n;                           /*查找表中元素的个数*/
}SeqList;
```

主要算法的实现如下。

```
int Binary_Search(SeqList list,KeyType kx)
{ /*单词存放在 list.data[1] 至 list.data[n]中,在表 list 中查找值为 kx 的单词*/
/*若找到,返回该元素在表中的位置,否则返回 0  */
    int mid,low=1,high=list.n;/*设置初始区间 */
    while(low<=high)/*当查找区间非空 */
    {
        mid= (low+high)/2;/*取区间中点 */
        if(strcmp(kx,list.data[mid].key)==0)
            return mid;/*查找成功,返回 mid */
        else if (strcmp(kx,list.data[mid].key)<0)
            highmid-1;/*调整到左半区 */
        else low=mid+1;/*调整到右半区 */
    }
    return  0;/*查找失败,返回 0 */
}
```

运行结果如图 7-31 所示。

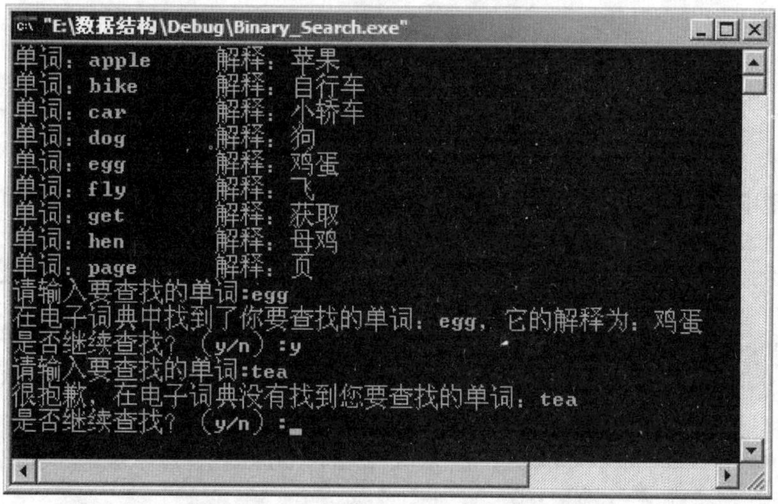

图 7-31　电子词典的折半查找运行结果图

7.5.2　案例二:电话号码查询系统

案例描述　　利用散列表可以实现电话号码查询系统,基本要求为:①使用散列表存储信息;②能够实现散列表的查找、插入、删除、修改、输出等功能。

案例分析　　使用的数据结构如下。

```
#define SUCCESS 1               /*查找成功的标志*/
#define UNSUCCESS 0             /*查找不成功的标志*/
#define NULL_KEY -2             /*-2为无记录标志*/
#define DUPLICATE -1            /*表中已有相同关键字的元素返回标志*/
int hashsize[]={11,19,29,37};  /*哈希表容量递增表,一个合适的素数序列*/
typedef long KeyType;          /*设关键字为整型*/
typedef struct {
    char name[20];             /*姓名*/
    KeyType num;               /*号码*/
}Node;
typedef struct {
    Node *elem;                /*数据元素存储地址,动态分配数组*/
    int count;                 /*当前数据元素个数*/
    int sizeindex;             /*hashsize [H. sizeindex]为当前容量*/
}HashTable;
```

主要算法的实现如下。

(1) 构建电话号码表。

```
void ChuangJian(HashTable *H)
{ /*构建一个空哈希表*/
    int i;
    H->count=0 ;                      /*当前元素个数*/
    H->sizeindex=0;                   /*初试存储容量为 hashsize [0]
    m=hashsize[0];
```

```
                H->elem=(Node*)malloc(m*sizeof (Node)) ;
            if (!H->elem)
                exit (- 2); /*存储分配失败*/
            for (i=0;i<m;i++)
                H->elem[i].num=NULL_KEY; /*未填记录的标志*/
        }
```

（2）实现电话号码表的查询。

```
        int ChaXun(HashTable *H,KeyType K,int *p,int *c) {
        /*在开放定址哈希表中查找关键字为K的元素,若查找成功,以p指示,1待查数据元素在表中
            位置,并返回SUCCESS ;否则,以p指示插入位置,并返回UNSUCCESS ;c用以计冲突次数,
            其初值为0*/
            *p=HaXi(K);                     //求得哈希地址
            while(H->elem[*p].num!=NULL_KEY && ! EQ(K,H->elem[*p].num))
                {                          /*该位置中填有记录,并且与关键字不相等*/
                (*c)++;
                if(*c<m)
                    ChongTu(p,*c);   /*求得下一探查地址p*/
                else
                    break;
            }
            if(EQ(K,H->elem[*p].num))
                return SUCCESS;          /*查找成功,p返回待查数据元素下标*/
            else
                return UNSUCCESS;          /*若查找不成功,p返回插入位置*/
        }
```

运行结果如图7-32所示。

图7-32 执行查询函数运行结果图

（3）实现电话号码表的插入。

```
int ChaRu(HashTable * H,Node e)
{ /*查找不成功时插入数据 e 到开放定址哈希表 H 中,并返回 k,若冲突次数过大,则重建哈希
  表*/
  int c=0,p,d;
  if(H->count==m- 1) {
      m= hashsize[H->sizeindex];
      H->elem= (Node*)realloc(H->elem,m* sizeof(Node)) ;      /*追加空间*/
      if(!H->elem)
          exit(-2); /*追加空间失败*/
  }
  d=ChaXun(H,e.num,&p,&c);
  if(d) { /*表中已有与 e 有相同关键字的元素*/
      printf("表中已有相同关键字的元素!\n") ;
      return DUPLICATE;
  }
  else {
      if(c<hashsize[H->sizeindex]/2)
      {/*冲突次数 c 未达到上限*/
          H->elem[p]=e; /*插入 e*/
          ++H->count;
          return 1;
      }
      else {
          ChongJian(H); /*重建哈希表*/
          return UNSUCCESS;
      }
  }
}
```

运行结果如图 7-33 所示。

图 7-33 执行插入函数运行结果图

（4）实现电话号码表的显示。

```
void DaYin(int p,Node e)
{ /*打印下标为 p 的记录*/
    printf ("哈希下标=%d  姓名:%s   电话号码:%ld\n",p,e.name,e.num);
}
```

运行结果如图 7-34 所示。

图 7-34 执行显示函数运行结果图

（5）实现电话号码表的删除。

散列表的删除是在查找成功的情况下,将散列表的关键字值改为 NULL_KEY(无记录标志),散列表元素个数减 1 即可。这里未给出代码,请读者自行写出。

（6）实现电话号码表的修改。

散列表的修改是在查找成功的情况下,将原来的元素删除掉再重新插入即可。这里未给出代码,请读者自行写出。

本 章 小 结

查找是数据处理中经常出现的一种操作,查找表是一种以集合为逻辑结构、以查找为核心运算的数据结构。根据不同的应用,可以将查找表按顺序结构、链式结构、索引结构、散列结构进行存储。基于在查找表中的操作不同,查找表又分为静态查找和动态查找。关于静态查找,本章讨论了无序表的顺序查找、有序表的折半查找和其他分割方法的查找及分块查找;关于动态查找,本章讨论了将查找表组织为二叉排序树、AVL 树和 B_树形式下的查找、将查找表组织为散列表的形式进行的查找。

（1）无序表的查找:只能是顺序查找,一旦查找成功就结束,对失败查找则需查遍全表。成功查找和失败查找的平均查找长度均为 $O(n)$。

（2）有序表的查找:有序表的查找方法很多,主要有顺序查找、二分查找、分块查找等。

有序表的顺序查找,其时间复杂度仍为 $O(n)$,但比无序表效率高,成功查找和失败查找都不一定要查遍全表;二分查找、分块查找,都是高效的查找方法,时间复杂度为 $O(\log_2 n)$,其中二分查找用得最为普遍,分块查找要求关键字按块有序。

　　树表查找是将查找表组织成为特定形式的树形结构,并按其规律进行的查找,也可以理解为这是一种树形结构的应用。在二叉排序树的查找中,关键字比较的次数不会超过二叉树的深度,平均查找的时间复杂度为 $O(\log_2 n)$。

　　散列表是根据选定的散列函数和解决碰撞的方法,把结点按关键字转换为地址进行存储的。对散列表的查找方法是:首先按所选的散列函数对关键字进行转换,得到一个散列地址,然后按该地址进行查找,若不存在,再根据构建散列表时所用的处理碰撞的方法进一步查找。如果是静态查找,则查找成功时,给出查到结点的所需信息,否则给出失败信息;若是动态查找,则根据查找结果再进行插入或删除。

习　题　7

一、单项选择题

1. 具有 n 个数据元素的顺序组织的表,一个递增有序,一个无序,查找一个元素时采用顺序算法,对有序表从头开始查找,发现当前检测元素已不小于待查元素时停止检索,确定查找不成功。已知查找任一元素的概率是相同的,则在两种表中成功查找时(　　　)。

A. 平均时间后者小　　　　　　　　　　B. 无法确定

C. 平均时间两者相同　　　　　　　　　　D. 平均时间前后者小

2. 静态查找表与动态查找表的根本区别在于(　　　)

A. 它们的逻辑结构不一样　　　　　　　　B. 施加在其上的操作不一样

C. 所包含的数据元素类型不一样　　　　　D. 存储实现不一样

3. 在表长为 n 的顺序表上实施顺序查找,在查找不成功时与关键字比较的次数为(　　　)。

A. n　　　　　　　B. 1　　　　　　　C. $n+1$　　　　　　　D. $n-1$

4. 顺序查找适用于存储结构为(　　　)的线性表。

A. 哈希存储　　　　　　　　　　　　　　B. 压缩存储

C. 顺序存储或链式存储　　　　　　　　　D. 索引存储

5. 用顺序查找法对具有 n 个结点的线性表查找一个结点的时间复杂度为(　　　)。

A. $O(\log_2 n^2)$　　　　B. $O(n\log_2 n)$　　　　C. $O(n)$　　　　D. $O(\log_2 n)$

6. 适用于折半查找的表的存储方式及元素排列要求为(　　　)。

A. 链接方式存储,元素无序　　　　　　　B. 链接方式存储,元素有序

C. 顺序方式存储,元素无序　　　　　　　D. 顺序方式存储,元素有序

7. 有一个长度为 12 的有序表,按折半查找法对该表进行查找,在表内各元素等概率情况下查找成功所需的平均比较次数为(　　　)。

A. $35/12$　　　　　　B. $37/12$　　　　　　C. $39/12$　　　　　　D. $43/12$

8. 二叉排序树是(　　　)。

A. 每一分支结点的度均为 2 的二叉树

B. 中序遍历得到一个升序序列的二叉树

C. 按从左到右顺序编号的二叉树

D. 每一分支结点的值均小于左子树上所有结点的值,又大于右子树上所有结点的值

9. 在关键字随机分布的情况下,用二叉排序树的方法进行查找,其查找长度相当于(　　)。

　　A. 顺序查找　　　　　　　　　　　　B. 折半查找

　　C. 前两者均不正确　　　2D. 斐波那契查找

10. 一棵深度为 k 的平衡二叉树,其每个非终端结点的平衡因子均为 0,则该树共有结点(　　)个。

　　A. $2^{k-1}-1$　　　　　　B. 2^{k-1}　　　　　　C. $2^{k-1}+1$　　　　　　D. 2^k-1

11. 对于一个数据序列,按照逐点插入法建立一棵二叉排序树,该二叉排序树的形态取决于(　　)。

　　A. 该序列的存储结构　　　　　　　　B. 序列中数据元素的取值范围

　　C. 数据元素的输入次序　　　　　　　D. 使用的计算机软、硬件条件

12. 在有序表{1,3,9,12,32,41,62,75,77,82,95,100}上进行折半查找关键字为 82 的数据元素需要比较(　　)次。

　　A. 1　　　　　　　　B. 2　　　　　　　　C. 4　　　　　　　　D. 5

13. 设哈希表长为 14,哈希函数为 $H(key)=key\%11$。当前表中已有 4 个结点:addr(15)=4,addr(38)=5,addr(61)=6,addr(84)=7。如用二次探测再散列处理冲突,则关键字 49 的结点的地址是(　　)。

　　A. 8　　　　　　　　B. 3　　　　　　　　C. 5　　　　　　　　D. 9

14. 有一个序列{4,5,6,…},当生成平衡二叉树时,插入值为 6 的结点时应进行(　　)类型的平衡调整。

　　A. LL 调整　　　　　　B. LR 调整　　　　　　C. RL 调整　　　　　　D. RR 调整

15. 假定有 k 个关键字互为同义词,若用线性探测法把这 k 个关键字存入散列表中,至少要进行多少次探测?(　　)

　　A. $k-1$ 次　　　　　　B. k 次　　　　　　C. $k+1$ 次　　　　　　D. $k(k+1)/2$ 次

16. 在哈希函数 $H(k)=k\%m$ 中,一般来讲,m 应取(　　)。

　　A. 奇数　　　　　　B. 偶数　　　　　　C. 素数　　　　　　D. 充分大的数

17. 哈希表的平均查找长度和(　　)无直接关系。

　　A. 哈希表记录类型　　　　　　　　　B. 哈希函数

　　C. 处理冲突的方法　　　　　　　　　D. 装填因子

18. 采用分块查找时,若线性表中共有 625 个元素,查找每个元素的概率相同,假设采用顺序查找来确定结点所在的块时,每块应分(　　)个结点最佳。

　　A. 10　　　　　　　　B. 25　　　　　　　　C. 6　　　　　　　　D. 625

19. 在散列存储中,装填因子 α 的值越大,则(　　)。

　　A. 存取元素时发生冲突的可能性就越大

　　B. 存取元素时发生冲突的可能性就越小

　　C. 对发生冲突的可能性没有影响

　　D. 查找效率就越低

20. 就平均查找效率而言,以下几种查找方法的速度从慢到快的关系是(　　)。

　　A. 顺序、分块、哈希、折半　　　　　　B. 顺序、分块、折半、哈希

　　C. 分块、折半、哈希、顺序　　　　　　D. 顺序、哈希、分块、折半

二、填空题

1. 最优二叉树,最优查找树均为平均查找路径长度最小的树,其中对最优二叉树,n 表示_____;对最优查找树,n 表示_____;构造这两种树均_____。

2. 在 n 个记录的有序顺序表中进行折半查找,最大比较次数是_____。

3. 在分块查找中,对 256 个元素的线性表分成_____块最好,每块的最佳长度是_____;若每块的长度为 8,其平均检索长度为_____。

4. 高度为 4 的 3 阶 B_树中,最多有_____个关键字。

5. 实现折半查找的存储结构仅限于顺序存储结构,且其中元素排列必须是的_____。

6. 已知有序表为(12,18,24,35,47,50,62,83,90,115,134),当用折半查找 90 时,需进_____次查找可确定成功。

7. 一棵包含 n 个结点的二叉排序树,最差情况下的查找长度为_____。

8. 在一棵二叉排序树上实施_____遍历后,其关键字序列是一个有序表。

9. 当二叉排序树是一棵平衡二叉树时,其平均查找长度为_____。

10. 根据一组记录(56,42,50,64,48,70)依次插入结点生成一棵 AVL 树,当插入到值为_____的结点时需要进行旋转调整。

11. 在各种查找方法中,平均查找长度与结点个数 n 无关的查找方法是_____。

三、判断题

1. 有 n 个数存放在一维数组 $A[1\cdots n]$ 中,这 n 个数的排序有序或无序,在进行顺序查找时,其平均查找长度不同。(   )

2. 顺序查找可以在顺序表上进行,不能在单链表上进行。(   )

3. 折半查找只能在有序的顺序表上进行。(   )

4. 向量和单链表表示的有序表均可使用折半查找方法来提高查找速度。(   )

5. 对于给定的关键字集合,以不同的次序插入到初始为空的二叉排序树中,得到的二叉排序树是相同的。(   )

6. 最优二叉树是 AVL 树(平衡二叉树)。(   )

7. 若二叉排序树中关键字互不相同,那么,最小值结点必定无左孩子,最大值结点必定无右孩子。(   )

8. 在二叉排序树中,最大值结点和最小值结点一定是叶子结点。(   )

9. 将二叉排序树 T_1 的先序遍历序列依次插入初始为空的树中,所得到的二叉排序树 T_2 和 T_1 的形态完全相同。(   )

10. 对二叉排序树进行中序遍历得到的序列是由小到大有序的。(   )

11. 在任意一棵非空二叉排序树中,删除某结点后又将其插入,则所得二叉排序树与删除前原二叉排序树相同。(   )

12. m 阶 B_树每一个结点的子树个数都小于或等于 m。(   )

13. 二叉排序树的查找和折半查找的时间复杂度都是 $O(\log_2 n)$,时间性能相同。(   )

14. 采用折半查找法对有序表进行查找总比采用顺序查找法对其进行查找要快。(   )

15. 采用线性探测法处理冲突时,当从哈希表中删除一个记录时,不应将这个记录的所在位置置为空,因为这将会影响以后的查找。(   )

16. 采用线性探测法处理冲突的散列表中,所有同义词在表中相邻。(   )

17. 若哈希表的装填因子 $\alpha<1$，则可避免碰撞的产生。（　　）

18. 哈希法存储的基本思想是由关键码的值决定数据的存储地址。（　　）

19. m 阶 B_树的任何一个结点的所有子树的高度都相等。（　　）

20. 对两棵具有相同关键字集合而形状不同的二叉排序树，按中序遍历它们得到的序列的顺序是一样的。（　　）

四、简答题

1. 画出对长度为 10 的有序表进行折半查找的判定树，并求其等概率时查找成功的平均查找长度。

2. 已知如下所示长度为 12 的关键字有序的表：

$$\{Jan,Feb,Mar,Apr,May,June,July,Aug,Sep,Oct,Nov,Dec\}$$

（1）试按表中元素的顺序依次插入到一棵初始为空的二叉排序树，画出插入完成后的二叉排序树，并求其在等概率的情况下查找成功的平均查找长度。

（2）若对表中元素先进行排序构成有序表，求在等概率的情况下查找成功的平均查找长度。

（3）按表中元素的顺序构造一棵平衡二叉排序树，并求其在等概率的情况下查找成功的平均查找长度。

3. 设有 3 阶 B_树如下图所示。

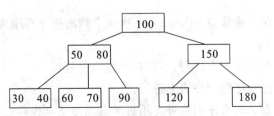

（1）请画出从该 B_树中插入关键字 20 后得到的 B_树；

（2）请画出从该 B_树中中删除关键字 150 后得到的 B_树。

4. 在如下图所示的 AVL 树中，请分别画出依次插入关键字为 6 和 10 的两个结点后的 AVL 树。

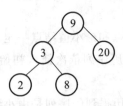

5. 试推导含有 12 个结点的平衡二叉树的最大深度，并画出一棵这样的树。

令 F_k 表示含有最少结点的深度为 k 的平衡二叉树的结点数目。那么，可知道 $F_1=1$，$F_2=2$，…，$F_n=F_{n-2}+F_{n-1}+1$。

6. 含有 9 个叶子结点的 3 阶 B_树中至少有多少个非叶子结点？含有 10 个叶子结点的 3 阶 B_树中至少有多少个非叶子结点？

7. 试从空树开始，画出按以下次序向 3 阶 B_树中插入关键码的建树过程：20,30,50,52,60,68,70。如果此后删除 50 和 68，画出每一步执行后 3 阶 B_树的状态。

8. 使用哈希函数 $Hash f(x)=x \bmod 11$，把一个整数值转换成哈希表下标，先要把数据 1,13,12,34,38,33,27,22 插入到哈希表中。

（1）使用线性探测再散列法来构造哈希表，并确定其装填因子，求等概率情况下查找成功所需的平均查找长度。

（2）使用链地址法来构造哈希表，并求等概率情况下查找成功所需的平均查找长度。

9. 在地址空间为 0～16 的散列区中，对以下关键字序列构造两个哈希表：

$$\{Jan,Feb,Mar,Apr,May,June,July,Aug,Sep,Oct,Nov,Dec\}$$

（1）用线性探测开放定址法处理冲突；

（2）用链地址法处理冲突。

并分别求这两个哈希表在等概率情况下查找成功和不成功的平均查找长度。设哈希函数为 $H(key)=i/2$，其中 i 为关键字中第一个字母在字母表中的序号。

五、算法设计题

1. 试写一个递归算法，从大到小输出二叉排序树中所有其值不小于 x 的关键字。要求算法时间为 $O(\log_2 n+m)$，n 为树中结点数，m 为输出的关键字个数。

2. 试写一算法，将两棵二叉排序树合并为一棵二叉排序树。

3. 试写一算法，将一棵二叉排序树分裂为两棵二叉排序树，使得其中一棵树的所有结点的关键字都小于或等于 x，另一棵树的任一结点的关键字均大于 x。

4. 将折半查找的算法改写为递归算法。

5. 编写算法，利用折半查找算法在一个有序表中插入一个元素 x，并保持表的有序性。

6. 假设二叉排序树 T 的各个元素值均不相同，设计一个算法按递减次序打印各元素的值。

7. 已知一棵二叉排序树上所有关键字中的最小值为 $-\max$，最大值为 $\max$，又知 $-\max<x<\max$。编写递归算法，求该二叉排序树上的小于 x 且最靠近 x 的值 a 和大于 x 且最靠近 x 的值 b。

8. 试编写一个判定二叉树是否二叉排序树的算法，设此二叉树以二叉链表作存储结构，且树中结点的关键字均不同。

9. 假设哈希表长为 m，哈希函数为 $H(key)$，用链地址法处理冲突。试编写输入一组关键字并建立哈希表的算法。

第8章   排 序

一个家庭中若物品杂乱无章,则每天都需要花费大量时间来找东西;计算机中的数据存储若没有任何规律,查找起来也需要花费大量时间。第 7 章中介绍的折半查找比顺序查找的效率要高得多,但折半查找只能在有序表上进行。所以排序不管是在日常生活中,还是在计算机中的应用都非常重要。

8.1 排序的基本概念及分类

8.1.1 排序概念

排序是日常工作和软件设计中常用的运算之一。为了提高查询速度,需要将无序序列按照一定的顺序组织成有序序列。

例如:字典里的所有字都按一定的规律排好序,这样使用字典才比较方便,排序的主要目的是实现快速查找。

若对一组无序数据{2,5,78,3,1,69,90},要求将其按从小到大的顺序排列,则这个问题很好解决。

但若要求对如下一组数据进行排序就有些复杂,如对表 9-1 中的学生信息进行排序,这时一般需在这一组记录中,找出"主关键字",按"主关键字"进行排序。

表 9-1   学生信息表

学号	姓名	班级	年龄	成绩
160210001	崔雨	计科 1601	18	78
160210002	丁洁	计科 1601	19	89
160210003	樊辰	计科 1601	18	77
160210004	冯波	计科 1601	19	98
160210005	郭力	计科 1601	20	61
160210006	胡志	计科 1601	20	90

一般情况下,假设含 n 个记录的序列为$\{R_1,R_2,\cdots,R_n\}$,其相应的关键字序列为$\{K_1,K_2,\cdots,K_n\}$,这些关键字相互之间可以进行比较,即在它们之间存在着如下关系。

$$K_{p1}\leqslant K_{p2}\leqslant\cdots\leqslant K_{pn}$$

按此固有关系将上式记录序列重新排列为$\{R_{p1},R_{p2},\cdots,R_{pn}\}$的操作称为排序。

8.1.2 排序分类

1. 增排序和减排序

如果排序的结果是按关键字从小到大的次序排列的,就是增排序,否则就是减排序。

2. 稳定排序和不稳定排序

假设 $K_i=K_j(1\leqslant i\leqslant n,1\leqslant j\leqslant n,i\neq j)$,且在排序前的序列中 R_i 领先于 R_j(即 $i<j$)。若在排序后的排序中 R_i 仍领先于 R_j,即那些具有相同关键字的记录,经过排序后它们的相对

次序仍然保持不变,则称这种排序方法是稳定的;反之,若 R_j 领先于 R_i,则称所用的方法是不稳定的。

> **注意**:不稳定的排序方法是指在排序中,关键字值相等的不同记录的前后相对位置不定,而不是一定要发生改变。

3. 内部排序和外部排序

若整个排序过程不需要访问外存便能完成,则称此类排序问题为内部排序;反之,若参加排序的记录数量很大,整个序列的排序过程不可能在内存中完成,则称此类排序问题为外部排序。

8.1.3 排序数据的数据类型说明

为了便于讲解,本章的排序算法中,若无特别说明,均假定待排序的记录序列采用顺序存储结构。

在进行算法说明时,为了简化算法,约定本章中排序数据都是只包含一个关键字数据项的记录,待排记录中无其他数据项,即本章中讨论的数据类型说明如下。

```
#define MaxSize 100
typedef int  KeyType;
typedef  struct {
    KeyType  data[MaxSize+1]; /*R[0]做监视哨,数据从 R[1]开始存储*/
    int        length; /*待排数据的实际长度*/
} SeqList;
```

本章中的排序均要求按关键字递增方式排序,每节中不再重复说明。

8.2 插入排序

插入排序的基本思想是:排序过程中将待排记录分成有序表和无序表两部分,每次从无序表中拿出一个待排序的记录,按其关键字大小插入到前面已经排好序的有序子表中的适当位置,直到全部记录插入完成为止。即:将待排序列表分成左右两部分,左边为有序表(有序序列),右边为无序表(无序序列)。整个排序过程就是将右边无序表中的记录逐个插入到左边的有序表中,构成新的有序序列(有序序列初始只包含待排数据中的第 1 个元素)。

根据不同的插入方法,插入排序算法可分为:直接插入排序、折半插入排序和希尔排序等。

8.2.1 直接插入排序

直接插入排序是最简单的排序方法之一。其基本操作是:将一个记录插入到已排好序的有序表中,从而得到一个新的、记录数增 1 的有序表。

一趟直接插入排序的基本思想如图 8-1 所示。

由图 8-1 可看出,一趟直接插入排序的结果是,将无序数列中的一个元素插入到了有

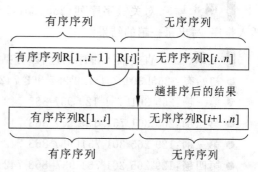

图 8-1　一趟直接插入排序的基本思想

序序列中的恰当位置,无序序列中元素减少了一个,有序序列中元素增加了一个。

例如:假设待排序列的一组记录的关键字为{49,38,65,97,76,13},对这组关键字进行的前三趟排序结果依次为(方括号表示无序序列):

● 初始序列:49,[38,65,97,76,13];

● 第1趟排序结果:38,49,[65,97,76,13],此时关键字序列中的前两个元素构成了有序序列,无序序列中比初始时少了1个元素;

● 第2趟排序结果:38,49,65,[97,76,13],此时有序序列中又多了1个元素,无序序列中少了1个元素。

每趟排序算法中,无序序列中的第1个元素是如何插入到有序序列中的准确位置的?下面将举例进行说明。要进行第3趟插入排序时,即要将第4个关键字插入到前面的有序序列中,以得到一个新的含有第4个关键字97的有序序列,需进行以下三项工作:①在有序序列中进行查找以确定97应插入的位置;②移动元素将待插入位置空出;③插入记录。具体请参考下列算法。

算法 8-1　直接插入排序算法。

```
void InsertSort(SeqList *L)
{
    int i,j;
    for(i=2;i<=L->length;i++)
        if(L->data[i]<L->data[i-1])
        /*若无序表中第1个元素比有序表中最后一个元素大,直接进入下次循环*/
        {
            L->data[0]=L->data[i];
            for(j=i-1;L->data[0]<L->data[j];j--)
            L->data[j+1]=L->data[j];
            L->data[j+1]=L->data[0];
        }
}
```

该算法中,待排数据从顺序表的 L. R[1] 位置开始存储,L. R[0] 位置作为监视哨,用于存放待插入的数据 L. R[i]。这是程序设计技巧上的改进,这里监视哨起到了以下两个作用。

(1)省去判断循环中下标越界的条件,从而节约元素间的"比较"时间。

(2)保存查找值的副本,查找时若遇到它,则表示查找不成功。这样在从后向前查找失败时,不必判断查找表是否检测完,从而达到算法的统一。

例 8-1　对关键字序列{265,301,751,129,937,863,742,694,076,438}进行直接插入排序,写出每一趟的结果。

解　直接插入排序的过程(方括号表示无序区)。

● 初始态:265[301 751 129 937 863 742 694 076 438]。

● 第一趟:265 301[751 129 937 863 742 694 076 438]。

● 第二趟:265 301 751[129 937 863 742 694 076 438]。

● 第三趟:129 265 301 751[937 863 742 694 076 438]。

● 第四趟:129 265 301 751 937[863 742 694 076 438]。

● 第五趟:129 265 301 751 863 937[742 694 076 438]。

- 第六趟:129 265 301 742 751 863 937[694 076 438]。
- 第七趟:129 265 301 694 742 751 863 937[076 438]。
- 第八趟:076 129 265 301 694 742 751 863 937[438]。
- 第九趟:076 129 265 301 438 694 742 751 863 937。

由算法的实现可看出,直接插入排序算法为稳定的排序方法。

直接插入排序的空间性能分析:该算法只需要一个监视哨的辅助存储空间,所以空间复杂度为 $O(1)$。

直接插入排序的时间性能分析。实现直接插入排序的基本操作有两个:①"比较"序列中两个关键字的大小;②"移动"记录。

针对算法的实现,需分以下情况讨论时间复杂度。

(1) 最好的情况:关键字在记录序列中已经顺序有序,则此时"比较"次数为 $n-1$ 次,"移动"次数为 0 次。

(2) 最坏的情况:关键字在记录序列中逆序有序,则"比较"次数为 $(n+4)(n-1)/2$,"移动"次数为 $(n+4)(n-1)/2$。

所以直接插入排序的时间复杂度为 $O(n^2)$。

8.2.2 折半插入排序

直接插入排序的三个基本操作为:①为待插入元素在已排好序的有序子表中寻找插入位置;②移动元素,将插入位置空出;③插入元素。这三个基本操作中,第①个基本操作是在有序表中进行查找,而在有序表中查找插入位置,利用第 7 章中所学知识,可以通过折半查找的方法实现,由此进行的插入排序称之为折半插入排序。

算法 8-2 折半插入排序算法。

```
void InserthalfSort(SeqList *L)
{
    int i,j,low,high,mid;
    for(i=2;i<=L->length;i++)
    {
        L->data[0]=L->data[i];/*R[0]为监视哨*/
        low=1;
        high=i-1;
        while(low<=high)
        {
            mid=(low+high)/2;
            if(L->data[0]>=L->data[mid])
                low=mid+1;
            else
                high=mid-1;
        }
        for(j=i-1;j>=high+1; - - j)
            L->data[j+1]=L->data[j];
        L->data[high+1]=L->data[0];
    }
}
```

根据上述算法分析，折半插入排序是一个稳定的排序方法。

折半插入排序仅减少了关键字间的比较次数，但记录的移动次数不变。因此折半插入排序的时间复杂度仍为 $O(n^2)$。

8.2.3　希尔排序

希尔排序又称为缩小增量排序。

由直接插入排序的分析可知，当待排记录序列为"正序"时，其时间复杂度可提高到 $O(n)$，由此可设想，若待排记录序列按关键字"基本有序"时，直接插入排序的效率较高；另外，由于直接插入排序算法简单，在 n 值很小时效率也较高。因此从这两点出发设计一种算法就可以提高直接插入排序的效率。

希尔排序的过程为：先将整个待排记录序列分割成若干个子序列，每个子序列的 n 值都较小，进行直接插入排序时效率较高；待每个子序列都排序完毕，整个序列中的记录"基本有序"时，再对全体记录进行一次直接插入排序，就可以完成整体的排序工作。

希尔排序的一个特点是：子序列的构成不是简单地"逐段分割"，而是将相隔某个增量的记录组成一个子序列。

希尔排序基本思想是对待排记录序列先进行"宏观"调整，再进行"微观"调整。

所谓"宏观"调整，指的是"跳跃式"的插入排序。其具体做法为：将记录序列分成若干子序列，分别对每个子序列进行插入排序。例如：将 n 个记录分成如下 d 个子序列。

$$\{R[1],R[1+d],R[1+2d],\cdots,R[1+kd]\}$$

$$\{R[2],R[2+d],R[2+2d],\cdots,R[2+kd]\}$$

$$\cdots\cdots$$

$$\{R[d],R[2d],R[3d],\cdots,R[kd],R[(k+1)d]\}$$

其中，d 称为增量，它的值在排序过程中从大到小逐渐缩小，直至最后一趟排序减为 1。

例如：对关键字序列 $\{16,25,12,30,47,11,23,36,9,18,31\}$ 进行希尔排序。若 $d=5$，则将初始序列分为 5 组，分别如下。

(1) $\{R[1],R[6],R[11]\}$，即 $\{16,11,31\}$。

(2) $\{R[2],R[7]\}$，即 $\{25,23\}$。

(3) $\{R[3],R[8]\}$，即 $\{12,36\}$。

(4) $\{R[4],R[9]\}$，即 $\{30,9\}$。

(5) $\{R[5],R[10]\}$，即 $\{47,18\}$。

将这五组元素在原来的相对位置上，分别排序后，即得到希尔排序的第 1 趟的结果。接着可以通过改变增量 d 的值得到其他几趟的结果，直至得到最终结果。

注意：这五组元素的相对位置不能发生改变，即原来第 1 组的位置为 R[1]，R[6]，R[11]，则这 3 个元素按从小到大的顺序排好后，还要在这三个位置上。

算法 8-3　希尔排序算法。

```
void ShellSort(SeqList *L)
{
    int i,j;
    int d=L->length;
```

```
    do{
        d=d/2;/*增量序列*/
        for(i=d+1;i<= L->length;i++)
        {
            if(L->data[i]<L->data[i-d])
            {/*将 L->data[i]插入到有序子表中*/
                L->data[0]=L->data[i];
                for(j=i-d;j>0&&L->data[0]<L->data[j];j=j-d)
                    L->data[j+d]=L->data[j];
                L->data[j+d]=L->data[0];
            }
        }
    }while(d);
}
```

例 8-2　对关键字序列{16,25,12,30,47,11,23,36,9,18,31}进行希尔排序。请分别写出每一趟的结果(其中,增量 $d=5,2,1$)。

(1) 第一趟希尔排序,增量 $d=5$,将原序列分成 5 组,分组情况如图 8-2 所示。

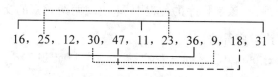

图 8-2　希尔排序 $d=5$ 时的分组情况

第一趟希尔排序的排序结果为:11,23,12,9,18,16,25,36,30,47,31。

(2) 第二趟希尔排序,增量 $d=2$,将第一趟排序结果分成 2 组,如图 8-3 所示。

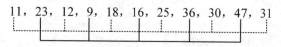

图 8-3　希尔排序 $d=2$ 时的分组情况

第二趟希尔排序的排序结果为:11,9,12,16,18,23,25,36,30,47,31。

(3) 第三趟希尔排序,增量 $d=1$,第二趟排序结果作为 1 组进行直接插入排序,如图 8-4 所示。

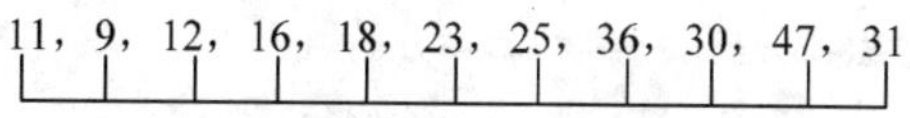

11, 9, 12, 16, 18, 23, 25, 36, 30, 47, 31

图 8-4　希尔排序 $d=1$ 时的分组情况

第三趟希尔排序的排序结果为:9,11,12,16,18,23,25,30,31,36,47。

通过算法分析知道,希尔排序为不稳定的排序方法。

希尔排序在效率上比直接插入排序有很大改进,但对希尔排序进行时间性能分析非常困难,原因是何种步长序列最优难以断定,通常认为其时间复杂度为 $O(n^{1.5})$。

希尔排序的增量序列可以有多种取法,较优的增量序列的共同特征如下。

① 最后一个增量必须为1。

② 应该尽量避免序列中的值(尤其是相邻的值)互为倍数的情况。

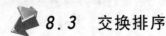

8.3 交换排序

利用交换记录的位置进行排序的方法称为交换排序。

其基本思想是：两两比较待排序记录的关键字，如果逆序就进行交换，直到所有记录都排序完毕为止。

常用的交换排序方法主要有冒泡排序和快速排序等。

快速排序是一种分区交换排序法，是对冒泡排序方法的改进。

8.3.1 冒泡排序

冒泡排序的原理为：若序列中有 n 个元素，则最多进行 $n-1$ 趟排序。

第 1 趟，针对第 R[1] 至 R[n] 个元素进行。

第 2 趟，针对第 R[1] 至 R[$n-1$] 个元素进行。

……

第 i 趟，针对第 R[1] 至 R[$n-i+1$] 个元素进行。

每一趟进行的过程为：从第一个元素开始，比较相邻的两个元素。若相邻的元素逆序，则进行交换；否则继续比较下面两个相邻的元素。

冒泡排序结束的条件：在该趟排序的过程中，未出现两两元素的交换。

算法 8-4　冒泡排序算法。

```
    void BubbleSort(SeqList * L)                    /*冒泡排序*/
    {
        int i,j,flag=1;
        for(i=1;i<L->length&&flag;i++)
    /*flag用来判断每趟中是否有元素交换,若某趟中没有元素交换,则排序结束*/
        {
            flag=0;
            for(j=1;j<=L->length-i;j++)
                if(L->data[j+1]<L->data[j])
                {
                    flag=1;
                    L->data[0]=L->data[j];
                    L->data[j]=L->data[j+1];
                    L->data[j+1]=L->data[0];
                }
        }
    }
```

例 8-3　写出对关键字序列 {52,49,80,36,14,58,61,97,23,75} 进行冒泡排序时每一趟的结果。

初始序列：52,49,80,36,14,58,61,97,23,75。

第 1 趟：49,52,36,14,58,61,80,23,75,97。

第 2 趟：49,36,14,52,58,61,23,75,80,97。

第 3 趟：36,14,49,52,58,23,61,75,80,97。

第 4 趟:14,36,49,52,23,58,61,75,80,97。

第 5 趟:14,36,49,23,52,58,61,75,80,97。

第 6 趟:14,36,23,49,52,58,61,75,80,97。

第 7 趟:14,23,36,49,52,58,61,75,80,97。

第 8 趟:14,23,36,49,52,58,61,75,80,97。

第 8 趟中无"元素交换",说明排序完成。

冒泡排序为稳定的排序方法。

冒泡排序的基本操作为:①"比较"序列中两个关键字的大小;②"移动"记录。

对冒泡排序的时间性能分析也应分以下情况讨论。

(1) 最好的情况(关键字在记录序列中顺序有序):只需进行一趟冒泡排序。元素"比较"的次数为 $n-1$;元素"移动"的次数为 0。

(2) 最坏的情况(关键字在记录序列中逆序有序):需进行 $n-1$ 趟冒泡排序。

元素"比较"的次数为 $n(n-1)/2$;元素"移动"的次数为 $3n(n-1)/2$。

综合上述两种情况,所以冒泡排序的时间复杂度为 $O(n^2)$。

8.3.2 快速排序

快速排序又称分区交换排序,是对冒泡排序的改进。

快速排序的基本思想是:找一个记录,以它的关键字作为"枢轴",凡其关键字小于枢轴的记录均移动至该记录之前;凡关键字大于枢轴的记录均移动至该记录之后。所以一趟快速排序之后,记录的无序序列 R[s..t]将分割成两部分:R[s..i-1]和 R[i+1..t],且有:

$$R[j].key \leq R[i].key \leq R[j].key$$

$$(s \leq j \leq i-1) \quad 枢轴 \quad (i+1 \leq j \leq t)$$

例如:关键字序列{52,49,80,36,14,58,61,97,23,75}经过"一次划分",调整为:23,49,14,36,(52),58,61,97,80,75。

在调整过程中,设立了两个指针:low 和 high,它们的初值分别为 s 和 t,之后逐渐减小 high,增加 low,并保证 R[high].key≥52 和 R[low].key≤52,否则进行记录的"交换"。

快速排序首先对无序的记录序列进行"一次划分",之后分别对分割所得两个子序列采用递归的方法进行快速排序。

算法 8-5 快速排序算法。

```
void QuickSort(SeqList *L,int left,int right)/*快速排序*/
{
    int i=left,j=right;
    if(left<right)
    {
        L->data[0]=L->data[left];/*R[0]作为辅助存储空间*/
        while(i!=j)
        {
            while(j>i&&L->data[j]>=L->data[0])
                j--;
            if(i<j)
```

```
{
    L->data[i]=L->data[j];
    i++;
}
while(i<j&&L->data[i]<= L->data[0])
    i++;
if (i<j)
{
    L->data[j]=L->data[i];
    j--;
}
}
L->data[i]=L->data[0];
QuickSort(L,left,i-1);
QuickSort(L,i+1,right);
}
}
```

例 8-4　按照上述算法,利用快速排序对关键字序列{52,49,80,36,14,58,61,97,23,75}进行"一次划分"的过程为(从 R[1]开始存放数据,此时 left=1,right=10):

(1) 初始关键字序列:52,49,80,36,14,58,61,97,23,75

($i=1,j=10$,基准 R[0]=52,此时 R[1]位置已空出,因 75>52,j 向前搜索,$j=9$);

(2) 因 23<52,进行数据交换:23,49,80,36,14,58,61,97,23,75

($i=1,j=9$,此时 R[9]位置空出,i 向后搜索,直到所指元素>52,$i=3$);

(3) 因 80>52,进行数据交换:23,49,80,36,14,58,61,97,80,75

($i=3,j=9$,此时 R[3]位置空出,j 向前搜索,直到所指元素<52,$j=5$);

(4) 因 14<52,进行数据交换:23,49,14,36,14,58,61,97,80,75

($i=3,j=5$,此时 R[5]位置空出,i 向后搜索,直到遇到 j,$i=j=5$,此处为基准 52 的位置);

(5) 一趟快速排序的结果为:23,49,14,36,(52),58,61,97,80,75。

在此基础上,递归调用 QuickSort(L,1,4)和 QuickSort(L,6,10)分别对[23,49,14,36]和[58,61,97,80,75]进行快速排序,直到将所有数据排成有序序列。

快速排序中关键字的比较和交换是跳跃进行的,所以快速排序是不稳定的排序方法。快速排序的时间复杂度为 $O(n\log_2 n)$。

若待排记录的初始状态为按关键字有序时,快速排序将蜕化为冒泡排序,其时间复杂度为 $O(n^2)$。

为避免出现这种情况,可在进行一次划分之前,进行"预处理",即:先对 R[s].key,R[t].key 和 R[⌊(s+t)/2⌋].key,进行相互比较,然后取关键字为"三者之中"的记录为枢轴记录。

当待排记录很多的情况下(即 n 很大时),目前认为快速排序是效率最高的一种内部排序方法。

但快速排序方法中,涉及递归调用,造成了栈空间的使用,所以快速排序的空间复杂度达到了 $O(\log_2 n)$。

8.4 选择排序

选择排序的基本思想是：不断从待排记录序列中选出关键字最小的记录插入已排序记录序列的后面，直到 n 个记录全部插入已排序记录序列中。下面主要介绍两种选择排序方法：简单选择排序和堆排序。

8.4.1 简单选择排序

简单选择排序也称直接选择排序，是选择排序中最简单直观的一种方法。其基本操作思想为：

（1）每次从待排记录序列中选出关键字最小的记录；

（2）将其与待排记录序列第一位置的记录交换，则下一趟待排序列记录数减1；

（3）不断重复过程（1）和（2），就不断地从待排记录序列中剩下的记录中选出关键字最小的记录与该区第1位置的记录交换（待排序列第1个位置不断后移，记录数逐渐减少）。经过 $n-1$ 次的选择和多次交换后，原始序列就排成了有序序列，整个排序过程结束。

算法8-6 简单选择排序算法。

```
void SelectSort(SeqList *L)
{
    int i,j,k;
    for(i=1;i<L->length;i++)
    {
        k=i;
        for(j=i+1;j<=L->length;j++)
            if(L->data[j]<L->data[k])
                k=j;
        if(i!=k)
        {
            L->data[0]=L->data[k];/*R[0]作为辅助存储空间*/
            L->data[k]=L->data[i];
            L->data[i]=L->data[0];
        }
    }
}
```

注意：本算法中有两重循环：外循环用于控制排序的次数，内循环用于查找当前待排记录序列中关键字最小的记录。

例8-5 写出对关键字序列{52,49,80,36,14,58,61,97,23,75}进行简单选择排序的每趟结果。

初始序列：52,49,80,36,14,58,61,97,23,75。

第1趟：14,[49,80,36,52,58,61,97,23,75]。

第2趟：14,23,[80,36,52,58,61,97,49,75]。

第 3 趟:14,23,36,[80,52,58,61,97,49,75]。

第 4 趟:14,23,36,49,[52,58,61,97,80,75]。

第 5 趟:14,23,36,49,52,[58,61,97,80,75]。

第 6 趟:14,23,36,49,52,58,[61,97,80,75]。

第 7 趟:14,23,36,49,52,58,61,[97,80,75]。

第 8 趟:14,23,36,49,52,58,61,75,[80,97]。

第 9 趟:14,23,36,49,52,58,61,75,80,[97]。

当待排序列中剩下 1 个元素时,就无须再排序。简单选择排序中,若待排关键字个数为 n 个,则排序需进行 $n-1$ 趟,并且其排序趟数是固定的,与待排数据无关。

简单选择排序是不稳定的排序方法。对 n 个记录进行简单选择排序,所需进行的关键字间的比较次数总计为:$n(n-1)/2$。移动记录的次数,最好情况为 0,最坏情况为 $3(n-1)$。所以简单选择排序的时间复杂度为 $O(n^2)$。

8.4.2　堆排序

堆排序是借助于完全二叉树结构进行排序的,是一种树形选择排序。

在简单选择排序中,为从 n 个关键字中选出最小值,需要进行 $n-1$ 次比较,然后又在剩下的 $n-1$ 个关键字中选择次最小值,需要 $n-2$ 次比较。在 $n-2$ 次的比较中可能有许多比较在前面的 $n-1$ 次比较中已经做过,因此存在多次重复比较,降低了算法的效率。

堆排序方法是由 J. Williams 和 Floyd 提出的一种改进方法,它在选择当前最小关键字记录的同时,还保存了本次排序过程所产生的比较信息。

1. 堆的基本概念

堆是满足下列性质的数列 $\{r_1,r_2,\cdots,r_n\}$,堆可分为小顶堆和大顶堆:

(1) 若对数列中的任一个元素 r_i,都存在 $r_i \leqslant r_{2i}$ 且 $r_i \leqslant r_{2i+1}$,则其为小顶堆;

(2) 若对数列中的任一个元素 r_i,都存在 $r_i \geqslant r_{2i}$ 且 $r_i \geqslant r_{2i+1}$,则其为大顶堆。

例如,$\{12,36,27,65,40,34,98,81,73,55,49\}$是小顶堆;$\{12,36,27,65,40,14,98,81,73,55,49\}$不是堆。

若仅从定义去判断一个数列是不是堆,显然比较麻烦。若将该数列视为完全二叉树,则根据完全二叉树的性质可知:r_{2i} 是 r_i 的左孩子;r_{2i+1} 是 r_i 的右孩子。

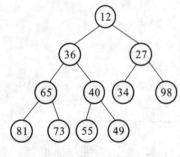

由此要判断一个数列是否是堆只要将该数列按二叉树编号的"从上到下,从左到右"的顺序将该数列中的每个元素依次放到二叉树的恰当位置上,则判断一个数列是否是堆就一目了然了。例如,上例数列$\{12,36,27,65,40,34,98,81,73,55,49\}$对应的二叉树如图 8-5 所示。

由图 8-5 可看出这是一个小顶堆,堆顶元素是整个数列中的最小的元素。

图 8-5　堆对应的二叉树

2. 堆排序的基本思想

对一组待排序记录,首先把它们的关键字按堆定义排列成一个序列,建成一个大顶堆,称为初始建堆。堆顶元素为最大关键字的记录,将堆顶元素与序列中的最后一个元素交换位置;然后对剩余的记录再建大顶堆,得到次最大关键字记录；如此反复进行，直到全部记录有序为止，这个过程称为堆排序。

从一个无序序列建堆的过程就是一个反复"筛选"的过程，"筛选"需要从 $i=\lfloor n/2 \rfloor$ 的结点 $R[i]$ 开始，直至结点 $R[1]$ 结束。

堆排序中经常用到的两种基本动作为：筛选和建堆。

1）建初始堆

建初始堆是一个从下往上进行"筛选"的过程。

若将待排序列看成是一个完全二叉树，则最后一个非终端结点是第 $\lfloor n/2 \rfloor$ 个元素，所以筛选从第 $\lfloor n/2 \rfloor$ 个元素开始。

例 8-6 对关键字序列 52,49,80,36,14,58,61,97,23,75 建立初始大顶堆的过程，见图 8-6。

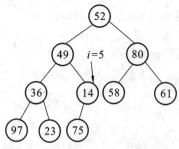

① 按初始关键字序列建立一个二叉树，从 $i=5$ 的结点开始筛选，14<75，14下移。

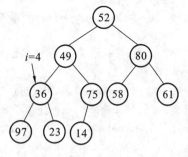

② $i=4$，36<97，36沿左子树下移。

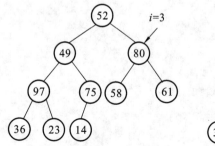

③ $i=3$，80>58且80>61，不需要调整。

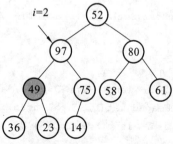

④ $i=2$，49<97，沿左子树下移，又因为49>36且49>23，所以49最终位置如图所示。

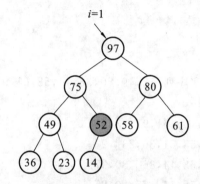

⑤ $i=1$，52<97，沿左子树下移，又因为52<75需继续沿右子树下移，所以52最终位置如图所示。

图 8-6 建大顶堆过程示例

建立大顶堆的结果为将初始序列中的最大的元素调整到了二叉树的根结点的位置。

2）利用堆进行排序

对已建好的堆，可以采用下面步骤进行排序。

（1）将堆顶元素与当前堆的最后一个元素的位置对调，则堆顶元素已找到了准确位置。

（2）输出根结点之后的新的完全二叉树调整为堆（与建初始堆的过程一样）。

（3）重复步骤（1）与（2），直至堆中只剩下1个元素。

算法 8-7 堆排序算法。

```
void HeapAdjust(SeqList * L,int s,int m)/*堆筛选*/
{
    int temp,j;
    temp=L->data[s];
    for(j=2*s;j<=m;j=j*2)/*沿关键字较大的孩子向下筛选*/
    {
        if(j<m&&L->data[j]<L->data[j+1])
            j++;
        if(temp>=L->data[j])
            break;
        L->data[s]=L->data[j];
        s=j;
    }
    L->data[s]=temp;
}
void HeapSort(SeqList * L)/*堆排序*/
{
    int i;
    KeyType t;
    for(i=L->length/2;i>0;i--)/*建大顶堆*/
        HeapAdjust(L,i,L->length);
    for(i=L->length;i>1;i--)
    {
        t=L->data[1];
        L->data[1]=L->data[i];
        L->data[i]=t;
        HeapAdjust(L,1,i-1);
    }
}
```

例 8-7 写出对关键字序列{52,49,80,36,14,58,61,97,23,75}进行堆排序的每趟结果。

初始序列：52,49,80,36,14,58,61,97,23,75。

第1趟：[14,75,80,49,52,58,61,36,23],97。

第2趟：[23,75,61,49,52,58,14,36],80,97。

第3趟：[36,52,61,49,23,58,14],75,80,97。

第4趟：[14,52,58,49,23,36],61,75,80,97。

第5趟：[14,52,36,49,23],58,61,75,80,97。

第 6 趟：[23,49,36,14],52,58,61,75,80,97。

第 7 趟：[14,23,36],49,52,58,61,75,80,97。

第 8 趟：[14,23],36,49,52,58,61,75,80,97。

第 9 趟：[14],23,36,49,52,58,61,75,80,97。

对 n 个关键字进行堆排序，也需进行 $n-1$ 趟操作。

堆排序是不稳定的排序方法。堆排序的时间复杂度为 $O(n\log_2 n)$，堆排序算法一般适合于待排序记录数较多的情况。

8.5　归并排序

归并排序也是一种常用的排序方法，归并排序是基于下列基本思想进行的：将两个或两个以上的有序子序列合并为一个有序序列。例如，有 3 个有序子序列分别为{1,5,7}、{2,4,9}和{3,6}，则可通过某种算法将其归并成一个有序序列{1,2,3,4,5,6,7,9}。

一般情况下将 2 个有序子序列合并为 1 个有序子序列的算法较简单，所以在内部排序中，通常采用的是二路归并排序，即将两个位置相邻的记录有序子序列归并为一个记录的有序序列，如图 8-7 所示。

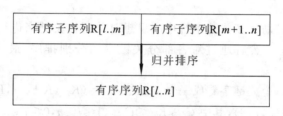

图 8-7　归并排序示意图

1. 二路归并排序的基本思想

二路归并排序的基本思想如下。

（1）将有 n 个记录的待排序列看成 n 个有序子表，每个有序子表的长度为 1，然后从第一个有序子表开始，把相邻的两个有序子表两两合并，得到 $n/2$ 个长度为 2 或 1 的有序子表（当有序子表的个数为奇数时，最后一组合并得到的有序子表长度为 1），这一过程称为一趟归并排序。

（2）将一趟归并排序得到的有序子表两两归并，如此反复，直到将它们归并成一个长度为 n 的有序表，归并排序结束。

2. 两个有序子表合并的基本思想

两个有序子表合并的基本思想如下。

设线性表 R[low..m]和 R[$m+1$..high]是两个已排序的有序表，存放在同一数组中相邻的位置上，将它们合并到一个数组 R₁ 中，合并过程如下。

（1）比较线性表 R[low..m]与 R[$m+1$..high]的第一个记录，将其中关键字值较小的记录移入表 R₁（如果关键字值相同，可将 R[low..m]的第一个记录移入 R₁ 中）。

（2）将关键字值较小的记录所在线性表的长度减 1，并将其后继记录作为该线性表的第一个记录。

（3）反复执行步骤（1）和（2），直到线性表 R[low..m]或 $R[m+1$..high]之一成为空表，然后将非空表中剩余的记录移入 R₁ 中，此时 R₁ 成为一个有序表。

例 8-8　对关键字序列{52,23,80,36,68,14}进行二路归并排序，写出每趟结果。

该序列的二路归并排序的步骤如下。

初始序列：52，23，80，36，68，14

第1趟：(23，52)，(36，80)，(14，68)

第2趟：(23，36，52，80)，(14，68)

第3趟：(14，23，36，52，68，80)

从排序的稳定性看，二路归并排序是一种稳定的排序方法。

对 n 个记录进行归并排序每一趟归并的时间复杂度为 $O(n)$，总共需进行 $\lceil \log_2 n \rceil$ 趟，所以归并排序的时间复杂度为 $O(n\log_2 n)$。

8.6 基数排序

基数排序是与前面所述各类排序方法完全不同的一种排序方法。

1. 基数排序概念

基数排序是一种借助于多关键字排序的思想对单逻辑关键字进行排序的方法，即先将关键字分解成若干部分，然后通过对各部分关键字的分别排序，最终完成对全部记录的排序。

基数排序首先把每个关键字看成一个 d 元组：$K_i = (K_i^0, K_i^1, \cdots, K_i^{d-1})$

例：将 578 看成是 $(5,7,8)$，其中 $C_0 \leqslant K_i^j \leqslant C_{r-1} (1 \leqslant i \leqslant n, 0 \leqslant j \leqslant d-1)$，$r$ 称为基数。若 578 为十进制数，则 $C_0 = 0, C_{r-1} = 9$。

2. 基数排序基本算法

设置 r 个桶，排序时先按 K_i^{d-1} 从大到小将记录分配到 r 个桶中，然后依次收集这些记录，称之为一趟基数排序。再按 K_i^{d-2} 从大到小将记录分配到 r 个桶中，如此反复，直到对 K_i^0 分配和收集，得到的便是完成排序的序列。

基数 r 的选择和关键字的分解法因关键字的类型而异。

（1）关键字为十进制整数时，$r=10, C_0=0, C_{r-1}=9$，关键字的每一位取值为 $0 \leqslant K_i^j \leqslant 9$，$d$ 为关键字的最大位数。关键字为二进制数时，$r=2, C_0=0, C_{r-1}=1$，关键字的每一位取值为 0 或 1，d 为关键字的最大位数。

（2）关键字为字母串时，$r=26, C_0='A', C_{r-1}='Z'$，关键字的每一位取值为 $'A' \leqslant K_i^j \leqslant 'Z'$，$d$ 为关键字中字母的最大长度。

例 8-9 设待排序序列为 $\{342,145,231,144,037,006,249,528,328,965\}$，使用基数排序法进行排序，写出每趟排序结果。

解 此题中 $n=10, d=3, r=10$。

第1趟：231,342,144,145,965,006,037,528,328,249。

第2趟：006,528,328,231,037,342,144,145,249,965。

第3趟：006,037,144,145,231,249,328,342,528,965。

从排序的稳定性看，基数排序是一种稳定的排序方法。基数排序时间复杂度为 $O(d \cdot (n+r))$。一般情况下，当 n 很大，d 较小时，此算法很有效，时间复杂度可看成是 $O(d \cdot n)$。基数排序需要额外设置存放 r 个队列指针的数组，因此其空间复杂度为 $O(n+r)$。

8.7 内部排序的比较与选择

8.7.1 内部排序算法的性能比较

前面几节共介绍了五类内部排序方法,即插入排序(可分为直接插入排序、折半插入排序和希尔排序)、交换排序(可分为冒泡排序和快速排序)、选择排序(可分为简单选择排序和堆排序)、归并排序和基数排序。这几种内部排序算法的性能比较见表 8-2。

表 8-2 内部排序算法性能比较

内部排序方法	时间复杂度			辅助空间	稳定性
	最好情况	最坏情况	平均情况		
直接插入排序	$O(n)$	$O(n^2)$	$O(n^2)$	$O(1)$	稳定
折半插入排序	$O(n)$	$O(n^2)$	$O(n^2)$	$O(1)$	稳定
希尔排序			$O(n\log_2 n) - O(n^2)$	$O(1)$	不稳定
冒泡排序	$O(n)$	$O(n^2)$	$O(n^2)$	$O(1)$	稳定
快速排序	$O(n\log_2 n)$	$O(n^2)$	$O(n\log_2 n)$	$O(\log_2 n) - O(n)$	不稳定
简单选择排序	$O(n^2)$	$O(n^2)$	$O(n^2)$	$O(1)$	不稳定
堆排序	$O(n\log_2 n)$	$O(n\log_2 n)$	$O(n\log_2 n)$	$O(1)$	不稳定
归并排序	$O(n\log_2 n)$	$O(n\log_2 n)$	$O(n\log_2 n)$	$O(n)$	稳定
基数排序	$O(d(r+n))$	$O(d(r+n))$	$O(d(r+n))$	$O(r+n)$	稳定

8.7.2 内部排序算法的选择

1. 影响排序效果的因素

因为不同的排序方法适应不同的应用环境和要求,所以选择合适的排序方法应综合考虑以下因素。

(1)待排序的记录数目 n。

(2)关键字的数据类型结构。

(3)关键字的初始状态。

(4)对稳定性的要求。

(5)编程语言的条件。

(6)记录的存储结构。

(7)时间和辅助空间复杂度的要求等。

2. 排序方法的选择

根据不同的环境及要求,可以选择不同的排序方法,具体方法如下。

(1)若 n 较小(如 $n \leq 50$),可采用简单排序,如直接插入排序或简单选择排序等。因为在记录规模较小时,采用编程复杂、效率较高的排序方法所能节约的运算时间是有限的。

(2)若 n 较大,则应采用时间复杂度为 $O(n\log_2 n)$ 的排序方法,如快速排序、堆排序或归并排序等,此时虽然所用算法复杂一些,但可以节约大量时间。

(3)若文件初始状态已基本有序(正序),则应选用直接插入排序、冒泡排序等方法。

（4）从时间复杂度上考虑，快速排序是目前基于比较的内部排序中被认为是最好的方法。当待排序的关键字为随机分布时，快速排序的平均时间最短。

（5）堆排序时间性能也可以，而且所需的辅助空间少于快速排序，并且不会出现快速排序可能出现的最坏情况。所以在对时间、空间复杂度都有要求时，可以选择堆排序。

（6）若对排序稳定性有要求，则快速排序和堆排序都不能选择，可选用归并排序。

（7）当文件的 n 个关键字随机分布时，任何基于"比较"的排序算法，至少需要 $O(n\log_2 n)$ 的时间。在一般情况下，基数排序可能在 $O(n)$ 时间内完成对 n 个记录的排序。若 n 很大，记录的关键字位数较少且可以分解时，采用基数排序较好。但是，基数排序只适用于像字符串和整数这类有明显结构特征的关键字，而当关键字的取值范围属于某个无穷集合（如实数型关键字）时，无法使用基数排序，这时只能用基于"比较"的方法来排序。

（8）本章给出的排序算法，数据都采用顺序存储。当记录的规模较大时，为了避免耗费大量的时间去移动记录，也可以用链表作为存储结构。例如，插入排序、归并排序、基数排序等都易于在链表上实现，从而减少记录的移动次数。但有的排序方法，如快速排序和堆排序，在链表上却难于实现。

*8.8　外部排序简介

外部排序指的是大文件的排序，即待排序的记录存储在外存储器上，待排序的文件无法一次装入内存，需要在内存和外部存储器之间进行多次数据交换，以达到排序整个文件的目的。

外部排序最常用的算法是多路归并排序，即将原文件分解成多个能够一次性装入内存的部分，分别把每一部分调入内存完成排序。然后，对已经排序的子文件进行归并排序。

8.9　应用举例

例 8-10　现在有一组数据里包含正数、负数，请设计一个算法，使得在 $O(n)$ 的时间内重排数据，将所有的负数都排在所有的正数的前面。

分析：分析：综合应用前面学到的各种排序算法思想，依次查找每个元素，遇到正数就继续向后查找，遇到负数则将其与表中的第 j（从 1 开始计数）个位置元素交换。

算法 8-8　该自定义函数给出了实现算法。

```
void KuSort(SeqList *L)
{
    int i;/*i 从第 1 个元素开始依次检查每个元素,直到整个表尾*/
    int j=1;/*j 从第 1 个位置开始表示负数的位置,直至检查完全部负数*/
    for(i=1;i<=L->length;i++)
        if(L->data[i]<0)
        {
            L->data[0]=L->data[i];
            L->data[i]=L->data[j];
            L->data[j]=L->data[0];
            j++;
        }
}
```

运行结果如图 8-8 所示。

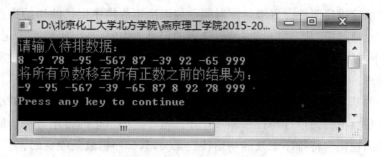

图 8-8 算法 8-8 的运行结果

当然也可模仿快速排序算法的基本原理,设置两个整型变量 i,j 分别指示负数的位置和正数的位置,在调整过程中,让 i 指向的元素总为负数,让 j 指向的元素总为正数。具体算法参照算法 8-9。

算法 8-9 该算法的功能与算法 8-8 相同。

```
void KuSort1(SeqList *L)
{
    int i=1;/*i从第1个元素开始指示负数的位置*/
    int j=L->length;/*j从最后一个位置开始指示正数的位置*/
    KeyType t;
    while(i<j)
    {
        while(L->data[i]<0)
            i++;
        while(L->data[j]>0)
            j--;
        if(i<j)
        {
            t=L->data[i];
            L->data[i]=L->data[j];
            L->data[j]=t;
        }
    }
}
```

本 章 小 结

本章主要介绍了五大类内部排序方法,分别为插入排序、交换排序、选择排序、归并排序和基数排序。

插入排序算法的基本思想是:将待排序列看成是有序序列和无序序列两部分,整个排序过程就是将无序序列中的记录逐个插入到有序序列中。直接插入排序是这类排序算法中最基本的一种,然而,该排序法的时间性能取决于待排序记录的初始特性。希尔排序算法是一种改进的插入排序,其基本思想是:将待排记录序列划分为若干组,在每组内先进行直接插入排序,对待排序列先进行"宏观"调整,再进行"微观"调整,算法比直接插入排序有了很大改进,其时间性能不取决于待排序记录的初始特性。

交换排序的基本思想是:两两比较待排序列的记录关键字,发现逆序即交换。交换排序有冒泡排序和快速排序两种。冒泡排序时间性能取决于待排序记录的初始特性。快速排序是一种改进的交换排序,其基本思想是:以选定的记录为中间记录,将待排序记录划分为左、右两部分,其中左边所确记录的关键字不大于右边所记录的关键字,然后再对左右两部分分别进行快速排序。快速排序在待排序列已有序的情况下即退化成了冒泡排序。

选择排序的基本思想是:在每一趟排序中,在待排序子表中选出关键字最小或最大的记录放在其最终位置上。简单选择排序和堆排序是基于这一思想的排序算法。简单选择排序和堆排序的时间性能与待排序记录的初始特性无关,其排序趟数是固定的。

本书中归并排序主要介绍了二路归并,其基本操作是指将两个有序表合并成一个新的有序表。归并排序的时间复杂度为 $O(n\log_2 n)$,最初待排序记录的排列顺序对运算时间影响不大,不足之处就是需要占用较大的辅助空间。

基数排序是利用多次的分配和收集过程进行排序。基数排序时间复杂度为 $O(d(n+r))$,其缺点是多占用额外的内存空间存放队列指针,其空间复杂度达到 $O(r+n)$。

从方法的稳定性来比较,直接插入排序、冒泡排序、归并排序和基数排序是稳定的排序方法;而简单选择排序、希尔排序、堆排序和快速排序都是不稳定的排序方法。

习 题 8

一、选择题

1. 一组记录排序码为(46、79、56、38、40、84),则利用堆排序方法建立的大顶堆为(   )。

A. (79、46、56、38、40、80)　　　　　　B. (84、79、56、38、40、46)

C. (84、79、56、46、40、38)　　　　　　D. (84、56、79、40、46、38)

2. 一组记录的关键码为(46、79、56、38、40、84),则利用快速排序的方法,以第一个记录为基准得到的一次划分结果为(   )。

A. (38、40、46、56、79、84)　　　　　　B. (40、38、46、79、56、84)

C. (40、38、46、56、79、84)　　　　　　D. (40、38、46、84、56、79)

3. 在平均情况下快速排序的时间复杂度为(   ),空间复杂度为(   );在最坏情况下(如初始记录已有序),快速排序的时间复杂度为(   ),空间复杂度为(   )。

A. $O(n)$　　　　　　B. $O(\log_2 n)$　　　　　　C. $O(n\log_2 n)$　　　　　　D. $O(n^2)$

4. 下列排序算法中,第一趟排序完毕后,其最大或最小元一定在其最终位置上的算法是(   )。

A. 归并排序　　　　　　　　　　　B. 简单选择排序

C. 快速排序　　　　　　　　　　　D. 基数排序

5. 下列排序方法中,排序所花费时间受数据初始排列特性影响较小的算法是(   )。

A. 直接插入排序　　　　　　　　　B. 冒泡排序

C. 简单选择排序　　　　　　　　　D. 快速排序

6. 对一组数据(84,47,25,15,21)排序,数据的排序次序在排列过程中的变化为:

(1) 84,47,25,15,21;　　　　　　(2)15,47,25,84,21;

(3) 15,21,25,84,47;　　　　　　(4)15,21,25,47,84。

则采用的排序方法是(   )。

A. 冒泡排序　　　　B. 选择排序　　　　C. 快速排序　　　　D. 插入排序

7. 归并排序的时间复杂度是(　　　)。

A. $O(n^2)$　　　　B. $O(n)$　　　　C. $O(n\log_2 n)$　　　　D. $O(\log_2 n)$

8. 排序方法中,从未排序序列中依次取出元素与已排序序列(初始时为空)中的元素进行比较,将其放入已排序序列的正确位置上的方法,称为(　　　)。

A. 希尔排序　　　　B. 冒泡排序　　　　C. 插入排序　　　　D. 选择排序

9. 对 n 个不同的排序码进行冒泡排序(递增),在下列哪种情况下比较的次数最多(　　　)。

A. 从小到大排列好的　　　　　　　　B. 从大到小排列好的

C. 元素无序　　　　　　　　　　　　D. 元素基本有序

10. 快速排序在下列哪种情况下最易发挥其长处(　　　)。

A. 被排序的数据中含有多个相同排序码

B. 被排序的数据已基本有序

C. 被排序的数据完全无序

D. 被排序的数据中的最大值和最小值相差悬殊

二、填空题

1. 在对一组记录(54,38,96,23,15,72,60,45,83)进行简单选择排序时,第四次选择和交换后,未排序记录(即无序表)为_____。

2. 在对一组记录(54,38,96,23,15,72,60,45,38)进行冒泡排序时,第一趟需进行相邻记录交换的次数为_____,在整个冒泡排序过程中共需进行_____趟后才能完成。

3. 在二路归并排序中,若待排序记录的个数为 20,则共需要进行_____趟归并,在第三趟归并中,是把长度为_____的有序表归并为长度为_____有序表。

4. 在直接插入和简单选择排序中,若初始数据基本正序,则选用_____,若初始数据基本反序,则选用_____。

5. 在堆排序、快速排序和归并排序中,若只从节省空间的角度考虑,则应首先选取_____方法,其次选取_____方法,最后选取_____方法;若只从排序结果的稳定性考虑,则应选取_____;若只从平均情况下排序最快考虑,则应选取_____方法;若只从最坏情况下排序最快并且要节省内存考虑,则应选取_____方法。

6. 在对一组记录(54,38,96,23,15,72,60,45,83)进行直接插入排序时,当把第 7 个记录 60 插入到有序表时,为寻找插入位置需比较_____次。

7. 对 n 个元素的有序表用快速排序方法进行排序,时间复杂度是_____。

8. 在直接插入排序、冒泡排序、简单选择排序中稳定的排序方法是_____。

三、简答题

1. 设有 5000 个无序的元素,希望用最快速度挑选出其中前 10 个最大的元素。在快速排序、堆排序、归并排序、基数排序、Shell 排序 5 种排序方法中,采用哪种方法最好? 为什么?

2. 判断下列序列是否是堆。若不是堆,则把它们依次调整为堆。

(1) (100,85,98,77,80,60,82,40,20,10,66);

(2) (100,98,85,82,80,77,66,60,40,20,10)

(3) (100,85,40,77,80,60,66,98,82,10,20);

(4) $(10,20,40,60,66,77,80,82,85,98,100)$；

3．什么是内部排序？什么是排序方法的稳定性和不稳定性？

4．在冒泡排序过程中，什么情况下关键字会朝与排序相反的方向移动，试举例说明。在快速排序过程中有这种现象吗？

5．设待排序的关键字序列为$\{21,7,16,18,30,29,10,16,20,6\}$，试分别写出使用以下排序方法每趟排序后的结果。

(1) 直接插入排序　　　　　　　　　(2) 希尔排序（增量为 5,2,1）

(3) 冒泡排序　　　　　　　　　　　(4) 快速排序

(5) 堆排序　　　　　　　　　　　　(6) 基数排序

(7) 简单选择排序　　　　　　　　　(8) 二路归并排序

6．对一个具有 7 个记录的文件进行快速排序，请问：

(1) 在最好情况下需进行多少次比较？并给出一个最好情况初始排列的实例。

(2) 在最坏情况下需进行多少次比较？为什么？并给出此时的实例。

四、算法设计题

1．将监视哨放在 R$[n]$处，被排序的记录放在 R$[0..n-1]$中，重新编写直接插入排序算法。

2．试设计一个算法，使得在 $O(n)$ 的时间内重排数组，将所有取负值的排序码排在零之前，所有取正值的排序码排在零之后。

［1］张居晓,葛武滇,乔正洪,等.数据结构实用教程[M].北京:清华大学出版社,2012.

［2］邓锐.数据结构案例教程(C/C＋＋版)[M].北京:清华大学出版社,2014.

［3］李春葆.数据结构实践教程(C♯语言描述)[M].北京:清华大学出版社,2013.

［4］叶茂功,代文征.数据结构项目化教程[M].北京:国防工业出版社,2013.

［5］马睿,孙丽云.数据结构(C语言版)[M].北京:北京邮电大学出版社,2009.

［6］赵坚,姜梅.数据结构(C语言版)[M].北京:中国水利水电出版社,2005.

［7］严蔚敏,吴伟民.数据结构[M].2版.北京:清华大学出版社,2012.

［8］黄迪明.C语言程序设计[M].北京:电子工业出版社,2005.

［9］斯庆巴拉.数据结构(C语言描述)[M].北京:中国水利水电出版社,2005.

［10］严蔚敏,吴伟民,米宁.数据结构题集(C语言版)[M].北京:清华大学出版社,2011.

［11］曲朝阳.数据结构[M].北京:中国电力出版社,2016.

［12］胡学钢.数据结构算法设计指导[M].北京:清华大学出版社,1999.

［13］彭波.数据结构及算法[M].北京:机械工业出版社,2008.

［14］程杰.大话数据结构[M].北京:清华大学出版社,2011.